石油市場の政治経済学

日本とカナダにおける石油産業規制と市場介入

水戸考道

九州大学出版会

©2006 Kyushu University Press

This is part of a research project which has been supported by the Research Grants Council of Hong Kong (Project Reference No. CUHK4395／04H) as well as by the Direct Grant for Research of Arts Languages Panel of the Chinese University of Hong Kong (Project Code: 4450010).

はしがき

　政策科学の目的は様々な社会的問題を解明し，より住みやすい社会を形成するための処方箋や新たな政策を提唱することにある。ゆえに政策科学を論ずるには，様々な社会現象や制度あるいはそれを構成する主要素の特徴や機能を理解することが大前提であることは言うまでもない。グローバル化が進む現代国際社会においては，人とものや，資金やサービスが日常茶飯事に国家を超えて交流することが可能な社会となっている。このように複合的相互依存が急速に浸透する現代国際社会においては，200ヵ国にも及ぶ国々の政治経済体制，宗教あるいは文化の特徴を解明しかつ理解することが，国家間における重大な誤解を防止し，また国同士の平和共存を図る上で主要な紛争を極小化することにつながり，このことこそ政策科学の重要な条件となる。

　様々な政治経済制度をいかに特徴づけ理解するかという問題は非常に重要であるが，これを実際に体系化し実現するとなると容易ではない。そこで本書では，政治経済学の主要理論を取り上げ，それぞれがいかに多様な政治経済体制を理論的に構造的に抽出しようとしているのかを紹介すると共に，私たちに身近な日本の政治経済制度と，なじみのないカナダ連邦という異質な政治経済制度との比較を比較政治経済学の理論的枠組みを用いて実証的に試みている。その事例としてはカナダおよび日本政府による石油産業の規制や石油市場への介入を扱うことにした。

　郵便局の民営化も含め経済システムの規制と規制緩和は現在の日本の政治経済における最大の争点の1つである。また，カナダにおいても国営石油会社ペトロカナダの1970年代の設立，そして1990年代の民営化は政治的争点であった。カナダや日本をはじめいかなる国においても政治および経済システ

ムの関係，あるいは国家と経済・市場との関係においての実態分析と理想的なあり方の研究は非常に重要な現実的課題である。しかしながら，政府産業間関係を含む国家と社会との関係の理論的研究は，比較政治学においても比較政治経済学においても対立的見解が示されていることが多い。また，カナダや日本も含め同一の政治経済システムに関する実証的研究においても，少なからず矛盾する結論が導き出されてきた。本書の目的はこのような対立の根本的原因を理論的に究明するとともに，複雑で極めて混沌とした政治経済システムを客観的かつ総括的に実体分析することを可能にするような枠組みを開発することである。そしてそれに基づく実証的研究を進めながら，この枠組みの長短所を考察することである。勿論，実証的分析をすることによりその事例に関する特異な様々な問題も明らかにされるであろう。

時期を同じくし，国際石油資本は石油産業の発展や今日の石油市場形成に多大な影響を与えてきた。最近のエクソンとモービル石油の合併でも明らかなように，オイルメジャーはその資本力や売り上げ規模，また活動範囲からも世界最大級の多国籍企業である。多国籍企業の発展途上国への進出に関しては，自由主義的相互依存理論やマルクス主義的従属理論から望ましいものとも，また問題が多いものとも矛盾する評価が出ている。しかし，多国籍企業の先進国での活動に関する体系的研究はあまりなされていない。そういった意味でこれは従来のトランスナショナル・リレーションズの研究を補完するものでもある。

以上のような目的を実現するために本書は10章から構成されている。各章毎に要約すると以下のとおりである。まず第1章では上記でのべた，本書のテーマや意義，主な論点，目的，事例を選択した理由と研究の意義およびキー概念の定義等を明確にするとともに本書の構成についての説明を行っている。

第2章は4つの主要政治経済のアプローチ，つまり自由主義的多元主義的アプローチ，マルクス主義的アプローチ，パワーエリート的アプローチそしてステイティスト（国家中心）的アプローチが国家と社会あるいは政治と経済との関係をどのように捉えているのかを考察している。特に，これらのアプローチにおける(1)分析の基本的単位，(2)公共政策の決定要因，(3)国家の役割，(4)政治過程の特徴，(5)国家内部機構の重要性，(6)政治と経済の関係，

(7)分析する際の方法論的・規範的傾向を考察している。また，これらの諸特徴がどのように多国籍企業と国家間関係の研究へ影響を与えているか議論している。その結果，構造主義的マルクス主義のアプローチを除く3つの主要政治経済のアプローチは国家の自律性の存在可能性を認めていない。またパワーエリート的アプローチを除くと国家の権力が巨大になりうることも想定していない。しかし，前者の場合の国家の自律性は階級社会を維持するのに必要な最小限の自律性であり，後者の場合の国家権力もパワーエリートの利益を極大化するための目的にのみ行使される。つまり公共の利益や国益追求のために国家が自律性を発揮し権力を行使するのを想定しているのは国家中心的アプローチのみである。今まで政治経済分析には前述の3つのアプローチが圧倒的に多用されており，国家中心的アプローチはトランスナショナル・リレーションズの研究にあまり用いられていない。したがってこのモデルが想定しているような国家の大きな自律性や巨大な権力のケースも包括する枠組みを開発する必要がある。

第3章では前章での方法論を確立するための研究前史のレビューに基づき，国家の自律性（autonomy）や影響力（influence）の大小（従属変数）を決定する要因を総括的かつ実証的に考察できるような枠組みの開発を試みている。また，国家自体の政策過程における影響力や自律性の大中小の組み合わせにより，「強力な国家」（strong state）から「脆弱な国家」（fragile state）に至るまで国家を9つの理想的タイプに分類している。また，国家の自律性や影響力の決定要因を独立変数と介入変数に分け，前者としては短時間では変化し難い政治文化，あるいは急激に変化させることのできない国際および国内政策環境，また後者としては(1)国家的指導層の政治的イデオロギーや信条，(2)彼らによって認知された政策問題の性格，そして(3)国家内部のさまざまな機構間における政治的ダイナミクスを提示している。

第4章では独立変数の1つであるカナダと日本の政治文化を分析している。この分析によるとカナダにおいては国家権力と役割を増大するような保守主義，社会主義，福祉尊重型自由主義あるいはコーポラティズムが存在するが，逆にそれ以上に国家権力の行使を妨げるようなビジネス自由主義が混在している。したがってどちらが勢力を伸ばすのかにより政府の役割や影響力に変化がみられる。これに対し，イエ（家）に代表される縦社会とも言われる日

本には父権的,階層的,集団的,そして非個人主義的要素が強いため,国家が強大な権力を行使できるという政治的土壌がある。

第5章はもう1つの独立変数であるカナダと日本の1960年代と1970年代の石油政策環境を分析している。1960年代は安価な石油が豊富にあった時代であったが,カナダにおいては割高な国産石油をいかにマーケティングし,さらに石油開発を刺激するかが政策の焦点であった。この時期日本においては迫りくる貿易の自由化に対処するため,外資の大きな影響下にある脆弱な国内石油産業をいかに強力なものに育成するかという問題が石油政策環境上の重要課題であった。しかし,1973年に起こった第1次石油危機は急激に上昇した石油価格と不安定な供給体制をいかに克服すべきかという問題へと石油問題の性質を根底から覆した。

第6章から第9章では1960年代と1970年代の石油政策過程におけるカナダと日本の国家の影響力と自律性の変化および介入変数との関係を分析している。カナダにおいては,1960年代は影響力と自律性が共に非常に低くほとんど脆弱な国家に近かった。逆にこれは国際石油資本の黄金時代であったゆえである。これは石油産業および石油政策決定に必要なほとんどのデータをエクソンをはじめとする国際石油資本に依存していたとともに,石油政策全般を担当する機関を持たなかったためでもある。しかしカナダは,1970年代の中頃までにかなり大きな影響力と高い自律性を備えた強力な国家へと変貌する。これは多国籍石油企業にとり困難な時代の到来を意味した。これに対し日本では,この間政府はほとんどの石油政策過程において(強力な国家に近い)比較的大きな影響力と自律性を維持した。民族系外資系を問わず日本の石油産業の活動は規制を張りめぐらされ,企業の自由な裁量による経営は難しい状況が続いた。

本書の主題は,このようなカナダでの従属変数の価値の急激な上昇と日本における比較的高水準での持続性はいかなる理由によるものであろうかという問題である。これら4つの章での介入変数の分析によると次のように解明される。まずカナダにおいては(1)1960年代のディーフェンベーカーおよびピアソン首相がともにビジネス自由主義の信望者であり経済の運営を市場に任せていたこと,(2)石油政策の基本的問題が,比較的割高であるカナダの国産石油をいかにさばき,開発活動を刺激するかという問題であると考えられて

いたこと、そして(3)カナダ連邦政府内においては、設立されたばかりの国家エネルギー委員会（ＮＥＢ）が専門的機関であると信じられていたことである。しかし、この当時のＮＥＢはエネルギー政策を策定するために不可欠な情報収集能力も政策策定能力も持ち合わせていなかった。

　その後1970年代のはじめまでに大きな変化が見られる。この変化は、新しく登場したトルドー首相が社会における国家の役割を重視するようなイデオロギーの持ち主であったこと、彼が任命したエネルギー鉱山資源省（ＥＭＲ）の高官が同様の政治的信条を共有しているとともにナショナリストであったことによる。またカナダ国内で石油資源の埋蔵量の発見が消費量の伸びに追いつかなくなりつつあることが判明したばかりか、輸出優先を奨励していたＮＥＢの信憑性が著しく低下したことなどによる。同時に、1966年に設立されたＥＭＲは次第に政策策定能力を蓄積しカナダは1970年代のはじめ頃までには中程度の影響力と自律性を持ち合わせる「中級国家」（moderate state）へと変化した。その後、1973年の石油危機の到来とともにＥＭＲはさらに政策担当庁として成熟し、また国家内部の組織として政治的に台頭するとともに政策過程における国家の影響力および自律性がさらに増大した。これは1976年に連邦政府が一切外部との事前協議もせずペトロカナダを一方的に設立したことに端的に顕われていると言えよう。

　これに対し、日本政府は石油業法制定過程ではその実施過程以上に大きな影響力と自律性を示すなど多少の変化が見られたが、1960年代と1970年代を通して（中級国家 moderate state の部類に属するものの）強力な国家に近い影響力と自律性を石油政策過程で発揮した。この理由は次のように考えられる。(1)大平首相は例外であったかも知れないが、歴代の政権担当首相や高級官僚をはじめ政府上層部が経済発展上、市場の力より政府の役割を重視するようなイデオロギーの持ち主であったこと、(2)政府内では石油政策の策定・実施官庁として戦前からの長い歴史と市場介入経験の豊富な通産省が唯一の主体として市場規制を担当していたことである。さらに、1960年代は貿易の自由化という環境下で石油問題が多国籍石油企業からいかに脆弱な民族系企業の成長を図るかという問題として認識され、1970年代に入ると石油危機の到来とともに急激に上昇した価格、そして供給の不安定というような石油にどっぷりと漬かりきってしまった日本経済をいかに救い出せるかという大き

な問題として理解されたためであった。

　第10章では，(1)本書の理論的かつ実証的な研究目的に沿って分析結果を整理するとともに，(2)この事例研究が示唆するものおよび今後の研究の課題などをまとめ結語としている。

　この研究が比較政治経済学の理論を体系的に学びたい方たちのために役立つよう願いたい。またこの研究が利用され、様々な政治経済体制の特色と構造あるいは連続性と非連続性を実証的に分析したい方々にとってのよい事例研究となるよう希望する。

目　次

はしがき ……………………………………………………………… i

第1章　序　　論 …………………………………………………… 1
　　1．はじめに ……………………………………………………… 1
　　2．事例研究 ……………………………………………………… 6
　　3．重要概念の定義 ……………………………………………… 10
　　4．本書の意義 …………………………………………………… 12

第2章　政治経済体制の対立理論と多国籍企業-国家関係理論 … 17
　　1．はじめに ……………………………………………………… 17
　　2．リベラル多元主義理論 ……………………………………… 18
　　3．マルクス主義理論 …………………………………………… 22
　　4．パワーエリート理論 ………………………………………… 28
　　5．ステイティズム理論 ………………………………………… 32
　　6．結　　論 ……………………………………………………… 38

第3章　ステイティズム分析のための新たな研究戦略 ………… 47
　　1．はじめに ……………………………………………………… 47
　　2．研究構想 ……………………………………………………… 49
　　3．国家の影響力と自律性 ……………………………………… 50
　　4．国家の理念型 ………………………………………………… 53
　　5．独立変数 ……………………………………………………… 54

6．媒介変数 …………………………………………………… 55
　　7．政策過程における国家の影響力と自律性 ………………… 58

第4章　カナダと日本の政治文化と国家権力 ……………… 61
　　1．はじめに …………………………………………………… 61
　　2．カナダの政治文化と国家の権力 ………………………… 61
　　3．日本の政治文化と国家 …………………………………… 66
　　4．結　　論 …………………………………………………… 73

第5章　石油政策環境とカナダと日本 ……………………… 77
　　1．はじめに …………………………………………………… 77
　　2．国際環境とカナダと日本の石油政策 …………………… 77
　　3．国内の石油政策環境とカナダと日本の国家 …………… 84
　　4．結　　論 …………………………………………………… 90

第6章　1960年代カナダの国家石油政策と市場介入 ……… 93
　　1．はじめに …………………………………………………… 93
　　2．国家の影響力と自律性および国家石油政策（NOP）の進展 … 94
　　3．NOP実施における国家の影響力と自律性 …………… 97
　　4．石油政策問題の性質 ……………………………………… 108
　　5．国家指導者たちのイデオロギーと信条 ………………… 113
　　6．政治的ダイナミクス ……………………………………… 114
　　7．結　　論 …………………………………………………… 120

第7章　高度成長期日本における石油業法と市場介入 …… 127
　　1．はじめに …………………………………………………… 127
　　2．石油業法の制定過程における石油業界と国家 ………… 128
　　3．通産省と石油業法の実施 ………………………………… 134
　　4．高度成長期における石油政策問題の性質 ……………… 147

5．国家指導者のイデオロギーと信条 ································ 149
　6．政治力学 ··· 151
　7．結　　論 ··· 153

第8章　石油危機とカナダ ·· 159

　1．はじめに ··· 159
　2．石油危機とカナダの対応 ·· 160
　3．石油政策問題の性質 ·· 170
　4．指導者たちのイデオロギーと信条 ······························ 173
　5．政治的なダイナミクス ·· 178
　6．結　　論 ··· 182

第9章　石油危機と日本 ·· 187

　1．はじめに ··· 187
　2．石油危機に対する日本の対応 ···································· 189
　3．日本政府と石油危機後のエネルギー政策の展開 ·········· 205
　4．石油問題の特質 ·· 210
　5．政府指導者のイデオロギーと信条体系 ······················· 212
　6．政治力学 ··· 215
　7．結　　論 ··· 217

第10章　結　　論 ·· 221

　1．はじめに ··· 221
　2．国家の力の自律性をめぐる論争の原因 ······················· 222
　3．国家の影響力と自律性のモデル ································ 223
　4．石油政策過程におけるカナダと日本の国家の影響力と自律性 ····· 223
　5．政治文化と国家の影響力と自律性 ······························ 224
　6．政策環境と国家の影響力と自律性 ······························ 225
　7．政策問題の性格と国家の影響力と自律性 ···················· 226

8. 国家指導者のイデオロギー・信条と国家の影響力と自律性 ······· 228
9. 国家内の政治力学と国家の影響力と自律性 ····················· 229
10. カナダと日本の国家の理念型と比較政治経済体制 ··············· 231
11. ステイティズム理論の長所・短所と
　　市場への政府介入が拡大する一般条件 ························ 232
12. 多国籍企業－国家/企業－政府関係，比較政治経済体制，公共政策の
　　研究にとってのステイティズム理論・アプローチの有効性 ······· 234
13. カナダと日本における将来の企業と政府関係と国家市場介入の
　　あり方に対する本書の意義 ··································· 235
14. 今後の研究のための提言 ····································· 237

　　あとがき ·· 239

図表一覧

図1-1：石油市場におけるカナダの国家権力と自律性（推測）・・・・・・・・・・・・・8
図1-2：石油市場における日本の国家権力と自律性（推測）・・・・・・・・・・・・・・9
図1-3：国際システムのなかの国家・・・・・・・・・・・・・・・・・・・・・・・・・・・・・・・・・・・・・11

表2-1：政治経済学の主要理論・・・39
表2-2：多国籍企業（MNCｓ）－国家関係理論・・・・・・・・・・・・・・・・・・・・・・・・40

表3-1：国家が政策過程と環境に影響力を行使しうる時点・・・・・・・・・・・・・・・・50
表3-2：政策過程における国家の影響力と自律性に基づく国家の理念型・・・・53

図3-1：政策過程における国家の影響力と自律性の決定要因・・・・・・・・・・・・・・59

表6-1：カナダ産原油売り上げ高および輸出入量 1960－1965年・・・・・・・・・・・98
表6-2：カナダ精油所への原油および等価供給，1950－1971年・・・・・・・・・・109

表7-1：1965年と1970年における製油能力と販売のシェア（％）・・・・・・・・144
表7-2：石油開発公団が支援した原油輸入が日本の輸入量に
　　　　占める割合（％）・・・147

第1章 序　論

1．はじめに

　本書は，国家による市場介入の問題をテーマとして取り扱っている。事例としては戦後カナダおよび日本における政府による石油業界の規制と市場介入を題材とし，またアプローチとしては国際政治経済学の立場から理論的にまた実証的に国際比較研究を行っている。本書の目的は次の3点を達成することである。第1に近年脚光を浴びている政治経済学の分野で一大争点となっているいわゆる経済システムにおける国家の影響力と自律性をめぐって闘わされている議論の原因を探ることである。第2に新たな分析枠組みを提示し，政府の政策と行動に対する圧力団体やパワーエリートあるいは支配階級の影響力に注目する従来の分析視点とは異なる角度から，企業と政府の複雑な関係を体系的に検討できるようにすることである。第3は，この分析枠組みをカナダと日本の事例に適用することで，両国における石油市場に対する政府介入の性質を明らかにし，さらには政府による市場介入が増すと考えられる一般的条件を探ることである。そのなかで，トランスナショナルな政府・企業関係と，比較政治経済，公共政策の分析において，この枠組みが持つ有効性も明らかになるであろう。

　国家は現代社会において中心的なアクターである[1]。保守政権の率いる先進工業諸国では民営化と規制緩和の傾向が強いが[2]，国家の活動は，現代世界の経済・社会・文化システムのあらゆる部分に浸透している。実際，民営化と規制緩和が進められているのは，「自由市場経済」の効率と優位に対する信頼が保守政治指導者の間に広まっているためであるとともに，国家に対する

「加重負担」[3]の結果と見ることも可能だ。これはまた，国家が，膨張した事業とその結果生じた赤字のために，増税なしで資金調達を試みていると見なすこともできる。経済状態，社会，さらには文化を分析する人々も，包括的研究を行うには，もはや国家の影響を無視することはできない。たとえば，株式市場の動向や，国民の教育水準と医療システム，科学研究，学術出版，映画とテレビ番組の制作といったものは，すべて何らかのかたちで，課税水準や政府予算の配分の影響を受けている。マーティン・カーノイの次のようなコメントは，この点をよく表している。

> 国家は，経済発展，社会保障，個人の自由，そして兵器の「洗練度」を高めることで，生死の鍵を握っているようである。……19世紀には，……資本主義社会における国家の役割は重要であったが，通常は比較的限定されていた。……国家でなく民間の生産部門が……エネルギーの源であり，民間部門の経済が社会変化の中心であった。そのために，リカルドも，マルクスも，ヴェーバーも，デュルケムも，マーシャルも，国家を，社会分析のなかで重要ではあるが，明らかに中心的ではない要素として論じることができた。しかし，もはやそのようなことはあり得ない[4]。

国家のいくつかの側面をめぐる研究は，何世紀も前から，政治学の研究者にとって中心的な課題となってきた。しかし，先進資本主義経済における国家の相対的な権力と自律性については，意見が一致していない[5]。さらに，先進社会における国家のこうした重要な側面の実証的な研究は数少ない[6]。こうした，国家をめぐる研究と知識の空白を埋める助けとなることが，本論の目的である。

本論の分析対象としては，国家と多国籍企業（MNCs）の関係に注目する。国際政治学研究において1970年代初めまで，国家は国際関係の中心的アクターと考えられていたが，その頃，多国籍企業に代表されるトランスナショナルなアクターが，国際システムに新たに登場してきたと見られるようになった。トランスナショナルなアクターの相対的な力と相互関係もまた，トランスナショナル・リレーションズの研究者の間で，主要な議論の的となっている[7]。

国内では，多国籍企業は非国家アクターの実例であり，非国家アクターに対する政府の相対的な力と自律性は，国内政治の研究者，特にマルクス主義

のアプローチを用いる人々から大きく注目されている[8]。しかし，議論のほとんどは，理論のレベルや孤立した事例研究の形でしか行われていない。そのため，対立する多くの見解をそれぞれ実証したり否定することは困難である。

　工業先進国の資本主義経済における国家権力と自律性の問題について，多くの研究が行われているとは言えないが，国家権力の分析者は1つの国の力についても異なった結論に至ることが多い。それにはいくつかの理由が考えられる。第1に，研究者が国家の権力を政策形成のレベルと政策の影響のレベルで明確に区別していないためである。第2に，政策のイシュー（問題領域）ごとの相違も，時系列的な変化も，考慮に入れていないためである。

　たとえば，リチャード・サミュエルズは，エネルギー部門における日本の国家権力を分析した結果，政府の政策決定において財界の勢力は政府よりも強力で，石炭，電力，石油，代替エネルギー源の分野で政府が大きな影響力を行使するのを防ぐのに大いに成功した，という結論に至った[9]。これとは対照的に，日本の通商産業省の役割を研究したチャルマース・ジョンソンや，経済発展における日本の国家の役割を分析したT.J.ペンペルは，日本政府は民間部門よりもかなり強力であり，発展の目標を設定したり経済を指導したりすることで経済と産業の高度成長をもたらした，と結論している[10]。つまりこうした指導的研究者による分析結果も混乱し対立している。戦後の高度成長のように政府が目標を達成し成功を収めた場合には，国家が強力で社会が弱いと言えるのであろうか。あるいは逆に，政府が国策エネルギー会社を設立しなかったことから，国家が弱くて社会が強いことになるのだろうか[11]。しかし，サミュエルズは政府がエネルギー市場での影響力確立に失敗したという失敗の事例研究を行ったのに対し，他の2人は，日本が特に1950～60年代に産業と経済の急成長を遂げた際，国家が果たしたであろう役割つまり成功の事例を説明しようとしたことに気付けば，この相違は矛盾ではないことが分かるだろう。つまり同一国家といえども，非国家アクターに対する国家権力は時とイシューによって異なり，また，政策形成レベルでの国家の影響力は政策の影響としての力と必ずしも一致しないといえるのである。これは本書の命題である。具体的には，以下の研究で，カナダと日本の国家はいずれも，絶対的・確定的な意味で強力であったり弱かったりするわけではないことを，示そうと試みている。同時に，政策形成レベルにおける国家の影響

力と自律性は，国家指導者たちの間で優勢なイデオロギーや信条体系やあるいは各政策のイシューに対するその重要性の認識そして国内の政治力学に大きく左右される，という仮説も検証する。

　事例としてカナダは，統治機構が分断的な連邦システムからなり，強力な集権的官僚制を欠くために，弱い国家の例とされることが多い[12]。これに対して日本は，「国家独占資本主義」「国家主導資本主義」「発展志向国家」といった言葉に表れているように，強い国家の例と見なされることが多い[13]。しかし本書では，政策形成のレベルを政策実施のレベルと区別し，また政策イシューの違いを区別し，さらに石油政策における時期の違いを考慮に入れることで，そうした一枚岩的な見解に異議を示す。

　リチャード・サミュエルズは先に触れたように，国内エネルギー市場に対する日本の国家の関与を論じた研究のなかで，国家は石炭，電力，石油，代替エネルギーの市場で主要国有企業の設立に失敗しており，財界ではそうした政府の動きに対して強い反対があったことから，日本の国家は決して特に強力ではないと結論している。また，日本の政治経済は決して特に調和的ではない，とも主張している。反対に，日本のエネルギー政策は極めて多元的であり，しかも，国家が業界に大きな影響力を確立するのを防いだのは民間部門であったと述べるのである。

　サミュエルズの研究は，日本の多元的な政治過程を明らかにし，日本の国家は決して全能ではないことを指摘するという点で，非常に重要である。こうした点は他の多くの研究では強調されていない。しかし，彼の研究には次の３つの点で問題がある。第１に，経済への政府介入に対して民間の抵抗が当初あり，結局後に国家の行動が財界の希望と一致するようになった場合でも，単純に民間部門に対して国家が弱いことの表れと結論することはできない。国家が強くても，たとえば，国家指導者たちの目から見ると，エネルギー部門に国有企業を設立するのは特に重要と考えなかったために，国家は当初の希望通りに行動しない場合もあり得るのである。

　第２に，エネルギー市場や特定の経済部門のなかに国家が国有企業を設立しなかったからといって，その国が社会に対して，そして特にエネルギー業界に対して，弱いと言うことはできない。当の国家は，市場で影響力を確立することに関心があっても，あるいは，社会アクターや市場を統制する他の

政策手段をすでに多く持っていたために，実際にはその実現にそれほど熱心でなかったかもしれない[14]。たとえば，エネルギー部門に国有企業がなくても，行政指導など規制の権限を通じて，生産量と輸入量の決定，価格水準と課税水準の設定といった重大なエネルギー政策分野で，国家が巨大な力を行使できるということも十分あり得る。これが事実であれば，エネルギー分野においてこの国は，全体として強い国家であると言えるだろう。

　第3に，国家がエネルギー市場で影響力を確立できなかったのが財界の強い反対のためであったとしても，そのまま，エネルギー部門全体においてこの国家が弱いということを意味するわけではない。国家の力の評価は，他の重要エネルギー政策分野も併せたその国家の関与全体に基づいて行うべきである。上の例を再び用いると，生産量や価格水準を国家が大幅に決定しているなら，これらはエネルギー市場において重要なビジネス活動であるから，この国はエネルギー部門において強い国家であると言わざるを得ない。つまり，エネルギーその他の市場に強力な国有企業がなくても，弱い国家であるとは限らないのである。場合によっては，市場に国有企業を設立するのは，国家の強さでなく弱さの表れだとも主張できるだろう。つまり，国有企業があるのは，国家が弱さを克服しようと努力していると見ることもできる，というわけである。他方で，市場に国有企業がなければ，国家の強さの表れと見なすこともできる。なぜなら，強い国家であるために，政策手段として国有企業を設立する必要がほとんどない，というわけだ[15]。そこで，国家の強さは時とイシューによって変化し，政策形成のレベルと政策実施のレベルでも異なるという命題を，検討することが重要なのである。

　国家と社会あるいは企業と政府との関係に関するこうした分析的関心に加えて，本書では，最大級の力を持つ多国籍企業で，多くが世界の覇権国たるアメリカを本拠とする，国際石油メジャーが，非覇権的な先進工業国の現地政府とどのような相互作用を持ったかという問題にも取り組む。受け入れ政府は，メジャーの存在から最大の利益を得るために，その活動をどのように規制するのだろうか。そして，多国籍企業の視点では，現地政府はどのような条件の下で，介入や規制の度合いを強めたり，国有企業を設立し多国籍企業の影響力を弱めようとしたりするのだろうか。

　まとめると，本書には3つの目的がある。第1の目的は，国際・国内経済

において企業と政府の関係の性質を決定する，国家の相対的な影響力と自律性をめぐる議論の原因を検討することである。第2の目的は，新たな分析枠組みを作り出して，実際の政策過程における，企業その他の非国家アクターに対する国家の相対的な権力を考察できるようにすることである。第3の目的は，このモデルをカナダと日本の事例に適用して，国家の影響力と自律性の点から，この2ヵ国の政治経済システムの特徴を明らかにすることである。ここではまた，多国籍企業と国家との関係および企業と国家との関係を国際比較政治経済学および比較公共政策学という新たな視点から考察し，そして，市場介入が強まると考えられる一般的条件を検討する際に，この新たな枠組みがどれだけ有効であるか評価を試みる。

こうした目的を達成するために，次章では国家権力をめぐる学術論争を検討し，同時に，経済における国家の力の分析に用いられる有力なアプローチを批判的に再検討することで，適切な実証研究が欠けている理由も示そうと試みる。次章の主要命題は，この問題をめぐる現在の研究状況は，従来の政治分析の理論的指向と密接に結び付いており，政策過程における国家の力を分析するにはステイティズム・アプローチとも言うべき手法が有効と思われる，というものである。

続いて第3章では，ステイティズム分析の概念枠組みの概説を試みる。これまで，先進工業経済における国家の力について，このアプローチを用いて，体系的な国家横断的研究が行われたことはない。そこで，このアプローチの有用性そのものもまた，この研究の主題であり，これは第4章から第9章の事例研究のなかで行う。

2．事例研究

本書の事例としては，カナダと日本における国家と石油業界の関係を扱う。そこでは多国籍石油企業いわゆる石油メジャーが大きな影響力を持っている。多国籍石油企業は非国家アクターであるとともにトランスナショナルなアクターである。実際，多国籍石油企業は資産と売上高から見ると最大級の企業であり[16]，そのため，受け入れ国での影響力が大きいことが容易に想像できる。同時に，1973年の石油危機のはるか以前から，石油は戦略資源と考えら

れていた。そこで，多国籍石油企業が強大な力を持ちまた国家にとって石油が戦略的物質でもあるために，この事例研究では，国家と民間部門の興味深い相互関係が明らかになるだろう。多国籍石油企業の活動と，本国政府や発展途上の産油国との関係は，数多くの研究があるが，これらの企業と先進工業諸国の現地政府との関係については，あまり多くの研究はない[17]。本書は，後者の理解を増すことを目的としている。

　カナダと日本はともに，国々のヒエラルヒーのなかで主要先進工業国の地位にある。両国には，自由主義的・民主的な政治形態や，議院内閣制，混合経済など，いくつか類似点があるが，2つの国家システムの間には大きな違いもある。日本は，非西洋的で，資源の乏しい（石油を輸入する），均質的で，極めて集権的な国家システムを持ち，カナダは，西洋的で，資源の豊かな（石油を輸出する），不均質的で，分権的な国家システムを持つ。さらに，石油産業と市場は，カナダでは連邦政府と州政府の両レベルにより規制されており，規制体系と官僚組織は戦後急速に制度的発展を遂げたが，日本の場合は通産省を中心に持続性の強い官僚機構によって規制されてきた。こうした相違のためにカナダと日本の事例は，先進工業経済における国家権力の増減あるいは大小を左右する重要な決定要因を明らかにするための手がかりとなるかもしれない。つまりカナダと日本は，前者は分断的な弱い国家を代表し，後者は集権的な強い国家を代表するようであるために，それぞれ興味深い事例と思われるのである。そのため，戦後両国ともにアメリカを本拠とする石油企業の強い影響を受けながら石油業界を発展させたのではあるが，この2つのシステムはかなり違った結果を生みだしたと思われる。

　戦後日本における石油業界の発展は，連合軍の（実質的にはアメリカ軍の）占領下に始まった[18]。当時日本には主権がなかったため外国資本が日本の市場に進出し易い環境にあった。このため日本国内では石油市場の外国資本による占有率は他の市場に比べると大きいが，カナダなどに比較すると外国資本による所有をかなり制限するのに成功した。他方，カナダは戦後まもなく主要国の地位に浮上したが，自国の石油産業を成長発展させるために，外国石油資本の活動や勢力を規制しようとはしなかった。その結果，この重要な産業分野において，カナダの政治経済システムは日本よりも遙かに「外部浸透性」が強くなり，日本が国内石油市場で行っているような統制や規制

図1-1：石油市場におけるカナダの国家権力と自律性（推測）

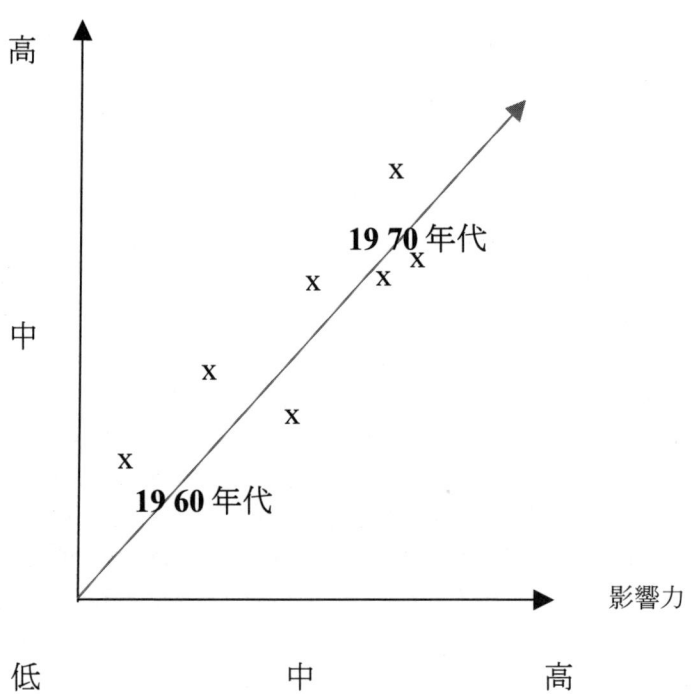

を，カナダが自国の領域内で行うことは困難になった。

　さらに日本の石油政策は，長年にわたって強いナショナリズムの感情を反映し，石油危機の前でもかなり綿密に協調が行われていたようである。カナダの場合，石油政策に内容と意図の点でナショナリスティックな側面が顕著になったのは1973年の石油危機前後であり，これはペトロカナダの創設や，国家エネルギー政策（NEP）採択に表れている。

図 1-2：石油市場における日本の国家権力と自律性（推測）

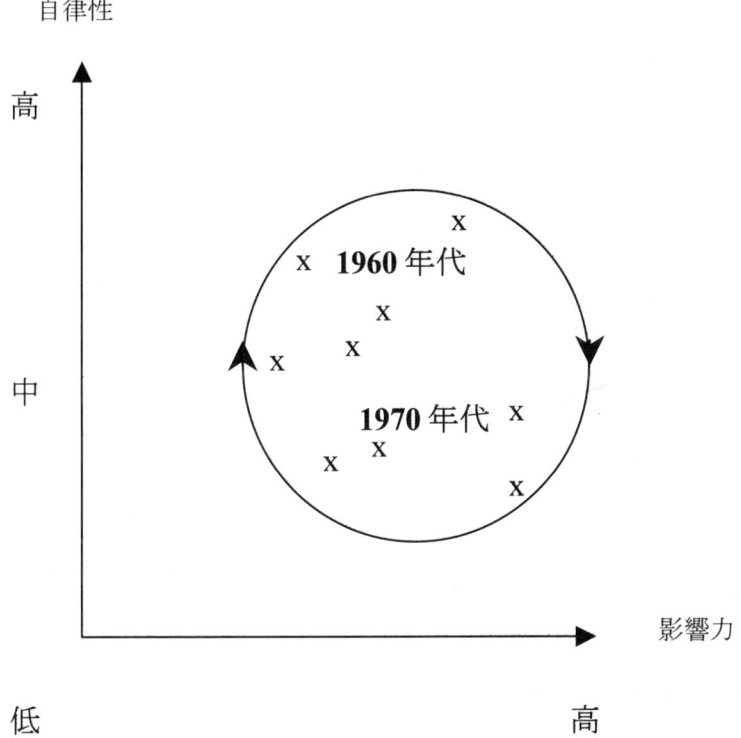

　石油政策の過程において，サミュエルズの研究では日本は比較的「弱い国家」とされているが，国際比較政治経済学の立場に立ち分析を行うと実際にはカナダが「弱い国家」であり，日本は「強い国家」であるように思える。カナダの石油政策の方向転換は，カナダの国家が以前より「強く」なったことを意味するのだろうか。図 1-1 と図 1-2 は，カナダと日本の石油政策過程および企業と政府間関係において，1960 年代から 1970 年代にかけて国家の影響力と自律性がどのように変化したのか想定したものである。この図によ

るとカナダでは時間の推移とともに増加し，日本では屈曲はあるがほぼ中の上の水準で行き来している。こうした推測が現実に一致しているか否かが，第1～9章の実証研究の焦点である。

　この事例研究が注目する時期は，適度な価格の石油が豊富に供給されるのが当然とされていた1960年代と，世界が2度の石油危機に揺れた1970年代である。この2つの時期を対象とすることで，経済に対する日々の国家介入と国家による危機管理を比較調査することが可能となる[19]。

　G. ジョン・アイクンベリーは，石油危機へのアメリカの国家による対応を事例研究として執筆した *Reasons of State* のなかで，「現代のアメリカの国家は，急速な国際政治・経済の変化に対応するために，どのような能力を持っているのか」という問題に取り組んでいる。国家，国家の力，主権と，複雑さを増す国々の間の経済的相互依存の関係や，国家と，多国籍企業や非政府組織のような新たな国際アクター[20]の間の，相対的な力をめぐる論争が，従来の国際関係と政治経済のアプローチに挑んでいる。アイクンベリーが主張するように，1970年代の石油ショックは，「これらの論争を促した重要な歴史的出来事」なのである[21]。石油危機に対するカナダと日本の国家の対応を研究することで，この現在進行中の論争に関して興味深い洞察や視点や実証的な証拠が得られることを期待している。

3．重要概念の定義

　分析を開始する前に，いくつかの重要概念を定義する必要がある。最初に，「国家」という言葉そのものを定義しなければならない。この言葉はさまざまな意味で使われている。しかし混乱を避けるために，本書で国家とは，公共政策を正統的に形成して強制力の支援のもとに実施するための，政体の中央統治機関の意味で用いる。先進工業経済における国家は，行政府を監督する政治家と，その下で働く公務員，裁判官，警察官と軍人，そして時には政策形成のための諮問委員会に出席する民間セクターのリーダーなど，公職を占める人々からなっている。現代の国家では，国家の行政機関，つまり「政府」が活動を引き起こす中心となっているため，「政府」という言葉がしばしば「国家」のかわりに用いられる。しかし，政府は国家の重要な構成要素

であるが,国家の一部に過ぎない。

　国家の権力には2つの重要な側面がある。1つは,国家が他の国家アクター,非国家アクター,政策環境を左右する潜在的能力である。これを,国家の潜在力,あるいは国家の能力と呼ぶことにする。国家の力のもう1つの側面は影響力である。影響力は政治の現実において,力が実際に表れたものである。

　国家の潜在力には,政策開発と政策実施能力の両方が含まれる。政策開発は,(1)国際・国内環境を検討するためのデータ収集能力,(2)データ分析能力,(3)政策形成能力の3つの要素からなる。政策実施能力には,形成した政策を実施するための行政能力が関わってくる。国家の政策が開発され,実施される過程は,公共政策過程と呼べるだろう。

　国家の能力はつかみ所のないものである。国家権力のこの側面を測定するのは極めて困難である。国家がどのような潜在力を持つのか,推測することしかできないことが多い。それに対して国家の影響力は,量的に測定するのは難しいが,観察することは可能である。

図 1-3 : 国際システムのなかの国家

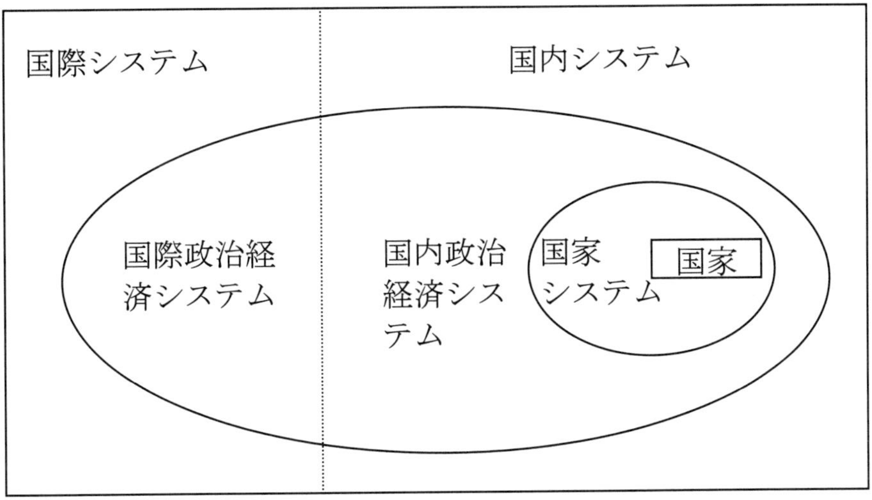

国家の影響力との関連で，国家の自律性とは，国家が，社会のさまざまな好みや利益ではなく，自己の好みや，国や市民の利益と認識しているものに基づいて，政策過程に実際に影響を与える程度と定義することができる。この意味で，国家の自律性は国家の影響力と不可分であり，それに依存している。国家が国益極大化の見地から多大の影響力を発揮すれば，国家が政体のなかで自律的アクターとなる可能性は高くなる。

　後の分析で用いられる国家システムの概念は，国家そのもの以上のもの，つまり，政治システムにおける国家の機能に関わる，国内のすべての要素と側面を指している。たとえば，国家に対する市民やマスメディアの態度は，先に定義したような国家の一部ではないが，そうした態度が国家の機能に影響する限りにおいて（普通はそうであるが），国家システムの一部なのである。しかしたとえば，雇用主と従業員の間で休暇の長さをめぐって紛争が起きても，国家システムの一部とは言えない。これは政治的問題となりうるし，より広範な政治システムの一部となることもあるが，この規模の労働関係はそれだけで国家に大きく影響することはなく，多くの場合は国家システムの一部ではない。図 1-3 は，こうした分析概念の関係を示したものである。この図では，政治システムは国際政治システムの一部と考えられている。国家システムや政治システムは，政体とも呼ぶことができるだろう。

4．本書の意義

　本書は，国家権力と自律性のレベルを決定する重要な要素を，包括的に研究するものではない。そのかわりに，こうした研究に有効と考えられるアプローチの検討を試みる。このアプローチを適用する事例としては，1960 年代と 70 年代に 2 つの国で見られた，国家と石油業界の関係だけしか取り上げていない。したがって本書では，このアプローチが実際にどれだけ有効であるかを，部分的な評価はできるが総合的な判断は困難であるかもしれない。さらに，本書は，石油のような再生不可能なエネルギー源をどのように管理するかとか，国際環境をどのように保護するかといった問題は対象としていない。現在の国際システムにおいてこれらは緊急課題であるが，それに答えるには別の研究計画と研究戦略が必要であり，本書の範囲と意図を超えている。

しかし，国家権力と自律性を決定する重要な要素を分析することは，国家と社会の関係や，国家と多国籍企業の関係の研究のなかで中心を占めている。そのため，本書によって，国内・国際経済における国家の行動について，理解を増すことも可能だろう。さらに，異なる政治・経済システムの特徴を明らかにすることは，比較政治経済，公共政策，企業－政府関係の研究において主要な課題である。特に，公共政策過程のなかでの国家の役割を理解することは，こうした研究分野における調査の重要領域となっている。次章で示すように，ステイティズムのアプローチは，異なる国家システムにおける力と自律性の点で，国家間の重要な相違と類似点を明らかにできるだろう。

さらに具体的には，本書によって，カナダと日本の政治経済の類似性や相違点あるいは国家システムと企業－政府関係の特徴について，理解を増すことができるだろう。本書が，両国における将来の企業－政府関係やトランスナショナルな関係の方向を描くための，助けとなることを望んでいる。

注

[1] アクターの概念については，Robert O. Keohane and Joseph S. Nye (eds.), *Transnational Relations and World Politics* (Cambridge, MA: Harvard University Press, 1970), pp.ix-xxix and pp.371-398 および Arnold Wolfers, *Discord and Collaboration: Essays on International Politics* (Baltimore: The Johns Hopkins Press, 1962) の Ch. 1 を参照のこと。「システム」の概念については，R.A. Reynolds, *An Introduction to International Relations* (London: Longman, 1971) に負っている。

[2] 規制緩和の比較分析としては，スティーブン・ヴォーゲル『規制大国日本のジレンマ：改革はいかになされるか』東洋経済新報社，1997年刊を参照のこと。

[3] 政府をめぐる「加重負担」テーゼについては以下を参照のこと。Michael Crozier, et al., *The Crisis of Democracy* (New York University Press, 1975); D.A. Hibbs Jr. and H.J. Madsen, "Public Reactions to the Growth of Taxation and Government Expenditure," *World Politics*, 33 (1980-1981); Anthony King, "Overload: Problems of Governing in the 1970s," *Political Studies*, 23 (June and September, 1975), pp.284-296; Richard Rose, "The Overloaded Government: The Problems Outlined," *European Studies Newsletter*, V (December, 1975); Rose, "On the Priorities of Government: A Developmental Analysis," *European Journal of Political Research*, Vol. 4 (1976), pp.247-289; Rose, *Understanding Big Government* (London: Sage, 1983); Rose and G. Peters, *Can Government Go Bankrupt?* (New York: Basic Books, 1978); Richard E.B. Simeon, "The 'Overload Thesis' and Canadian Government," *Canadian Public Policy*, II, 4 (Autumn, 1976), pp.541-552.

[4] Martin Carnoy, *The State and Political Theory* (Princeton: Princeton University Press, 1984), p.3.

[5] この点については第2章でさらに論じる。

⁶ 工業資本主義諸国を対象とした実証研究には,Stephen D. Krasner, *Defending the National Interest: Raw Materials Investment and U.S. Foreign Policy* (Princeton: Princeton University Press, 1978); Theda Skocpol, "Political Response to Capitalist Crisis: Neo-Marxist Theories of the State and the Case of the New Deal," *Politics and Society*, 10 (2) (1981), pp.155-201 などがある。他の諸国の力と国家の自律性に関しても,以下のようにいくつか研究がある。Nora Hamilton, *The Limits of State Autonomy: Post-Revolutionary Mexico* (Princeton: Princeton University Press, 1982); Nora Hamilton, *States and Social Revolutions: A Comparative Analysis of France, Russia and China* (Cambridge: Cambridge University Press, 1979); and Alfred Stepan, *The State and Society: Peru in Comparative Perspective* (Princeton: Princeton University Press, 1978).

⁷ このテーマに関して最も影響力ある先駆的研究の1つが,Keohane and Nye の前掲書である。この2人によると,「トランスナショナルな関係とは,トランスナショナルな相互作用とトランスガバメンタルな相互作用,つまり,『非政府的活動』と『国境を越えた政府下部単位の相互作用』を含む幅広い用語である」(同書 "Transnational Relations and World Politics: A Conclusion,"p.383). したがって,多国籍企業と国家関係は2人の定義するトランスナショナルな関係の一部である。トーマス・リッセ-カッペンらは,2人の定義は広すぎ,新しい重要な動向を研究するには有効でないと主張する。くわしくは,Thomas Risse-Kappen, "Bringing Transnational Relations Back In: Introduction," in Risse-Kappen (ed.), *Bringing Transnational Relations Back In* (Cambridge: Cambridge University Press, 1995) を参照のこと。

⁸ このテーマを論じた主要な著作としては次のものがあげられる。Robert Alford, "Paradigms of Relations Between the State and Society," in Leon N. Lindberg, et al. (eds.), *Stress and Contradiction in Modern Capitalism* (Lexington, MA: D.C. Heath and Company, 1975); Fred Block, "Beyond Relative Autonomy: State Managers as Historical Subjects," in Ralph Miliband and John Saville (eds.), *The Socialist Register 1980* (London: Marlin Press, 1980); Martin Carnoy, *op. cit.*; Bob Jessop, *Theories of the State* (New York: New York University Press, 1983); and Eric A. Nordlinger, *On the Autonomy of the Democratic State* (Cambridge, MA: Harvard University Press, 1981).

⁹ Richard J. Samuels, *The Business of the Japanese State: Energy Markets in Comparative and Historical Perspective* (Ithaca: Cornell University Press, 1987).

¹⁰ Chalmers Johnson, *MITI and the Japanese Miracle: the Growth of Industrial Policy, 1925-1975* (Stanford: Stanford University Press, 1982); and T.J. Pempel, *Policy and Politics in Japan* (Philadelphia: Temple University Press, 1982).

¹¹ 日本の政治経済に関する文献を批判的に展望したものとして,拙著,*Contending Perspectives on the Japanese 'Economic Miracle'* Working Paper in Japanese Studies, No. 2 (Melbourne: Japanese Studies Centre, Monash University, 1992) を参照のこと。

¹² William D. Coleman, "Canadian Business and the State," in Keith Banting (ed.), *The State and Economic Interests*, Vol. 32 of the research studies prepared for the Royal Commission on the Economic Union and Development Prospects for Canada (Toronto: University of Toronto Press for the Minister of Supply and Services Canada, 1985), p.273.

¹³ Johnson, 前掲書および Pempel, 前掲書。

¹⁴ サミュエルズはこうした可能性に十分気付いているが,このような見方の妥当性は検討していない。Samuels, 前掲書, p.2.

¹⁵ 後に検討するように,ペトロカナダ設立の事例では,国有企業を作る必要があると政府が最初に認識したのには,重要な理由がいくつもあるが,石油産業部門で政府独自のデータ収集能力が弱かったことと関係している。しかし政府がペトロカナダを設立できたのは,政府がそれだけ強かったためである。詳しくは第8章を参照の

こと。
[16] たとえば,フォーチュン誌に毎年掲載される年間世界企業ランキングを参照のこと。
[17] 注目すべき研究の1つは,U.S. Senate, Subcommittee on Multinational Corporations of the Committee on Foreign Relations, *A Documentary History of the Petroleum Reserves Corporations, 1943-44*, 93rd Congress, 2nd Session (Washington, D.C.: U.S. Government Printing Office, 1974) である。
[18] 占領政策が戦後日本の石油業界の発展に与えた影響については,拙稿,"The Allied Occupation of Japan and Industrial Development in Postwar Japan: the Case of the Petroleum Industry,"『九州大学留学生センター紀要』No. 8 (1997), pp.89-124 を参照のこと。
[19] 大山耕輔は石油業界に対する日本の行政指導を,石油危機以前のものは日常的な性格,危機の際のものは緊急型と説明している。大山耕輔『行政指導の政治経済学:産業政策の形成と実施』有斐閣,1996年刊を参照。そこで,この2つの時期を比較検討すれば,こうした状況変化によって国家の力の性質がどれだけ違っているかを,明らかにできるだろう。
[20] 日本国際政治学会の機関誌では『国際的行為主体の再検討』という特集を組んでいる。『国際政治』第119号,1998年10月を参照のこと。
[21] G. John Ikenbery, *Reasons of State: Oil Politics and the Capacities of American Government* (Ithaca: Cornell University Press, 1988), pp.ix-x.

第2章 政治経済体制の対立理論と多国籍企業-国家関係理論

1. はじめに

　本章では，国際政治経済学の根本理論すなわち国家と経済（あるいは国家と社会）との関係および多国籍企業と国家間関係の研究に用いられる，主要な理論を取り上げる。国家と経済（あるいは国家と社会）間関係の研究で広く用いられる主要理論には3つほどある。もちろんそこからある程度外れた例外は数多く存在するものの，この3つの根本理論とは，リベラル多元主義理論，マルクス主義理論，パワーエリート理論である。それに加えて1980年代からは，ノーラ・ハミルトン，スティーヴン・D.クラズナー，エリック・ノードリンガー，シーダ・スコチポル，アルフレッド・ステパンといった社会科学者によって，ステイティズム理論が提唱されている[1]。

　以下の考察では，これらの主要理論の分析の特徴や方法論的，規範的傾向について論じる。そして従来の主要理論の比較研究によって，本書で用いるステイティズム理論の主な特徴を明らかにしたい。そのため，以下の考察では主に，これら主要理論の変種ではなく基本的な形態を取り上げ，(1)政治分析の基本単位，(2)公共政策の決定要因，(3)国家の役割，(4)政治過程の主な特徴，(5)国家の力をめぐる概念，(6)国家の自律性をめぐる概念，(7)制度的要素の重要性，(8)政治と経済との関係，(9)方法論的，分析的（記述的），規範的傾向[2]，(10)さらには多国籍企業と国家間関係の研究にとってこれらの対立理論の意味するものという，以上の10項目に注目する。

2．リベラル多元主義理論

　とくに北米とイギリスの社会科学者の間で一般的な有力理論が，リベラル多元主義理論である。この理論では分析の基本単位は個人であり，個人は各自のさまざまな利益を自由に追求し，そのためにしばしば集団を形成する。そこでは各個人は多数の利害を抱えているため，複数の集団に重複加入を行うと想定されている[3]。

　この理論によると，政府の政策は，「各時点において，この集団間の闘争のなかで達せられた均衡状態」から生まれ，「競合的な要素や集団が常に自分たちに有利にしようと努めているバランス」を反映する[4]。このように，この理論は，最も強力な集団が自分たちの利益が最大となるように，公共政策の中身を決定するという見方を取っている。

　そこで，政治過程の基本的特徴は，競合する利益集団の間の相互作用と闘争ということになる。その結果，この理論の見方によると国家は，集団が自己の利益を追求して相互作用を行う「場」として，あるいは，こうした集団が定めたルールに従って紛争解決を行う「審判」として機能する[5]。しかしこうした見方は，国家が力を行使するという事実を必ずしも否定するわけではない。リベラル多元主義理論の最も有力な提唱者の一人，ロバート・ダールは，「政府が決定的に重要なのは，政府による統制が相対的に強力だからであり」，「非常にさまざまな状況において，政府による統制と他の統制を比較すると，政府による統制は競合する統制よりもおそらく重要であるだろう」と認めている[6]。このことは，国家が時には，社会の利害とは独立して行動する可能性があることを意味する。この意味でダールの見方は，後に検討するように多元主義的理論から逸脱しており，新多元主義と呼ぶことができるだろう。

　典型的な形のリベラル多元主義理論では，国の力の行使は社会集団による統制の下にある。こうした，社会による国家の統制は，ハーバート・A. サイモン，ドナルド・W. スミスバーガー，ヴィクター・A. トンプソンが的確に表現している。

　　　政府機関は，歳出配分承認や授権規定がなくては存在できない。政府機

関が生存できるのは，共同体内の政治的に有力な集団から支持を確保し続け，これらの集団を通じて立法府と行政府の支持を確保し続けられる限りにおいてである。「官僚」は生存を望むことはできるが，生存の条件を決定づけているわけではない[7]。

この引用は国家機構の官僚制の要素についてだけ述べたものであるが，この理論によれば，国家の他の部分もまた社会の統制の下にある。

本質的にリベラル多元主義理論は，国家が権力を行使するという事実は認めるが，国家の自律性はほとんど認めない。さらに，この理論の支持者の多くは観察困難な側面の権力は考慮せず，その結果，制度的要素は権力の要素としてほとんど注目されていない[8]。

リベラル多元主義理論の規範的，記述的，方法論的傾向は，政治分析に適用する際に重要となる。ダリル・バスキンは，アメリカの多元主義理論の傾向が，「アメリカの政治状況のイデオロギー的，社会的，歴史的独自性」と不可分な関係にあることを巧みに示したあと，「分析面の多元主義は，自らを科学と称しながら，実践とイデオロギーの両方向に橋渡しして」おり，規範的，処方的，方法論的傾向は「本質的に保守的」であると結論している[9]。

実際，記述面において，リベラル多元主義理論の関心は，政策形成過程に対する社会からの圧力やインプットにほとんど集中している。そのもっとも顕著な例外がデヴィッド・イーストンと考えられるが，彼は，政策決定の「ブラックボックス」のなかで，政策のアウトプットに対してさまざまなインプットが影響することに加え，政策のアウトプットからインプット（あるいは環境）に対してフィードバックが存在することを認識している[10]。イーストンは，政策アウトプットと政策インプット過程との間の相互依存関係を包括的に概念化したにもかかわらず，リベラル多元主義理論の他の多くの提唱者と同様に，ほとんど圧力集団およびその文化的，環境的，社会的背景などの分析にのみ注目している。

アルフレッド・ステパンはイーストンの著作に対して，「インプットについての議論は精密だが，政府がインプットを形作り，独自のアウトプット（政策）を生み出す際の役割については，非常に粗略な分析しか行っていない」と批判する[11]。こうした状況は，個人と集団を独立変数，政策のアウトプットを従属変数として扱う，この理論の方法論的傾向から生じている。その重

大な結果の1つとして，この理論では，国家の制度的発展の政策過程での影響，とくに社会に対する国家の影響に関する分析が欠けているのである。

この理論のもう1つの傾向は，リベラル多元主義者が権力の分析を，政府の活動に対する，経験的に観察可能な影響に限定することが多い，ということにある。社会のアクターの相対的影響力は，それぞれが異なる政治的選択を行うときには観察可能になるが，選択が同じ場合はあまり明確でない。つまりリベラル多元主義者は，後者の場合を権力の分析から排除しているのである。さらに，ただ単に政策上問題があると設定するものの具体的政策を打ち出さず，また何も決定はしないことになった場合も，政府の行動に対する社会のアクターの影響は観察困難であり，関心の対象とならないことが多い。

この理論によると，個人は自律的なアクターであり，政策形成過程に平等にアクセスできると見なされている。その結果この理論は，政治文化の影響を除くと，社会の社会経済的関係が個人に課する制約を見過ごしている。

この理論の規範的傾向は，誰もが個人なり集団のメンバーとして政策のアウトプットに対して発言権を持つ，多元的民主制を全面的に奨励・支持することである。そしてその最良の例の1つがアメリカの政治組織であると信じられている。この理論の提唱者たちは，少数のメンバーが並外れた影響力を持ち，ほとんどの重要な決定を行う，エリート主義的な社会を批判する。そのような状況の下では，多元主義的なゲームのルールは維持できない[12]。

以上のような傾向のため，この理論を国際関係の分析に適用すると，国際関係における非国家アクターの活動に注目することになる。事実，国際レベルにおいて，非国家アクター同士や非国家アクターと国家アクターの間で相互作用の頻度が高まっていることを示したのは，この理論の影響を受けた研究者である。

ロバート・O. コヘインとジョゼフ・S. ナイの初期研究は，リベラル多元主義理論をこのように適用した例である。2人は，「国家はこれまでも現在も，世界情勢のなかで最も重要なアクターであり，直接活動したり，国家が（国家のみが）所属する政府間機構を通じて活動したりしている」と認識しながら，「政治的に重要な社会間の交流の多くは，政府の統制なしに行われている」と論じる[13]。

2人は，国家中心的理論に不満を抱いて，リベラル多元主義理論から国際

関係の研究に取り組んだため、多国籍企業、フォード財団、教皇庁、革命組織、国際労働組織といった非国家アクターの活動や行動に焦点を当てて、ほとんどトランスナショナルな関係の分析だけに注目し、これらのアクターに対する国家の影響の分析にはあまり関心を持たなかったことは不思議でない。実際、2人は当初、トランスナショナルなアクターを強力で自律的なアクターのように扱っていたが、後の著作では競合する複数の理論を用いてこのバイアスを修正している[14]。

2人の理論は、多国籍企業の経営の専門家、とくにハーバード・ビジネススクールの人々が抱く見方と一致している。コヘインとナイ自身、「国際的な弁護士やエコノミストは、国際経済学や国際法の多くの文献ほど、国家中心的な理論を受け入れようとしないようである」と気付いており、「相互依存」の概念を生み出したリチャード・クーパーや、レイモンド・ヴァーノン、フィリップ・ジェサップの著作を引用している[15]。彼らは多国籍企業と国家間関係の研究のなかで、多国籍企業は希少資源を最も効率的に配分できるアクターであるとする。このため規範面では、多国籍企業が世界規模で拡大することを正当化する傾向にあるとともに自由市場の発展を支持している。

こうした見方は、国際経済関係は多かれ少なかれ中立的で、国際社会の全般的な福祉を向上させるには市場メカニズムを用いるのが最も効率的であるという、彼らの重大な仮定と結び付いている。言い換えると、国家によるあらゆる規制を除去して、国々の「相互依存」を強化し、モノ、サービス、資本、技術、人の流れを増大させれば、世界全般の繁栄と福祉が最も促進されると、彼らは想定しているのだ。このような見方から、国民国家はますます「時代錯誤」し、世界全体の効率と国内の経済的福祉のためには、多国籍企業が国家に取って代わるだろうし、そうなるべきであると、主張することになる[16]。コヘインとナイが『力と相互依存』で示したように、トランスナショナルな関係を扱うリベラル多元主義理論は、トランスナショナルな交流が増加して国家と国際関係に影響していることを解明した。国家と多国籍石油企業（ＭＯＣ）の関係の分野では、アンソニー・サンプソンのベストセラー『セブン・シスターズ』がこのような立場から、こうした強力なアクターの発展を説明することに成功している[17]。

ナイとコヘインが行ったトランスナショナルな関係の研究に対して、いく

つかの厳しい批判が向けられてきた。たとえばルイ・ターナーは，2人が「こうしたトランスナショナルなアクターが行使してきた権力の大きさ」を説明できていないと主張する。そして，「この著作を検討すればするほど，トランスナショナルなアクターと外交政策機関の相互作用が時とともにどう変化してきたかについて，体系的研究が欠けていることが分かる」と結論している[18]。しかし，リベラル多元主義理論の致命的欠点はこの理論の傾向から生じるものであり，多国籍企業と国家間関係の歴史的展開のなかで，多国籍企業だけでなく国家についても，相対的権力と自律性の程度を検討しようとしないことにある。

3．マルクス主義理論

リベラル多元主義理論と対照的に，マルクス主義理論の分析の基本単位は階級である。ひとたび分業が行われるようになると，「どの形態の社会も……抑圧的な階級と被抑圧的階級の対立を基礎とするようになる」[19]。したがって，近代資本主義の基本的特徴は，「社会的生産手段の所有者であり，賃金労働者の雇用主である，近代資本家の階級」としてのブルジョアジーと，「自分のものとしての生産手段をもたず，生きるためにその労働力を売ることを余儀なくされている，近代賃金労働者の階級」としてのプロレタリアートという，2つの勢力の対立にある[20]。マルクス主義理論は，究極的に経済システムは政治システムを決定すると想定する。生産手段を支配する支配的階級が，国家も支配するのである。国家の役割をめぐるマルクスの見方は，国家は「全ブルジョアジーの執行部である」という有名な言葉に要約されている[21]。国家は「ブルジョアジーに共通の階級利益と課題を，内外において管理するために不可欠なのである」[22]。

マルクスの国家観を綿密に検討すると，彼が資本主義社会における国家についてはブルジョアジーがプロレタリアートを搾取する，社会全体を反映したものに過ぎないと考えていたことが明らかになる。「政治の視点から見ると，国家と社会構造は別個のものではない。国家は社会の構造である。国家は，公的な生活と私的な生活の矛盾，一般利益と個別利益の矛盾を基礎としている」[23]。マルクスは次のような見方も示している。「国家は，支配階級に属する

諸個人がかれらの共通の利害を実現し，あたえられた時代の市民社会全体がその集約的表現を見いだす形態である。したがってそこから，共通の制度はすべて国家に媒介されてひとつの政治的形態をとるということになる」[24]。これらの引用から，国家は支配階級によって制御され，既存の社会経済構造を強化する形で機能するという，マルクスの見解が明らかになる。したがってマルクスは次のような命題を立てる。「国家が強力であるほど，そしてそのためにある国が政治的であるほど，国家そのものの原理のなかで，つまり，活動的，意識的，公的な形で国家に表れている社会構造のなかで，社会悪の基礎を探ったり，その一般的説明を把握したりすることは少なくなる」[25]。つまり，マルクスは国家を，「全ブルジョアジーに共通の課題」を管理する限りにおいて力を持つものと概念化している。しかし国家の力は，自己利益を追求する支配階級によって統制されるだけでなく，「その権力は市民生活とその活動が始まる地点より先に踏み込んではならない」ために厳しく制約されている。これは「政府は……公式の消極的活動領域に留まらなければならない」ことを意味し，国家が「社会悪の存在を認める」限り，国家が社会改革に「無力」であることは「政府にとって自然のことわり」なのである[26]。

古典的マルクス主義の国家観では，既存の社会経済構造を維持・強化することが目的でなければ，国家が自律的な活動を始める余地はほとんどない。それでもマルクスとエンゲルスは，国家が市民社会のあらゆる勢力から独立して権力を行使できる「例外状況」を認めている。そうした例外状況が生まれるのは，「相闘争する階級がほぼ均衡を保っているので，国家権力が外見上の調停者として一時的に両者にたいしてある程度の自立性をもつ」ときである。エンゲルスはその例として，19世紀のフランスとドイツに見られたボナパルティズム体制などをあげている[27]。しかしそうした例外状況は，普通には存在しない。したがって国家は，「一般的な時期には常に，もっぱら支配階級の国家なのである」[28]。

それに加えて，マルクスとエンゲルスは，国家が自律性に向かう傾向を持つことをよく理解しており，ステパンはこれを「国家官僚機構の寄生的自律性」と要約している[29]。実際，エンゲルスは，ひとたび社会のなかに国家が形成されると固有の利益とアイデンティティを作り出す傾向があり，それが次第に社会の利益とアイデンティティから離れ，国家は次第に社会と異質の

ものになっていくことを認めている[30]。こうして，分業を行ういかなる社会においても，国家が相対的な自律性を持つ傾向が見られるが，これは国家制度に固有の特質のためである。

現代においてマルクス主義理論の提唱者は，国家の自律性に対するこうした見方を多かれ少なかれ支持している。たとえばミリバンドは，国家の行政の要素が「従来の国家の官僚機構よりもはるかに拡大して」，「しばしば特定の官庁と結び付いていたり，多かれ少なかれ自律的であったりするような，多様な組織を包含している」と認める[31]。さらにミリバンドは，国家の官僚的要素にはかなりの自律性があり，官僚は自分たちのイデオロギーと利益のために，既存の経済構造を強化するような行動をとると主張する[32]。ミリバンドはマルクスとエンゲルスと同様に，国家が膨大な資源と力を利用できることを認めている。しかし注目すべきなのは，彼が，国家権力の基盤として制度が重要であることを認識していることである。彼は，国家権力は多様な機関に存在していると明言し，「まさにこうした機関を通じて，各機関の指導的地位を占める人々——大統領，首相と閣僚，高級官僚といった国家の統治者——はさまざまな形でこの力を行使している」と強調する[33]。しかしそれでもミリバンドは，国家権力と自律性は実際には厳しく制約され，国家は社会の搾取構造を改革するには「無力」であると見ており，この点でマルクスとエンゲルスと一致している[34]。

国家権力と自律性をめぐるこうした見方は，大変な意味を持っている。彼らは，国家の自律性を生むような，「例外状況」と官僚制の傾向が存在することは以前から認識しているが，マルクス主義者の提唱者が国家権力と自律性にさらに注目するようになったのは比較的最近のことである。実際，ミリバンドは次のように認めている。「先進資本主義社会で国家の権力と活動が非常に膨張しているというのは，政治研究者にとって当然になっているが，驚くべき逆説は，国家そのものは政治研究の対象として，長い間人気がなかったことである」[35]。

方法論的には，マルクス主義の研究者のほとんどは，社会構造と公共政策のアウトプットの関係を，資本家支配を維持するメカニズムとして，あるいは資本家階級の道具として分析する傾向がある。マルクス主義の分析的傾向として，ゴスタ・エスピング-アンダーソン，ロジャー・フリードランド，エ

リック・オーリン・ライトが,「道具的国家観は, 国家への政治的インプットと, 階級間で不平等な力の配分の重要性を強調し」,「構造主義的国家観は, 資本家支配を再生産し社会構造の結合を保証している, 国家活動の政治的アウトプットを強調する」と論じる[36]。さらにマルクス主義者は, 資本主義的生産様式が教育その他の手段を通じて労働者階級の精神と思考に与える影響を, 権力の分析に取り入れている。国家システムの支配的イデオロギーのために, 労働者階級は自分たちの「本当の利益」が何であるか認識できないと, 彼らは主張する。このようにマルクス主義による権力分析では, 観察不可能な力の側面も対象となっている。この意味で権力は, リベラル多元主義の場合よりずっと広い意味で定義されている。その結果, マルクス主義による権力の研究は実証分析の対象とならず, 実証主義者の目には独断的に映る。一方マルクス主義者にとっては, 実証的な力の分析は, 資本主義社会における力を包括的に扱っているとは思えない。リベラル多元主義による力の分析は, 資本主義社会の社会経済的関係が個人の思考と行動に与える影響を取り入れていないため, 力を十分に研究しているとは言えないと, マルクス主義者は力説するのである。

　マルクス主義的理論の規範的傾向は, 権威や支配の構造なしに, 経済資源が合理的に生産され, メンバーの間で平等に分配される, 分権的・協力的な共同体の創設を評価するものとまとめられるだろう。同時に資本主義社会は経済的資源（そして政治的資源）を合理的に生産しておらず, また平等にも分配していないとともに, 資本家階級が労働者階級を搾取し支配しているとマルクス主義者は批判する。

　マルクス主義理論は, 道具論的なものも構造論的なものも, 本質的な欠陥を抱えている。チルコットが述べているように,「いずれの理論にも, 政治的インプットとシステムの制約が国家活動のアウトプットに結び付くメカニズムに関して, 理論が含まれていない。いずれの理論も, 階級の行動がどの程度, 制約と国家構造の間を媒介し, こうした制約と構造を生み出しているのか, そして時には経済的制約と国家の関係に影響していないのかを, 分析的に判別することができない」[37]。しかしマルクス主義理論の最大の欠点は, 経済体制が社会政治的過程を決定することを強調し, 社会の諸勢力に対する国家の相対的な力と自律性が分析できていないことである。マルクス主義理論

は後者の点で,主要な競争相手であるリベラル多元主義理論と同様の欠点を抱えている。マルクス主義者はリベラル多元主義者より,社会に対する公共政策の影響に注目しているが,一般にマルクス主義の分析は,おもに既存の支配構造の維持や,そのための道具という観点で政策の影響に取り組んでおり,そのため公共の利益や一般の福祉といった分野の公共政策に国家が影響する可能性を見過ごしている。

マルクス主義理論がトランスナショナルな関係の研究にも応用されると,この理論の特殊な性格あるいは傾向のために,トランスナショナルなアクターが引き起こす否定的影響の解明が重視されることになる。マルクス主義の視点では,トランスナショナルなアクターはブルジョアジー(つまり支配階級)でありこれが最も強力な集団なのである[38]。マルクス主義理論の見地からすると,非社会主義諸国の間の国際関係を扱うグランドセオリーは,帝国主義であることは言うまでもない。この理論はリベラル多元主義の仮定と逆に,国際経済関係は国内の政治組織と同じく搾取的で紛争に満ちていると仮定する。マルクス主義の理論では,国家は支配的地位にある私的な力の延長と見なされており,帝国主義はトランスナショナルな関係の理論の一種と考えることができる。つまり帝国主義は,支配階級と,国家や多国籍企業といった支配階級の機関に搾取される被支配者の間の,国際的な相互作用として,国際関係を扱っているのである。ジェームズ・E. ドカーティとロバート・L. ファルツグラフ, Jr の要約によると,「極めて正統的なマルクス=レーニン主義では,西側社会の影響力はかなりの程度,ヨーロッパとアメリカの資本主義がアジア,アフリカ,ラテンアメリカの人々を搾取することから生じている」[39]。したがって,マルクス主義の国際関係理論では,リベラル多元主義がトランスナショナルな関係という概念を導入するはるか以前から,国家には副次的な意味しか与えておらず,かわりにブルジョアジーという非国家アクターをより重視してきたと論じることが可能だ。

マルクス主義を支持する人々は多国籍企業に重要な役割を認め,帝国主義の最も効果的な機関と考えている。たとえばM. バラット-ブラウンは,「マルクス主義者にとって,国民国家や市場ではなく大企業こそが,資本主義的蓄積のダイナミクスを表す制度である」と述べる[40]。リチャード・L. スクラーは,「世界規模の企業・経営ブルジョアジーという階級が,いまや3つの重複

するものを含む形で形成されようとしている」と考えるべきだと主張する。この3つのものとは，企業の国際ブルジョアジーに加えて，「おもに工業資本主義諸国に基盤を置く……企業ブルジョアジー」の一部と，「社会主義をとらない新興諸国の経営ブルジョアジー」のうち国際的な部分である。彼は，その過程における多国籍企業の役割を強調し，「ブルジョアジーの類似部分がトランスナショナルな形で拡大し，相互に結び付くためには，トランスナショナルな機関を作って完璧なものとすることが必要である」と論じる。スカラーは，多国籍企業が「その目的に最も有効な機関」であるとする。そして「多国籍企業は国際的な階級の発展という視点から，分析し理解すべきである」と勧める[41]。

　マルクス主義理論家たちは，開発と低開発をめぐる従属理論の発展に大きく貢献してきた[42]。ジョセフ・M. グリーコは，何人かの「マルクス主義＝従属理論の研究者たちは，多国籍企業がいくつかの先進開発途上国で経済的能力の『成長』に貢献しているという認識を分析に導入してきた」と指摘する。彼らはまた，「開発途上国と多国籍企業の間で取引がおこなわれる現象」が存在すると認めている[43]。それでも，開発途上国に対する多国籍企業の貢献も，多国籍企業に対する交渉力も，重要なものではないと見なされている。発展方向を決める主要な決定は，現在でも多国籍企業が握っているのである[44]。したがって，マルクス主義理論の支持者たちは，トランスナショナルな関係，あるいは「国際的な階級形成」は最終的に，社会主義をとらない開発途上国が多国籍企業なり先進工業諸国の資本家階級に依存し，貧困にあえぐ状況が，永続的に制度化されることになると結論する。

　政治分析におけるマルクス主義理論を多国籍企業と国家間関係の研究に適用すると，多国籍企業を資本主義と帝国主義の非常に有力な機関と見なして，その力を強調し，国家権力と自律性にはほとんど注意を払わないことになる。このように偏った理論では，たとえば，石油輸出国機構（OPEC）の交渉力が1960年代後半から1970年代の初めに劇的に増大したことや，国有化政策，あるいは先進国も含め様々な国々が対外投資や技術移転を監視し規制するシステムを導入していることなどを説明することができない[45]。

4．パワーエリート理論

　パワーエリート理論には，ヴィルフレード・パレート，ガエターノ・モスカ，C.ライト・ミルズといった主要な理論家がいる。パワーエリート理論は，一方で，ブルジョアジーとプロレタリアートの分裂という厳格な観念と，経済関係が政治的関係を決定するというマルクス主義の仮定を否定する。他方で，人々が重複加入するさまざまな集団の間で権力が配分されるとする，多元主義の拡散的な力の構造の概念も否定する。パワーエリート理論は社会を，少数の支配者であるパワーエリートと，多数の被支配者である大衆という，2つの別個の集団から構成されるものと見る。そのため，この理論の基本的な分析単位は支配者と被支配者である。モスカは次のような見方を示している。

　　あらゆる社会には，支配する階級と支配される階級という2つの階級が現れる。前者は，つねに少数であらゆる政治的機能を果たし，権力を独占し，その力がもたらす利益を享受する。それに対して後者は，多数者の階級で，前者によって指導・管理される[46]。

　モスカもパレートも「階級」という用語をしばしば用いるが，その用法はマルクス主義のものと異なり，生産手段の所有との関係で厳格に定義されているわけではない。彼らの理論では，かなりの程度の流入や流出，あるいは支配エリートと被支配者の間の社会移動が想定されており，これは「エリートの循環」と呼ばれる[47]。エリートの循環が起こるとしても，パワーエリート理論は，政治過程の基本的特徴は大衆に対するエリートの支配であり，国家はエリート支配を保証する決定的手段であると考える。

　ミルズはパワーエリート理論を支持し，これをアメリカの政治組織の分析に利用した。彼はパワーエリートを「軍事・政治・経済体制の上層メンバー」と定義し[48]，パワーエリートは「幅広い分野にわたる，事実上すべての決定に関与している」と主張する[49]。そして，パワーエリートの内部には対立もあるが，彼らの間では分裂の力よりも結合力のほうが強いという見方を示している。

　彼はさらに，社会はパワーエリートによって厳しく統制されていると論じ

る。
　　彼らは大きな影響を及ぼすような決定を下す地位にある。彼らが決定を
　　下すか否かは，そうした枢要な地位を占めているという事実ほど重要で
　　はない。彼らが決定を下さないこと自体，彼らが下す決定よりもしばし
　　ば大きく影響するような行動なのである[50]。
　ミルズはこのように，非決定に対するエリートの統制という，リベラル多
元主義の研究者が見過ごしている把握しにくい力の側面も十分認識しながら，
パワーエリートは「現代社会の主要な階層構造と組織を指揮している」と主
張する。「彼らは大企業を支配する。彼らは国家機構を動かし，そこで特権を
持つと主張する。彼らは軍隊を指揮する。彼らは社会構造の戦略司令所を占
め，いまやそこには，彼らが享受する力と富と名声といった有力な手段が集
中している」[51]。
　ミルズの議論によれば明らかに，公共政策の大部分は，自己利益を追求す
るパワーエリートによって決定されるということになる。国家はほとんど自
律性がないが，パワーエリートの好みと認識に沿って巨大な権力を行使する。
パワーエリートと比べると大衆は，「底辺にいようとも頂点で決定を行おうと
も望まない中間的な力の単位に気を取られている人々が一般に考えるよりも，
ずっと分裂しており，実際無力である」[52]。こうしてミルズは，リベラル多元
主義の中心的仮定を否定する。ミルズはさらに，こうした傾向は，アメリカ
だけでなく世界的レベルでも強まっていると主張する[53]。
　ミルズは，制度は権力の決定的な基礎であり源泉であるとして，その重要
性を認めている。事実，彼の理論によれば，政界と財界と軍隊でパワーエリ
ートを構成するあらゆる人々は，国家や企業や軍隊で頂点の地位にあり，こ
れらはすべて現代社会の重要な制度なのである。すなわちミルズは力の基礎
としての制度の重要性に気付いているだけでなく，制度の相対的重要性とそ
こに属するエリートの相対的権力が密接に結び付いていると認識している
ことに，注意すべきである。したがって，制度の発展と変化には，権力構造
における変化が敏感にあらわれると考えている[54]。
　記述面では，パワーエリート理論の支持者たちは，所与の政治組織のなか
で権力と政治的資源がいかに不均等に配分され，そうした均衡状態がいかに
維持されているかを分析することに集中する。とくに，彼らは権力が国家内

の制度と民間の大企業に集中していると信じているので，組織上の権力構造に焦点を当てる。このことは，政治組織を支配するエリートを独立変数と見なし，大衆に対するエリートの優位を維持する手段である公共政策を従属変数と見なす，この理論の方法論的な仮定と関連している。

パワーエリート理論の規範的傾向は「計画社会」を支持するもので，そこでは市民全体の利益と福祉のために，エリートが大衆に代わって適切にルールを決定する。しかしパワーエリート理論は，エリート支配が支配者の優位と短期的利益を確保する手段となるなら，それを批判し糾弾する。全体主義はその極端な例である。同時に，戦略的機関に属するエリートは自動的に力を持つと想定されている。伝統的な政治研究と同様に，パワーエリート理論の支持者は制度の重要性を強調するのである。

先に検討した2つの理論と同様に，この理論も国家の自律性をほとんど想定していない。国家のなかの制度は国家と国家エリートの権力の基礎となるが，これらは最も強力なアクターの1つであっても，決して政治組織のなかで唯一強力なアクターではない。この理論は国家に特別な力や機能があるとは考えないのである。国家権力の行使は，国家だけでなく多国籍企業のような民間の巨大企業でも高い地位を占める，パワーエリート全体の支配状況と利害に左右される。したがってこれは民間部門が国家より強力になり得ることを意味している。

チルコットは，パワーエリート理論のこうした傾向に対するリベラル多元主義者の批判を，次のようにまとめている。「民主制をめぐるエリート理論は，選挙政治と市民参加の力を見過ごしている。……エリート理論の主張は，中央官僚機構の力を認める傾向を強めながら，特権階級の経済力ももっともらしく説明する」[55]。マルクス主義者はパワーエリート理論をもっと好意的に評価する傾向があるが，それでも「一般に，社会分析で使われる『エリート』や『制度』（という用語）に不信感を抱いている。それは，こうした概念が，パレートやヴェーバーらが社会主義の主張に反駁するのに用いたものだからであり，また，エリート理論がしばしば強力なエリートに対して無力な大衆を対置させているからである」[56]。

パワーエリート理論の支持者は，リベラル多元主義とマルクス主義の研究者と異なり，トランスナショナルな関係を十分に検討も理論化もしていない。

この方面で何らかの試みがあるとすれば，おそらく，従属理論の非マルクス主義理論のいくつかが，それに最も近いと言えよう。しかし，先に指摘したように，この理論から統一的な従属理論は登場していない。その代わり，それぞれ無関係の理論的研究や分析的研究が数多くおこなわれるようになっている。たとえば，ピーター・エヴァンズはブラジルの政治経済における従属的発展の性質を分析し，おもに財界のパワーエリートに焦点を当て，それほどではないが国家機構にも注目している[57]。

先進諸国に対する開発途上国の依存の分析とは別に，パワーエリート理論の刺激を受けた多くの研究者は，国境を越えた支配エリート間のつながりを対象に実証分析を行ってきた。たとえばハーバート・P．ビックスは，日米安全保障同盟に大きく支えられた，日米の軍産複合体の密接な結び付きを調査している[58]。ジョナサン・F．ギャロウェーは，政府の援助政策と投資と軍事政策が共生関係にあり，多国籍企業－政府間関係を円滑にしているという分析を行っている[59]。ジョン・フェイヤーウェザーとそのグループは，アメリカ，カナダ，フランス，メキシコ，ブラジル，ナイジェリアといった国々を対象に，多国籍企業を受け入れるエリートの考え方を検討している[60]。ウォレス・クレメントは，アメリカとカナダの財界エリートの複雑な関係と，その意味を研究している[61]。

パワーエリート理論は比較政治の分野で，こうした研究や，資本主義諸国に対する第３世界依存の徹底的な調査を促進してきたが，そこで得られた発見は，トランスナショナルな関係や多国籍企業と国家間関係一般についてのグランドセオリーに取り入れられていない。この理論がトランスナショナルな関係の理解促進に失敗しているのは，パワーエリートの間の国際的なつながりが弱く，限定的なためと思われる。ヨーロッパと北アメリカと日本の先進工業諸国の間では，ローマ・クラブ，３極委員会，先進７ヵ国首脳会議を通じて協力が試みられているにもかかわらず，つながりは限定され，このことがとくにこの理論にとって不利になっている。こうした先進諸国の間の国際関係やトランスナショナルな関係においては，戦略的問題は別としても，とくに政治と経済の領域で，パワーエリートが一致して共存するのでなく，不和と共存の難しさがますます強まっており，これはパワーエリート理論の予想に反している。

5. ステイティズム理論

　これまでに述べた現在の政治分析を支配する3つの理論はすべて，国家は受動的なアクターであり，社会の圧力集団や，支配階級，パワーエリートの要求を満たしてその利益に奉仕するために形成した政策を実施するとしている。これと対照的にステイティズム理論は，国家が基本的な分析単位であって，全体的な公共の利益や国家利益を最大化するために公共政策を形成し実施する，主要アクターであると見ている。この理論の起原は西ヨーロッパの哲学的かつ政治学的な伝統に深く根ざしているが [62]，これが実証的な政治分析の明確な理論として有効なことに政治学者たちが気付き，その妥当性と意味について体系的研究を行うようになったのは，近年になってからである [63]。

　ステイティズム理論によれば，政治過程は国家と非国家アクターで構成され，それぞれが自分の勢力範囲と自律性を持っており，権力と正統性の点で国家が非国家アクターに優越するという見方をしている。そして政治過程の基本的特徴は，法と秩序を守らせる中央権威が存在しなければ混乱が生じることにあると仮定している。

　この仮定は，人間は政治的存在であり，「その本質は共同体のなかでのみ発揮できる」という見方と密接に結び付いている [64]。この理論では，人間の本質と可能性を十分発展させるために，政治的権威が必要とされるだけでなく正当化もされる。したがって，最高の政治的権威である国家の最も重要な役割は，この目的の実現と共通善の追求を保証することである。ローマ教皇ヨハネス23世は前任者たちが据えた基本原則に深く根ざす思想を抱いていたが，実際国家が存在する真の理由は「共通善の実現」にあると述べている [65]。そこでステイティズム理論では，国家の役割は共通善を達成するために公共政策を形成・実施することにある。したがってこの理論は，国家は合理的に行動でき，公共の利益と必要の全体像を理解することが可能であると仮定する。また，公共政策を決定するのは国家であるとも仮定している。

　こうした見方にしたがって，この理論は国家に，しばしば干渉的性格を持つような巨大な力を付与する [66]。同時にステパンが指摘するように，「共通善の概念が存在し，それが国家に道徳的義務を課して一般的福祉の達成を促す

ことから，より公正な社会を作るために，国家が自発的に既存の秩序の大きな変更を計画・強制する可能性が開かれている」[67]。理論的に言えば，国家はその政治組織内の社会から完全に自律することもあり得る。

しかし，これまでに開発されたステイティズムの理論には，社会のアクターに対する完全な自律性を想定するものはない。この理論の支持者はむしろ，政策の形成と実施における国家の自律性は，歴史上の時期と政治システムによって，さらには同じ政治組織でもイシューや外的・内的環境によって異なると主張する[68]。

スティーヴン・D. クラズナーは「自国の社会に対する国家の力を，弱いものから強いものまでのスペクトルに当てはめて」イメージしている[69]。このスペクトルがどこに位置するかに応じて，クラズナーは政治の現実における３つの「理念型」を想定する。第１は「社会の圧力に抵抗できるが，私的アクターの行動を変えることはできない」弱い国家，第２は「私的な圧力に抵抗し，私的集団を説得して国家利益を促進すると見なされる政策に従わせることは可能だが，国内環境に構造変化を課することはできない」中間国家，第３は「既存の私的アクターの行動を変え，長期的には経済構造そのものも変える力」を持つ強い国家である[70]。これに加え，理論レベルに限れば，第４に強力な統制国家も想定できる。これは，社会の圧力に完全に抵抗して，私的構造と社会構造の両方をいつでも変えることができるような支配的国家である。

クラズナーの理念型で重要なことは，４つすべてが国家の自律性をある程度含み，そしてとくに後の３つは「国家が活動する社会の環境を変更できる」という事実である。これに対して，多元主義と道具論的なマルクス主義の理論は，国家が自律性を発揮する余地をほとんど想定していない。概してステイティズム理論は，国家の行動が社会に及ぼす影響は，国家に対する社会の影響同様，重要なものであると見ている[71]。

ステイティズム理論の支持者たちは，国家が社会に影響する方法と事例をさまざまに検討することで，国家の相対的な力と自律性に影響する国際変数と国内変数の両方を解明してきた。たとえばステパンは，国際システムの階層構造における国家の位置が重要な外的変数であると論じる。彼はほかにも，ある政治組織の政治文化における国家の役割の受容のあり方，その政治組織

の支配的イデオロギー，国家システムの特徴，経済状態といった数多くの国内変数も検討している。これに加え，国家システムの中核は制度であるため，ステイティズム理論の支持者のほとんどは，制度面の発展と変化が国家の権力と自律性を理解する鍵であると考える[72]。

この理論の方法論的な傾向として，インプットの過程よりもアウトプットの過程を重視していることは明らかである。国家の活動と行動は独立変数とされ，社会に対するその影響は従属変数とされることが多い。この点で，国家の力と自律性に影響する国際的要素と国内的要素が決定的な媒介変数と見なされる。この理論の記述面の傾向は，国家による力の行使を検討することと，様々な組織や行動体に対する国家の影響に，分析の焦点が向けられていることにある。

この理論の規範的傾向は，国家のさまざまな活動と政策を「公共の利益」や「共通善」に奉仕する手段として厳密に判断・分析することで，「公正で調和した」社会を作り出すことにある。そこでこの理論では，国家利益や公共の利益，共通善には何が含まれるかという批判的価値判断が求められる。このような判断力のある研究者は刺激的な政策評価を示すことができるだろう。しかしそのような判断を怠った場合，この理論は，国家機構の操縦者が打ち出す政策と活動を正当化する手頃な根拠に過ぎなくなる。こうした分析はまた，その政治組織を支配する既存の力の構造を正当化する助けにもなるだろう。このため，この理論を誤用すると，政治の現実について極めて保守的な解釈を行うだけでなく，現状維持を支持することにもなるのである。

こうした欠点にもかかわらず，ステイティズム理論が問題発見に役立つという価値を否定することはできない。つまりこの理論は，公共政策が公共の利益と私的利益にどれだけ従って遂行されているかを探るための助けになりえるのである。また従来の理論と異なり，私的部門に対する国家の相対的自律性を解明する助けともなる。このように，この理論は，先にあげた現代政治分析の３つの支配的理論があまり注目してこなかった，現代の政治状況の重要な側面を明らかにできるだろう。

従来の国際関係の分析はステイティズム理論の重要な仮定をいくつか共有している。グレアム・アリソンが示すように，彼が「モデルⅠ」ないし「合理的アクターモデル」と呼ぶ国際関係の古典的理論は，おもに国家間の相互

作用に関心を向け，世界政治において国家は主要かつ合理的なアクターであると仮定する。ステイティズム理論と同様に，この古典的理論の基本的な分析単位は国家である[73]。先に指摘したように，リベラル多元主義理論のなかにトランスナショナルな関係の研究が登場したのは，国際関係におけるこの国家中心的理論に対する不満からであった。戦後間もない時代にはアメリカが世界の舞台において支配的大国で，リベラルな国際経済秩序を積極的に推進して成功したため，経済問題はこの経済レジームを通じて円滑に処理され，戦略問題のように政治化することはなかった[74]。その結果，従来の国際関係分析はおもにハイ・ポリティクスすなわち軍事や安全保障あるいは外交問題に関心を向け，国際経済関係つまりいわゆるロウ・ポリティクスの分析はほとんどエコノミストに，そして一部は国際的な弁護士にまかせたのである。

しかし1960年代中期から1970年代にかけて日本と西欧の台頭とは逆にアメリカが相対的に衰退したことで[75]，多くの経済問題は高度に政治的なものとなった。また開発途上諸国と先進諸国間で貿易と投資をめぐる緊張と紛争が増加したり，とくに先進工業諸国間でトランスナショナルな相互作用の度合いも高まった。これに対してリベラル多元主義者たちは新たなトランスナショナル関係のモデルを提起することで，国家中心的な国際関係の理論に挑戦し，国家間の相互依存の増大によって生じた新たな現象を説明しようと試みたのである。

反対にステイティズム理論の支持者たちは，政治経済環境の変化とリベラリズムの挑戦に対抗し，ハイ・ポリティクスのみであった分析テーマをロウ・ポリティクスの研究にも拡大した。同時に，国家間関係中心から多国籍企業と国家関係の調査研究に拡大することで，別な解釈を示した。

ステイティズム理論は，まず国際政治経済において紛争が増大していることに注目し[76]，次に，国家間の相互依存の増加とトランスナショナルな活動の重要性の高まりによって国家は時代遅れのものとなりつつあるというリベラル多元主義の見方に挑戦した[77]。ステイティズムの分析によると，トランスナショナルな交流の絶対量は増えているが，相互依存の度合いは，とくに先進工業諸国の間で，国民経済の成長と比較して低下している。さらに，国際関係において緊張が高まっているのは，国際政治経済に対する国家アクターの介入が増えていることの結果でも原因でもある。このようにステイティ

ズム理論に基づく研究者たちは，リベラル多元主義の分析とは反対に，トランスナショナルな活動が増大することで，複雑さを増す国際政治経済の主要な管理者としての国家の役割と力が高まり，その結果，国際システムにおいて国家はかつて以上に重要となり積極的に活動するようになっていると結論する[78]。

　ステイティズム理論の基礎となっている国際政治経済をめぐる特徴的な仮定には，次のようなものがある。第1に，マルクス主義の仮定およびリベラル多元主義の仮定とも対照的な経済に対する政治の優位と国際的・国内的性格を持つ社会のアクターに対する国家の優位。第2に，国際経済関係は常に調和的なわけではないという仮定（これに対してリベラル多元主義は調和的と仮定し，マルクス主義は紛争に満ちているとともに搾取的であると仮定する）。そのためステイティズム理論は，国家全体の経済的繁栄と福祉を確保するために国家は経済領域に介入し，さらには公共の利益と国家利益を保護，また促進する目的のために慎重に政策を遂行すべきであると勧める。対照的にリベラル多元主義は国家介入を勧めず，市場メカニズムを通じて貿易，国際投資，相互依存，経済統合が増大すれば，世界の福祉が最も効率的かつ効果的に促進されると主張する。これとは逆にマルクス主義は，外国の資本や技術や経営技術を完全に排除するように勧める。このように，ステイティズム理論の分析はしばしば新重商主義と呼ばれる保護主義的ナショナリズムに，リベラル多元主義は開放的な国際主義に，マルクス主義は帝国主義と孤立的ナショナリズムに密接に結び付いている。

　トランスナショナルな関係をめぐるステイティズム理論の全体的特徴は，重商主義に触れることで最もよく説明できるだろう[79]。重商主義は，国際政治経済に対するステイティズム理論に含まれている上のような仮定と勧告を支持している。そこでデヴィッド・J．シルヴァンはいくらか留保を付けながら，フレッド・L．ブロック，ロバート・ギルピン，スティーヴン・クラズナーの著作が「最新の重商主義」として，ステイティズム理論を利用していると述べている[80]。シルヴァンは，ギルピンあるいはクラズナーの著作に共通して見られる仮定には，「国際経済システムは国家自身によって決定され」，国家の目標は他のアクターの目標とは異なる，といった見方があると指摘する。ギルピンとブロックが共有する中心テーマの1つは，国家は保護主義的

な政策を遂行し，国際市場と国内市場のメカニズムを自国に有利なように操作すべきだというものである[81]。

こうした仮定とテーマは，先に論じた政治分析におけるステイティズム理論の傾向と仮定と密接に関連している。ステイティズム理論はマルクス主義理論と同様に，経済的関係には不和と支配という特徴があると主張する。さらに，ステイティズム理論は国家を基本的な分析単位として，そして共通善を最大化し社会の進路を決める自律的なアクターとして見ているので，この理論を国際関係の分析に拡張すると，自然と必然的に，国際経済システムは国家利益を追求する国家によって決定されるという見方になる。

こうした見方を多国籍企業と国家関係の分析に適用すると，実証研究と方法論の点で国家の政策と活動のみが独立変数として注目されるだけでなく，他の国内・国際アクターに対するその影響は従属変数として扱われることになる。この点でステイティズム理論の規範的意味合いは，市場の機能不全を修正したり，国際システムにおいて国家や公共福祉のために利益を極大化する必要があれば，国家は経済プロセスに介入すべきであると政策提案を行うものとなる。

シルヴァンはステイティズム理論の中心テーマに直接挑戦し，「一般に，国家利益を追求する国家そのものが究極的に国際経済システムを決定しているという主張は，かなり弱いものであることが分かり」，国家は経済閉鎖の政策をとるべきであるという主張は，「閉鎖の目標とは対照的に，可能でも望ましいものでもないだろう」と論じている。彼は「『ファシズム』の解決策は経済閉鎖と完全に両立するだろうが，ギルピンが暗に批判する寡占的な産業構造と軍事研究重視によって，彼の「最良の解決策」である資本の再配分が歪められ，ある種の国家コーポラティズムや社会コーポラティズムになってしまうと思われることを認めるには，そこまで考える必要はないだろう」と指摘する[82]。

シルヴァンはこうした批判をしながら，「3人の筆者は皆……理論化に熟達しており，時には洞察に満ちている」と認めている[83]。政治分析の3つの支配的理論が国家を，基本的に社会の支配的アクターの要求に応じて政策を遂行すると見ていることからも，また，トランスナショナルな関係への志向と，帝国主義と従属をめぐるマルクス主義の分析が普及していることからも，基

本的な分析単位として国家に注目するステイティズム理論は，公共政策とトランスナショナルな関係の研究のなかでこれまで政治分析の主流から排除され無視されてきた，いくつかの側面を際立たせることになるだろう。

6．結　論

　リベラル多元主義理論とマルクス主義理論とパワーエリート理論は現在の政治分析を支配し，前の2つは国際関係の研究に幅広く利用されてきた。他方で，ステイティズム理論は西ヨーロッパとラテンアメリカの政治的・哲学的伝統に深く根ざしているが，国家の権力と自律性を対象とする理論として事例研究に利用されるようになったのは近年のことである。

　表 2-1 にまとめたように，基本的な分析単位は理論ごとに異なっている。これは政治過程についてあるいは社会と国家ないし政治と経済の関係について，各理論が異なる仮定をしていることと関係している。こうした違いは，公共政策の決定要因や国家の役割だけでなく，政策の形成と実施における国家権力と自律性に関する，競合的な見方に反映している。

　表 2-1 と表 2-2 に示したように，政治分析のこれらの理論はそれぞれ特徴的な規範的，分析的，方法論的傾向を持つ。これらの傾向は数多くのことを意味している。何よりもこうした傾向は，政治研究の性質とテーマの設定に大きく影響する。つまりそれぞれは，政治過程のある側面が重要であると仮定してそれを解明する，政治分析の戦略なのである。その意味でこれらはすべて部分的な理論に過ぎない。したがって政治過程の分析を行うには，複数の競合的な理論を利用するべきである。とくに，多くの今までの政治分析は「社会がほとんど自律的である」ことを前提とする理論を用いているので[84]，これらの理論が見過ごしている，国家が権力と自律性を持つ可能性を明らかにするために，ステイティズム理論を導入する必要がある。

　社会に対する国家権力と自律性は，理論的対立と国内・国際レベルの政治経済制度を理解するための鍵である。国家権力と自律性および社会に対する国家の影響力が，実際にどれくらいの程度のものか調査するには，複数の競合する理論を用いてさらに数多くの比較研究を行う必要がある。これまでのところ既存の分析は，「批評家が用いるのと同じ不適切な歴史の記録に基づい

表 2-1：政治経済学の主要理論

	リベラル多元主義理論	マルクス主義理論（道具論的/構造主義）	パワーエリート理論	ステイティズム理論
分析単位	個人・集団	階級	パワーエリート対大衆	国家対社会（経済/市場）
政策決定者	強力な個人・利益集団や圧力団体	資本家/長期的な資本家の利益	パワーエリート	国家
国家の役割	競合する社会の利益の調停者	資本家の道具/資本主義搾取体制の持続推進体	パワーエリートによる支配の手段	社会正義と秩序の創出する中枢
政治過程の特徴	競争と抗争	無産階級の資本家による搾取と支配	大衆に対するエリートの支配	調和
国家権力	小	小 ― 中	中 ― 大	大
国家の自律性	ほとんど皆無	厳しく制限	ほとんど皆無	大
制度の重要性	小	中 ― 大	非常に重要	非常に重要
政治と経済との関係	お互いに中立的	経済が政治に優先	経済と政治が密接に接合	政治が経済に優先
方法論的傾向				
独立変数	利益集団	資本家の利益・政策のアウトプット	エリートの利益	国家の行動
従属変数	政策のアウトプット	政策のアウトプット/資本家の支配体制	エリートの支配体制	社会過程（経済・市場を含む）
介入変数	環境			国家行動に影響を与える外的・内的要因
分析的傾向	社会集団の政策決定への影響	資本家の政策決定への影響/政策の資本主義体制維持作用	エリートによる大衆支配	国家の社会（経済・市場）への影響
規範的傾向	多元主義を支持 エリート政治・共産社会反対	反資本主義・無政府主義と共産主義支持	反全体主義・計画社会支持	社会正義・公正支持

表 2-2：多国籍企業（MNCs）-国家関係理論

	複合的相互依存理論	帝国主義理論 従属理論	非マルクス系 従属理論	複合ネオ現実主義理論
対応する政治経済学理論	リベラル多元主義理論	マルクス主義理論	パワーエリート理論	ステイティズム理論
国家に対する見方	次第に弱体化・時代遅れ	資本家の帝国主義の道具	パワーエリートの道具	優勢な行為体
多国籍企業（MNCs）に対する見方	資源配分の最も効果的な配分者	資本主義の拡張と帝国主義の拡大の最も効果的な手段	パワーエリートの強力な道具	単なる非国家行為体のひとつ
MNCsと国家の相対的権力	MNCs＞国家	MNCs＞国家	MNCs≧国家	MNCs＜国家
方法論的傾向				
独立変数	非国家行為体	先進国の資本家階級	パワーエリート	国家
従属変数	国家	発展途上国の大衆の搾取，未発展度あるいは従属度	発展途上国の大衆の搾取，未発展度あるいは従属度	非国家行為体
分析的傾向	非国家行為体の国家やトランスナショナル関係への影響	先進国資本家階級と発展途上国の政治経済構造との関連	先進国と発展途上国のパワーエリート間の繋がりとその後者の社会構造への影響	国家による非国家行為体や国際関係やトランスナショナル関係への影響
規範的傾向	相互依存および推進・国家干渉介入反対	政治的経済的自立支持・反トランスナショナル関係推進・反帝国主義・ナショナリズム推進	発展途上国における大衆とエリートの貧富の差是正	国家介入・重商主義支持・反経済第一主義・反経済帝国主義

ている」か[85]，ほとんど実証的に検証不可能な仮説に基づいている[86]。

　要するに，現在のところ，リベラル多元主義者とマルクス主義者，パワーエリート理論の支持者がそれぞれ開発した，相互依存と従属の理論が多国籍企業と国家関係の研究を支配し，国家に対する多国籍企業の影響については異なる結論を提示しながら，多国籍企業に対する国家の力と自律性の側面に

ほとんど注目していないため，ステイティズム理論は政治経済の研究に非常に有効となるだろう。こうした理由からステイティズム理論は，公共政策過程における国家の役割や，トランスナショナルな関係での多国籍企業に対する国家の相対的な力に光を当てる手段として歓迎される。そこで，ステイティズム理論にもいくつかの弱点があるが，複雑な多国籍企業－国家関係や公共政策過程の理解を拡大するには，この理論を用いた実証研究を進める努力がさらに必要である。こうした研究は，各理論がどのような条件の下で最もよく機能するかを考察するためにも不可欠である。

注

[1] Hamilton, *The Limits of State Autonomy*, 前掲書; Krasner, *Defending the National Interest*, 前掲書; Skocpol, *States and Social Revolutions*, 前掲書および Stepan, *The State and Society,* 前掲書。国家の性格については幅広く議論されている。たとえば以下の文献を参照のこと。Carnoy, *The State and Political Theory*, 前掲書; David Held et al. (eds), *States and Societies* (Oxford: Blackwell, 1983); Ikenberry, *Reasons of State*, 前掲書; Anthony de Jassay, *The State* (Oxford: Basil Blackwell, 1985)あるいは Bob Jessop, *The Capitalist State: Marxist Theories and Methods* (Oxford: Basil Blackwell, 1982); Bill Jordan, *The State: Authority and Autonomy* (Oxford: Basil Blackwell, 1985) など。

[2] 規範的傾向とは，明白であるかまた暗黙であるかもしれないが，分析と結び付いている価値判断を意味する。これはロバート・R.アルフォードの言う「ユートピア像」に近いものである。Robert R. Alford, "Paradigms of Relations Between State and Society," in Leon N. Lindberg et al. (eds.), *Stress and Contradiction in Modern Capitalism* (Lexington, Massachusetts: D.C. Heath and Company, 1975), pp.145-160. 記述的（ないし分析的・実証的）傾向は各アプローチの分析の主要な焦点と関係している。方法論的傾向とは，各アプローチで重要と考えられる変数を選択・組織する，特有の戦略と関係している。

[3] 紙数の制約から，リベラル多元的アプローチの文献をすべて展望することはできない。こうした文献の批判的分析としては，たとえば，Darry Baskin, *American Pluralist Democracy: A Critique* (Toronto: Van Nostrand Reinhold Company, 1971) や William E. Connolly (ed.), *The Bias of Pluralism* (New York: Atherton Press, 1969) を参照のこと。

[4] Earl Latham, *The Group Basis of Politics* (New York: Octagon Books, 1965), p.36.

[5] たとえば，Arthur F. Bentley, *The Process of Government: A Study of Social Pressures* (Evanstan, Ill.: Principia Press, 1949), 4th edition, p.12 および Latham, 前掲書を参照のこと。

[6] Robert Dahl, *A Preface to Democratic Theory* (Chicago: University of Chicago Press, 1956), p.48.

[7] Nordlinger, *On the Autonomy of the Democratic State*, 前掲書, p.3 より引用。原典は，Herbert A. Simon, Donald W. Smithburger, and Victor A. Thompson, *Public Administration*,

the section on "The Struggle for Organizational Survival," reprinted in Francis E. Rourke (ed.), *Bureaucratic Power in National Politics* (Boston: Little, Brown and Co., 1956), p.49 を参照のこと。

[8] 力あるいは権力とは他のアクターと環境に影響を及ぼす能力である。P.バクラックとM.バラッツは，力には2つの側面があると指摘する。第1に，アクターAの活動・政策・決定がアクターBに影響するときには，権力が行使されている。さらに，「Aにとって比較的無害な問題だけが一般の考察の対象となるよう，政治過程の範囲を限定するために，Aが社会的・政治的価値と制度的慣行を作ったり強制するためにエネルギーを注ぐときにも，力は行使されている」という点が重要である。詳しくは，Bachrach and Baratz, "The Two Faces of Power," *American Political Science Review*, 56 (December, 1962), p.948 を参照のこと。

[9] Baskin, 前掲書，pp.167-168. また，同上 Ch. 2-7 も参照のこと。

[10] David Easton, *A Framework for Political Analysis* (Chicago: University of Chicago Press, 1965), pp.110-112.

[11] Stepan, 前掲書，p.13.

[12] Alford, "Paradigms of Relations Between State and Society," 前掲書。

[13] Keohane and Nye (ed.), 前掲書，p.xxiv および p.x.

[14] Keohane and Nye, *Power and Interdependence: World Politics in Transition* (Boston: Little, Brown and Co., 1977).

[15] Keohane and Nye (ed.), 前掲書，p.ix. ここでも紙幅の関係のため，このアプローチからトランスナショナルな関係を論じた文献をすべて展望することはできない。

[16] こうした見方は，ロバート・ギルピンの「追いつめられた主権（Sovereignty at Bay）」モデルによくまとめられている。Robert Gilpin, *U.S. Power and the Multinational Corporation: The Political Economy of Foreign Direct Investment* (New York: Basic Books, 1975), pp.220-228.

[17] Keohane and Nye, *Power and Interdependence*, 前掲書および Anthony Sampson, *The Seven Sisters: The Great Oil Companies and the World They Shaped* (New York: Bantam Books, 1975).

[18] Louis Turner, *Oil Companies in the International System* (London: George Allen and Unwin for the Royal Institute of International Affairs, 1978), pp.16-17.

[19] Stepan, 前掲書，p.19 より引用。原典は *The Communist Manifesto*, in Karl Marx and Fredrick Engels, *Selected Works*, Vol. II, p.295.

[20] Karl Marx, *The Revolution of 1848*, edited with an introduction by David Fernback (New York: Vintage Books, 1974), p.67, n. 12. マルクスによれば，政治過程だけでなく「これまでのすべての社会の歴史は，階級闘争の歴史である」。Karl Marx, *Selected Writings in Sociology and Social Philosophy*, Tom Bottomore and Maximilien Rubel (ed.) (Harmondsworth: Pelican Books, 1963), p.207. 訳文は，マルクス，エンゲルス（塩田庄兵衛 訳）『共産党宣言』角川文庫，1959年，p.34.

[21] Marx, *The Revolutions of 1848*, 前掲書，p.69.

[22] Marx, *Selected Writings in Sociology and Social Philosophy*, 前掲書，p.205. 原典は，'The Chartists' *New York Daily Tribune* (25 August, 1952).

[23] Marx, 同上，p.222. 原典は *Marx-Engels Gesamtausgabe*, Vol. I, Section 3, pp.13-15.

[24] Marx, *Selected Writings*, 前掲書，p.228. 原典は，Marx, *German Ideology*, C.J. Arthur (ed.) (New York: International Publishers, 1970) または *Marx-Engels Gesamtausgabe*, Vol.I, Section 5, pp.52-53 を参照のこと。訳文は，中野雄策 訳『ドイツ・イデオロギー』『世界の大思想 II-4 マルクス経済学哲学論集』河出書房，1967年，p.263.

第2章 政治経済体制の対立理論と多国籍企業-国家関係理論　43

[25] Marx, *Selected Writings*, 前掲書, p.223. 原典は *Marx-Engels Gesamtausgabe*, Vol. I, Section 3, pp.15-16 を参照のこと。
[26] Marx, *Selected Writings*,前掲書, pp.222-223. 原典は *Marx-Engels Gesamtausgabe*, Vol. I, Section 3, pp.13-15 を参照のこと。
[27] Engels, *The Origins of Family, Private Property and the State* (New York: International Publisher, 1942), pp.290-291. 訳文は, 戸原四郎 訳『家族・私有財産・国家の起源』岩波文庫, 1965年, p.228. Marx and Engels, *Selected Works*, Vol. I, p.518. Marx and Engels, *The German Ideology*, 前掲書, p.80 または p.106 および Marx, *The Eighteenth Brumaire of Louis Bonaparte* (New York: International Publishers, 1963), pp.105-106 も参照のこと。国家の自律性に対するマルクスの見解を分析したものとして, Miliband, 'Marx and the State,' *The Socialist Register* (1965), pp.278-296 を参照のこと。
[28] Stepan, 前掲書, p.22 より引用。
[29] Stepan, 同上, pp.24-25.
[30] Engels, *The Origins of Family*, 前掲書, p.229.
[31] Ralph Miliband, *The State in Capitalist Society: An Analysis of the Western System of Power* (London: Quartet Books Ltd., 1973), p.47 (初版はWeidenfeld and Nicholson Ltd., Londonより1969年発行).
[32] 同上, pp.115-116.
[33] 同上, p.50.
[34] 同上, p.135.
[35] 同上, pp.3-4.
[36] Ronald H. Chilcote, *Theories of Comparative Politics: The Search for a Paradigm* (Boulder: Westview Press, 1981), p.196 より引用。原典は Gosta Esping-Anderson, Roger Friedland, and Erik Olin Wright, "Modes of Class Struggle and the Capitalist State," *Kapitalistate*, 4-5 (Summer, 1976), pp.189-190 を参照のこと。
[37] Chilcote, 前掲書, p.196.
[38] ここでも, このアプローチからトランスナショナルな関係を論じたさまざまな研究を検討することは, 本書の範囲を超えている。そうした研究の例は, Chilcote, 前掲書とくに Ch. 4, 7, 8 あるいは K.T. Fann and Donald C. Hodges (ed.), *Readings in U.S. Imperialism* (Boston: Porter Sargent Publisher, 1971) などがある。
[39] James E. Dougherty and Robert L. Pflatzgraff, Jr., *Contending Theories of International Relations* (Philadelphia: J.B. Lippincott Company, 1971), p.190.
[40] Michael Barrat Brown, *Economics of Imperialism* (Harmondsworth: Penguin Books, 1974), p.207.
[41] Richard L. Sklar, "A Class Analysis of Multinational Corporate Expansion," in Krishna Kumar (ed.), *Transnational Enterprises: Their Impact on Third World Societies and Cultures* (Boulder: Westview Press, 1980), pp.95-96.
[42] これらの理論は非常に多様なため, 正確に分類することはできない。このテーマに関する文献を展望したものとしては以下のようなものがあげられる。Michael Bratton, "Patterns of Development and Underdevelopment: Toward a Comparison," *International Studies Quarterly*, 26, 3 (Sep., 1982), pp.333-373; James A. Caporaso, "Dependency Theory: Continuities and Discontinuities in Development Studies," *International Organization*, 34, 4 (Autumn, 1980), pp.605-628; F.H. Cardoso, "The Consumption of Dependency Theory in the United States," *Latin American Research Review*, 12, 3 (1977), pp.7-24.
[43] Caporaso, 前掲書, p.616ff.
[44] Joseph M. Grieco, "Between Dependency and Autonomy: India's Experience with the

International Computer Industry," *International Organization*, 36, 3 (Summer, 1982), pp.610-611.
[45] 先進国と開発途上国に設置されている国際投資と技術移転の監視・統制システムをあげた代表的なリストとして，たとえば，United Nations, Commission on Transnational Corporations, *Transnational Corporations in World Development: A Re-Examination* (New York: United Nations, 1978), pp.72-193 を参照のこと。
[46] Gaetano Mosca, *The Ruling Class*, translated by Hannah D. Kahn (New York: McGraw-Hill, 1939), p.50.
[47] 詳しくは Mosca, 前掲書, Ch. 15; Vilfredo Pareto, *Sociological Writings*, introduction and translation by Derick Mirfin (New York: Frederick A. Praeger, 1966), pp.111-114 を参照のこと。この点でパレートはモスカより幸運であった。パレートは「巧みにも，あるいは，幸運にも」，モスカが使う「政治的階級（class politica）」でなく，「エリート」という言葉を選んでいるのである。その結果パレートは，エリート理論の主張者としてずっとよく知られている。しかし，C.ライト・ミルズは「パワーエリート」という用語を，論争の的となった同名の著作を発表することで誰よりも幅広く普及させた。詳しくは James H. Meisel, "Introduction," in J.E. Meisel (ed.), *Pareto and Mosca* (Englewood Cliffs: Prentice-Hall, 1965), pp.1-44 を参照のこと。ミルズに関しては，G. William Domhoff and H.B. Ballard (comp.), *C. Wright Mills and the Power Elite* (Boston: Beacon Press, 1968) を参照のこと。この本には，ミルズの著作に対する3つのアプローチからの重要な批判が収録されている。
[48] C. Wright Mills, *The Power Elite* (New York: Oxford University Press, 1956), pp.269-297.
[49] 同上, p.277.
[50] 同上, p.4.
[51] 同上。
[52] 同上, pp.8-29.
[53] 同上。
[54] 同上, p.9 および p.269.
[55] Chilcote, 前掲書, p.352. パワーエリート・アプローチに対するリベラル多元主義の詳細な批判については，Domhoff and Ballard, *C. Wright Mills and the Power Elite*, 前掲書, pp.23-99 を参照のこと。
[56] Domhoff and Ballard, 同上, pp.101-102.
[57] Peter Evans, *Dependent Development: The Alliance of Multinational, State and Local Capital in Brazil* (Princeton: Princeton University Press, 1979).
[58] Herbert P. Bix, "The Security Treaty System and the Japanese Military-Industrial Complex," *Bulletin of Concerned Asian Scholars*, II, 2 (Jan., 1970).
[59] Jonathan F. Galloway, "The Military-Industrial Linkages of U.S. Based Multinational Corporations," *International Studies Quarterly*, 16 (Dec., 1972), pp.491-510.
[60] John Fayerweather, "Elite Attitudes Toward Multinational Firms: Study of Britain, Canada and France," *International Studies Quarterly*, 16 (Dec., 1972), pp.472-490; Fayerweather, *Foreign Investment in Canada: Prospects for National Policy* (North Broadway, N.Y.: International Arts and Science Press, 1973); Fayerweather, "Attitudes toward Foreign Firms among Business Students, Managers and Heads of Firms," *Management International Review*, 6 (1975) Ch. 19. また，Fayerweather (ed.), *International Business-Government Affairs: Toward an Era of Accommodation* (Cambridge: Ballinger Publishing Co., 1973); Fayerweather (ed.), *Host National Attitudes toward Multinational Corporations* (New York: Praeger for the Fund for Multinational Management Education, 1982) も参照のこと。
[61] Wallace Clement, *Continental Corporate Power: Economic Linkages between Canada and*

the United States (Toronto: McClelland and Stewart, 1977).
⁶² 西ヨーロッパで発展した国家の概念をめぐる詳細な分析については，Kenneth H.F. Dyson, *The State Tradition in Western Europe: A Study of an Idea and Institution* (Oxford: Martin Robertson, 1980) を参照のこと。興味深いことにステパンは，ステイティズム・アプローチの哲学的基礎が，アリストテレス，ローマ法，中世の自然法，現代カトリックの社会哲学に見出されることを示している。詳しくは Stepan, 前掲書, pp.26-45 を参照。この節ではステパンの研究に多くを負っている。
⁶³ この際だった例が Eric A. Nordlinger, *On the Autonomy of the Democratic State*, 前掲書である。このアプローチを現代政治分析に適用した例には Stepan, 前掲書; Hamilton, 前掲書; Ikenberry, 前掲書; Krasner, 前掲書; Teon-ho Lee, *The State, Society and Big Business in South Korea* (London: Routledge, 1997) あるいは Theda Skocpol, 前掲書などがある。
⁶⁴ Stepan, 前掲書, p.33.
⁶⁵ Peter Riga, *John XXIII and the City of Man* (Westminster, MD: The Newman Press, 1966). 引用は Stepan, 前掲書, pp.28-29 より。
⁶⁶ ヨハネス23世は，ステイティズム・アプローチと近い形で，たとえば混合経済に対する国家の権威的介入を支持している。詳しくは前掲箇所を参照。また，John XXIII, *Mater et Magistra* (July 15, 1961) 20 節も参照のこと。
⁶⁷ Stepan, 前掲書, p.33.
⁶⁸ Krasner, 前掲書 Ch. 3. またPeter J. Katzenstein (ed.), *Between Power and Plenty: Foreign Economic Policies of Advanced Industrial States* (Madison, WI: University of Wisconsin Press, 1978) も参照のこと。
⁶⁹ クラズナーとスコチポルはともに，国家の自律性とは国家が社会のアクターの抵抗を乗り越える能力であると考えている (Krasner, 前掲書および Skocpol, 前掲書, pp.3-42)。このことから2人は，国家と社会のアクターが一致しているときでも国家が社会の圧力から自律して活動するという，重要な場合を見逃していることになる。詳しくは Nordlinger, 前掲書を参照のこと。
⁷⁰ Krasner, 前掲書, pp.55-58. こうした国家の相対的自律性は現代カトリックの社会哲学に見られる補完性原則と一致している。この原則では，民間アクターの半自律的なイニシアティブや活動が共通善の実現を阻害しない限り，国家はそれを認めることになっている。Stepan, 前掲書, p.41 および John XXIII, 前掲書, 51, 53節。
⁷¹ Krasner, 前掲書, p.15; Skocpol, 前掲書, pp.19-24 および Stepan, 前掲書, pp.245-246.
⁷² こうした状況からステイティズム理論の支持者たちは，国家を，制度的ないし組織的な特徴を強調する形で定義している。Krasner, 前掲書, p.10; Skocpol, 前掲書, p.29 および Stepan, 前掲書, pp.xi-xiv を参照のこと。例外はノードリンガーで，その定義ではヴェーバー流に国家構造のなかの個人が強調されている。Nordlinger, 前掲書, pp.8-12. こうした点の分類については，Blair Dimock "Institutional Development and State Autonomy: The Canadian International Development Agency 1968-83," the Department of Political Science, The University of Toronto, February, 1984 を参照のこと。
⁷³ こうした従来型のモデルを詳しく検討したものとして，Graham T. Allison, *Essence of Decision: Explaining the Cuban Missile Crisis* (Boston: Little, Brown and Co., 1971), pp.10-66 を参照のこと。
⁷⁴ 詳しくは，たとえば David H. Blake and Robert S. Walters, *The Politics of Global Economic Relations* (Englewood Cliffs: Prentice-Hall, 1976) と Joan E. Spero, *The Politics of International Economic Relations* (New York: St. Martin's Press, 1977) とくに Parts One

and Two を参照のこと。
[75] Paul Kennedy, "The Relative Decline of America," *The Atlantic Monthly* (August, 1987), pp.29-38.
[76] 本書では「国際政治経済 (international political economy)」という言葉を, 国内政治と国際経済, 国際経済と国際政治, そして国際政治と国内経済の相互関係を指すものとして用いている。この問題を明確にした有用な著作として, Charles P. Kindleberger, *Power and Money: The Economics of International Politics and the Politics of International Economics* (New York: Basic Books, 1970) があげられる。特に p.16 を参照のこと。
[77] たとえば, Hans O. Schmitt, "Integration and Conflict in the World Economy," *Journal of Common Market Studies*, 7, 1 (Sept., 1969), pp.1-18 を参照のこと。
[78] Geoffre Chandler, "The Myth of Oil Power: International Groups and National Sovereignty," *International Affairs*, 46 (Oct., 1970), pp.710-718; Stanley Hoffman, "Obstinate or Obsolete? The Fate of the Nation State and the Case of Western Europe," *Daedalus*, 45 (Summer, 1966), pp.862-915; Kenneth N. Walts, "The Myth of National Interdependence," in Kindleberger, *International Corporations: A Symposium* (Cambridge: Massachussetts Institute of Technology Press, 1970).
[79] 重商主義の古典的研究としては, Eli F. Hecksher, *Mercantilism*, translated by Mendel Shapiro (London: George Allen and Unwin, 1936), とくに Ch. I, pp.19-30 および Jacob Viner, "Power Versus Plenty as Objectives of Foreign Policy in the Seventeenth and Eighteenth Centuries," *World Politics* (Oct., 1948), pp.1-29 がある。
[80] David J. Sylvan, "The Newest Mercantilism," *International Organization*, 35, 2 (Sep., 1981), pp.375-393; Fred Block, *The Origins of International Economic Disorder: A Study of United States International Monetary Policy from World War II to the Present* (Berkeley and Los Angeles: University of California Press, 1977);またGilpin, 前掲書, および Krasner, 前掲書。また, 国際関係を対象とするステイティズム理論応用の代表例として, David P. Calleo and Benjamin Rowland, *America and the World Political Economy* (Bloomington, Indiana: University of Indiana Press, 1973) を加えることもできるだろう。
[81] Sylvan, 前掲書, pp.380-388.
[82] 同上, pp.387-388.
[83] 同上, p.380.
[84] Stepan, 前掲書, p.7.
[85] Turner, 前掲書, p.19. また Robert L. Heilbroner, "None of Your Business," *New York Review of Books* (Mar. 20, 1975), pp.6-10 も参照のこと。
[86] Neil Hood and Stephen Young, *The Economics of Multinational Enterprises* (New York: Longman, 1979), pp.325-353.

第3章　ステイティズム分析のための新たな研究戦略

1．はじめに

　前の章では，現代社会における国家の役割を理解するためには国家を基本的な分析単位とする多くの実証研究がさらに必要であることを明らかにした。これは社会における国家の役割を決定するのはまさに国家による権力行使の領域と大きさとまたその性格であるからだ。現代国家による権力行使の増大は，一昔前は考えられなかったような様々な政策分野に及んでいるだけでなく[1]，多国籍企業やNGOなど非国家アクターに対する国家政策の影響もその政策分野を超えて国際関係全般にわたって増大していることからも容易にうかがえる。

　理論的には，民主的な政治社会において被統治者は国家に数多くのことを要求する。こうした要求を政策に転換して様々なプログラムを実施するためには，国家の権威と力の行使について国民の同意が必要である。それと同時に，国家機関がその官僚王国を拡大して自己利益を最大化する形で力を行使する可能性も常に存在する[2]。

　民主的政治システムの中で行動する政府は，自己の信憑性，正統性，また究極的には権威を維持し，可能であればそれらを高める必要がある。このため，政策目標を設定する際に，多くの人が支持するいわゆる公共の利益の観点を取り入れなければならない。そうでなければ，政権を担当している政治指導者は国民の支持を失って，その地位を去らざるをえなくなる。

　しかし現実には，民主的なシステムにおいても様々な理由から，国家が国民一般の見方を常に受け入れることはできず，多くの場合，社会に代わって

重要な決定を日常的なことのように下さなければならない。これは，国家には政策過程のなかで自律的に行動する機会があることを意味する。しかしながら非国家アクターに対する国家の相対的な力と自律性を決める決定要因については，まだ正確な解答がない。

　その理由の一端は，前章で明らかにしたように従来の政治分析で用いた支配的アプローチと関連している。また，最近事例研究に使われるようになったステイティズム理論は，政策過程における国家の行動についていくつか重要な側面を明らかにできると思われるが，この理論はまだ政策過程の実証分析に広く利用されていないということも原因であるように思われる。

　ステイティズム理論の長所は，国家の権力と自律性が，政治組織ごと，また時期ごとに異なることを考慮に入れる点にある。しかしステイティズム理論はこの長所のために，そのまま優位に立てるわけではない。この点で，スティーヴン・クラズナーが原料への投資をめぐるアメリカの外交政策の研究にステイティズム理論を適用したことが，参考として役立つ[3]。彼によると，多くの研究者は，アメリカの政策において，この分野の重要な政府決定はしばしば社会の個別利益によって決定され，国家は社会に対して相対的に弱く，ほとんど自律性を持たないと信じている。しかし彼は，このように弱い国家でも，常に独自に国家利益を考慮すると指摘する。国家はまた，長期的には常に財界の利益から独立した国家的見地に基づいて行動する。こうしてクラズナーは，ステイティズム理論がアメリカでも，少なくとも１つの政策分野に適用可能であることを示したのである。

　しかし，クラズナーの研究にはいくつかの弱点を指摘できる。第１に，これは覇権的段階にある１つの国の研究であり，このアプローチが他の国々についても有効であると示すことはできない。第２に，彼の関心はおもに分析手段としてのステイティズム理論の有効性と優位を示すことにあるため，このアプローチ固有の短所を検討することにはほとんど留意していない。第３に，この研究は，彼の考える国家利益とイデオロギー面の考慮を除くと，国家の権力と自律性を決定する主要な要素を体系的に検討していない。そのため，アメリカは実際に弱い国であるのか，そしてそうであるならなぜなのかといった，基本的な疑問に答える手がかりをほとんど示すことができていないのである。

このように，ステイティズム理論自体，さらに検討を行う必要がある。そしてこのことから，本章の課題は，ステイティズム理論に基づく分析戦略を開発し，工業資本主義諸国の国家が政策過程における権力と自律性を拡大する条件を検討できるようにすることにある。つまり国家の権力と自律性を決定する要素を包括して互いに結び付けるような，研究戦略を開発することにある。

2. 研究構想

本書の根底にある基本的仮定は，国家の権力と自律性は政治経済体制によって異なり，同じ政策のなかでも時とイシューによって異なる可能性がある，というものである。こうした仮定をもとに，本書の研究スキームは次のように構成されている。

第1に，政策過程における国家の行動モデルを，ステイティズム理論に基づいて作成する。このモデルの基本的な目的は，現実の政策過程において国家の影響力と自律性を左右するような，独立変数と媒介変数を描き出すことにある。このモデルは，公共政策過程において国家の権力と自律性のレベルを決める主要な要素を検討する際に，重要な道具となるだろう。また，実証データをまとめるのに用いられるという点でも同様に重要である。

第2に，このモデルをもとに国家の理念型を作り，事例研究では国家の実際の力と自律性がどれだけ理念型から外れているかを検討する。この理念型は，政策過程における国家の性質を，時期ごとに区別したり国家間で比較したりするための決め手にもなり，それによって実証データを比較研究の対象とすることも可能だろう。

第3にこのモデルを用いてカナダと日本における事例を考察する。事例ごとに，理念型と実際の国家権力と自律性の大きさとの違いを解明するとともに，理念型とのズレを引き起こしている主要な要素を分析する。

最後に，カナダと日本の国家システムを理解するのにこの理論あるいはアプローチがどれだけ有効であるか，また，この2ヵ国の経験から抽出された事例研究に適用するとどのような長所と短所があるかを検討する。

表3-1：国家が政策過程と環境に影響力を行使しうる時点

データ収集段階
1. 政策問題の設定に対する国家の影響力

政策分析段階
2. 政策分析開始に対する国家の影響力
3. 政策形成チャンネルへのアクセス限定に対する国家の影響力

政策形成段階
4. 政策形成の時期設定に対する国家の影響力
5. 現実の政策内容の設定に対する国家の影響力

政策実施段階
6. 政策解釈に対する国家の影響力
7. 政策実施にさらに必要な決定に対する国家の影響力

3．国家の影響力と自律性

　政策過程における国家の影響力と自律性は，このモデルでは従属変数として扱う。国家の影響力は，能力と共に国家権力が持つ2つの重要な側面の1つである。国家権力のもう1つの側面である能力は漠然としていることが多く，潜在的な力を大まかに推測できるだけだが，国家の影響力は政策過程のなかで観察できる可能性がある。このモデルで従属変数の1つとされるのは，この影響力という側面の国家権力である。

　国家の影響力とは，国家の能力（潜在力）が現実の政策の形成・実施において表立って作用したものである。政策過程のなかでは，国家が影響力を行使できる段階がいくつか存在する。

　表3-1では，公共政策過程には，国家や非国家アクターが影響力を行使できる重要な段階（決定の時点）がいくつも存在することを示している。政策形成段階では，イシューを特定して定義し，政策分析を開始し，政策形成の参加者が決定を行うことで，ようやく最終的な政策が作り出される。

政府の政策を実施する段階では，さらに決定が必要になることが多い。政策のなかには特定の非国家アクターや政策環境全般に影響するようなものがある。そこで，国家がイシューを特定して定義しているか，政策分析を開始しているか，政策形成へのアクセスを制御しているかを検討することで，非国家アクターに対する国家の相対的な影響力を確認できるであろう。また，最終決定の内容を決める際の国家の影響力を観察し，実施された政策が国家の目標を達成しているかどうかを検討することも可能だろう。あるいは，政策の実施結果が国家の目標，優先事項や利益と一致しているかどうか検討することもできる。こうした質的分析を通じて，ある政策において国家が非国家アクターより影響力が大きいかどうかを判断することが可能である。

時には，環境や非国家アクターの行動に対しての国家の活動の影響力を測定できることがある[4]。たとえば，資本主義経済の下にある国家はすべて，ある程度，石油経済に介入している。国家が石油産業部門を完全に国有化するという形で介入するなら，政策の影響は直接的で，国家の影響力は非常に大きいと言わざるを得ない。国家が業界の意思に反して上限を設定し，生産量と価格を統制するなら，石油経済と企業の業績の非常に重要な側面が国家によって決定されることになり，この場合も国家の影響力は大きいと言えるだろう。国家が生産量や価格を統制しないが，公共企業体を設立しこれを通じて石油経済に関与する場合も，業界の行動に対する国家の現実の影響力は比較的大きい。しかし，これは実際にはケースごとに異なるかもしれない。製油所の安全基準や環境への影響など，業界活動の副次的な側面だけを国家が規制するなら，石油産業部門の動向に対して，国家の関与と影響力は限定的と言えるだろう。

ここで注意すべきことは，政策の影響が常に，その政策過程における国家の実際の影響力と一致するとは限らないということである。その理由は，国家が独自に主要政策を形成できる（本書の定義によれば，政策過程における国家の影響力が大きい場合に当たる）としても，そこから自動的に，その政策の環境や非国家行動体への影響力が大きいことになるわけではないからである。政策の実施効果は多くの要素や環境に影響される。政策形成に対する国家の影響力は重要な要素であるだろうが，これだけで採択された政策の全体的な効果を判断することはできない。逆に政策が大変効果的であっても，

国家の影響力が自動的に大きいとは想定できない。同様に政策の影響がわずかであっても、この政策過程における国家の影響力もわずかであるとは言うことはできない。つまり政策過程における国家の影響力は、いわゆる環境や非政府行為体に対する国家の影響力とイコールとは限らないのである。こうした理由から、政策の影響をもとに国家の影響力を分析するのは極めて困難であり、データの解釈は十分慎重に行う必要がある。

本書のもう1つの従属変数は国家の自律性であり、これは、国家が社会の利害と独立して重要な決定を行い、それに従って行動できる程度を意味する。そこで、本書では国家の自律性を政策過程のレベルで検討するが、これは国家の影響力よりも多くの問題を伴っている。その理由は、時には国家の目標が非国家アクターのものと一致するからである。その場合、国家の活動が社会の圧力から生じるのか、それとも国家が独自に活動しているのかの判断が非常に困難になる。

まず、国家の目標が非国家アクターのものと異なる単純な場合を考えてみよう。国家の政策が国家の目標を達成するためのものなら、非国家アクターの利害と独立して決定が行われていると言える。国家の政策が両者の妥協となり、国家の目標と非国家アクターの利益のそれぞれ一部に奉仕するなら、この決定を下す時に国家の自律性は限定されていると言える。国家の目標が抑制され、国家の活動によって私的利益が推進されるなら、国家にはあまり自律性がないと言える。

もう1つの状況は、国家と社会の勢力が似たような目標や好みを持っている場合である。この場合、国家の活動は両者の利益を推進する可能性が高い。このような状況のなかで、政策過程において国家のほうが大きな影響力を行使するなら、その決定は社会の圧力からある程度独立して行われると言える。しかし、似たような状況で、政策過程において国家でなく社会の勢力のほうが影響力を持つなら、国家の決定は非国家アクターの強い影響の下で行われ、国家にはほとんど自律性がないと言えよう。政策過程において国家と非国家アクターが同じくらいの影響力を持つなら、政策は共同行動から生まれ、国家の自律性は限定されていると言えよう。

以上の議論から、国家の影響力と自律性という2つの従属変数の価値は、「大・中・小」という範囲に分布する可能性があると結論できる。

表 3-2：政策過程における国家の影響力と自律性に基づく国家の理念型

自律性 \ 影響力	小	中	大
大	外部浸透性がない弱い国家	外部浸透性がない中間国家	外部浸透性がない強い国家 (支配的国家)
中	外部浸透性が中くらいの弱い国家	外部浸透性が中くらいの中間国家 (中間国家)	外部浸透性が中くらいの強い国家
小	外部浸透性が大きい弱い国家 (脆弱国家)	外部浸透性が大きい中間国家	外部浸透性が大きい強い国家

4．国家の理念型

　こうした独立変数の値に応じて，表 3-2 に示すように，9つの国家の理念型を作ることができる。「外部浸透性がない強い国家」は，影響力が大きく自律性も高い国家である。この種の国家は社会の圧力と関わりなく，単独で政策の検討を開始し，政策の形成と実施を行う。その対極にあるのが「外部浸透性が大きい弱い国家」で，その政策はすべて社会の勢力によって決定され，政策過程のなかで国家はいかなる影響力も持たない。前者は支配的国家，後者は脆弱国家ないし虚弱国家と呼ぶことができよう。この両極端の間に「外部浸透性が中くらいの中間国家」が存在し，これは簡単に中間国家と呼べるだろう。クラズナーの説明によると，支配的国家の例としては，1917 年のロシア革命や 1949 年の中国共産党による政権獲得のような大革命の後に出現した，並外れて強力な国家があげられる。その対極にある脆弱国家の例としては，1970 年代初めのレバノンをあげることができるだろう[5]。

しかし，工業資本主義諸国の国家は通常，支配的国家でも脆弱国家でもない。これらの国家の自律性は両極端の間のどこかに位置している。政策過程における影響力も大きかったり中くらいだったり小さかったりする。本書の理念型がクラズナーの理念型と異なる点は，クラズナーがおもに，国家の活動が非国家アクターの行動変化や社会構造の変化に与える影響に基づいているのに対して，本書では政策過程における国家の影響力と自律性を示す値の組み合わせだけに基づいていることにある。

5．独立変数

理論上，政策過程における国家の影響力と自律性に影響する要素には2種類ある。1つは，国家の外に存在する，国家が機能する環境である。国家がこうした要素を短期的に変更することはほとんど不可能である。もう1つは国家の内部に存在するもので，そのなかには国家の行動に影響する要素もある。本書のモデルでは，前者の要素は独立変数として，後者の要素は媒介変数として概念化できるだろう。

独立変数の1つは政治組織の社会文化的環境であり，多元主義者はこれを政治文化と呼ぶだろう[6]。政治文化とは，政治システムのなかで一般市民が政府と政治に関して抱く信条と考え方であり，政治行動の一般的パターンとして表れることが多い。市民の信条と考え方のなかには，国家の影響力や自律性を強化するものもあれば，その反対の働きをするものもある。前者は政治文化のステイティズム的要素，後者は反ステイティズム的要素と呼ぶことができる。

現実の政治システムの政治文化には，いずれの要素も混在している[7]。しかし，ある政治組織においてステイティズム的な文化的要素が強ければ，国家の権力と自律性を実際に行使する際に社会文化的な制約が小さく，他の場合よりも国家の潜在力が大きくなる。このため政治文化のなかのステイティズム的要素と反ステイティズム的要素を比較検討すれば，他のすべての要素が一定であるとして，国家に与えられる機会や，国家に対する要求や期待について大まかに推測できる。

他の独立変数としては国際的・国内的な政策環境がある。国際環境のなか

には，国内政策過程に影響する国際社会の性質や政治・経済システムが含まれる。こうした環境の相対的重要性は政策分野によって異なる。石油政策の分野では，これらのなかで最も重要なものとして，国際石油市場の状況や，産油国と石油メジャーと消費国の関係があげられる。

国内の政治環境は，地理，天然資源の分布，人口，経済状態，歴史といった多くの要素からなっている。こうした要素の重要性もまた政策分野によって異なる。国家はこうした要素を短期的に変更することはできない。石油政策の分析では，経済状態と石油市場の状況が最も重要な要素としてあげられる。政策環境は，国家活動に対する制約として作用することも，また国家活動の増大を助長することもある。

6．媒介変数

国家は通常，政治文化と政策環境によって決められた能力をすべて活用するわけではない。その能力を実際に用いる時にも，国家内部のその他の多くの要因が影響する。そうした要因としては，国家指導者の間で支配的なイデオロギーや信条，彼らが認識するイシューの性質，国家組織の政治力学などがあげられる。

政治組織の指導者たちの社会における国家のありかたに対する考え方やイデオロギーは，国家指導者と政府官僚に開かれた選択肢の範囲を大きく規定すると考えられる。たとえば，リチャード・シメオンは次のように述べている。

> 政策研究は官僚制や行政の研究とかなり密接に結び付くようになった。官僚的組織は明らかに政策形成過程の中心的要素であり，政策研究でこれを無視することはできない。しかし官僚や政治家は，有力なイデオロギーや仮定や価値，力と影響力の構造，紛争と対立のパターンといった要因によって規定される，より広範な政治枠組のなかで活動している。彼らは重大な決定を下すが，その選択肢はかなり限定されている[8]。

アンソニー・キングが行った研究でも，政治体のなかでの優勢な理念を分析することによりその政治システムにおける政府活動の範囲を説明できると述べている。その研究ではたとえば，アメリカでは国家の行使権力が比較的

小さく，福祉プログラムも比較的貧弱なのは，アメリカの政治経済における支配的な理念に大きく左右されていると述べている[9]。

リチャード・H．K．ヴィターは，アメリカのエネルギー政策の傾向に関する研究のなかで，「業界に対する連邦政府の介入は時とともに，何らかの形で直線的に増加するのでなく，限定された範囲内で変動しているようである」という命題を立てている。そして次のように結論する。

> このことは少なくとも化石燃料の業界には当てはまる。ガスの輸入や環境規制といった，ある種の機能については，介入の度合いが近年高まっている。石油の輸入や価格設定といった他の活動については，政府の役割は縮小した。政党や大統領の理念と関わりなく，1932年以来，エネルギー業界が統制を受けなかった，または補助金を支給されなかったことはなかった。連邦政府は，他の工業諸国の多くで行われているように，ある種の国有企業を設立することは決してなかった。そうした最後の試み——ハロルド・イッキスが1944年に提案した石油貯蔵公社——は惨めな失敗に終わった[10]。

このことから，ある政治体に優勢な政治文化と国家指導者のイデオロギーが，政府の政策や活動の選択肢の範囲を規定しており，社会や国家はこの提供枠組みの中で動いていると考えられる。国家の権力に対する政治文化の影響はすでに独立変数として概念化されているので，ここでは国家指導者のイデオロギーと信条を分析に取り入れなければならない。こうした要素は媒介変数としてモデルに組み込むことができる。

国家が活動する前に，国家当局が政策環境における問題を公共政策の問題として認識する必要がある。こうした当初の問題設定は国家当局自身が認識して行うこともあれば，非国家アクターが当局の注意を促すことによって公共政策問題として取りあげられることもある。しかし政策のイシュー（問題領域）によって，国家と非国家アクターの中核的利益にどれだけ影響するかは大きく異なる。そこで，政策問題の本質的性格はアクターによって違った形で認識され，自己の中核的利益が政府の活動の影響を受けると考えるアクターが政策過程への参加を最も望むと考えられる。したがって，イシューが異なると，参加アクターの数や力関係が変わり，政治過程も違ってくると考えられる。つまり，イシューの性質によって，政策論争への参加を望むアク

ターが決まり，政策過程の性質も決まると考えられるのである。

　特定の政策イシューの性質は2つの重要な点で，現実の国家の影響力と自律性にも影響する。第1に，問題が政策イシューとして確認・規定されるのは，国家指導者と官僚の認識によることが多い。そこで，このイシューを非国家アクターがどのように認識するかよりも，国家指導者と官僚がどのように規定するかを検討することが重要である。それに続く国家の活動は，国家指導者の認識に基づいて行われる。第2に，国家と非国家アクターがイシューをどれだけ重要と認識するかが，政策過程における国家の影響力と自律性に影響する。たとえば，政策イシューが非国家アクターの中核的利益に影響しなければ，国家がその問題の解決のために何をしようと，非国家アクターの多くは関心を持たないだろう。こうした状況では，国家は自らの選択によって政策を形成・実施し，大きな影響力と自律性を発揮できるだろう。このように，政策イシューの性質が政策過程における国家の影響力と自律性にどのように関係しているかを検討するには，国家指導者と官僚がイシューをどのように認識し，どれだけ重要と考えているかに焦点を当てるのが適当である。国家当局が認識する政策イシューの性質は，重要な媒介変数としてモデルに組み込むことができる。

　国家は決して抽象的な存在ではない。国家は，政治指導者，官僚機構，裁判官，軍隊，警察といった人々や組織によって運営されている。これらの集団のなかで政策過程において最も重要なのが，国家の行政機関としての政府である。政府は，政治指導者と高級官僚という，巨大な国家官僚機構を管理する人々で構成されており，彼らは時にはかなりの影響力を行使することができる。

　国家が移り変わる政策環境を検討し，政策問題を認識して適切な政策を形成する能力は，国家組織における制度の発展レベルと密接に関連していることが多い。政策分析に責任を負い，それを行う能力がある人物や制度が存在しなければ，国家全体が高度な政策を作り出すことは望めない。

　政府の官僚や機関によって，国家目標の優先事項について見方が異なり，したがって好みも異なることは多い。これは，それぞれに課せられた責任が異なり，官僚の訓練や価値観も異なるためと考えられる。その原因が何であれ，あるイシューは他のものよりも，ある官僚や組織にとって優先事項とさ

れている。そこで，官僚や組織が認識するイシューの性質だけでなく，その間の力関係もまた，誰が実際に政策過程に参加し，誰が決定権をもつかを判断する上で重要な役割を果たすと考えられる。こうした理由から，国家指導者が認識するイシューの性格とともに，その国家内の政治力学も重要な媒介変数として検討する。

7. 政策過程における国家の影響力と自律性

　図3-1は，これまでに論じたモデルにおける変数の関係を示している。独立変数は政治文化と国際的・国内的政策環境である。媒介変数には，国家指導者のイデオロギーと信条，彼らに認識された政策問題の性質，そして国家内の政治力学が含まれる。政策過程における国家の影響力と自律性は，このモデルでは従属変数として扱う。

　次の2つの章（第4章および第5章）では，このモデルの独立変数，つまりカナダと日本の石油政策過程において，国家の行使する影響力と自律性に影響を与える政治文化と国際的・国内的政策環境を検討し，次にこのモデルの媒介変数，つまりカナダと日本の国家における，国家指導者のイデオロギーと信条と政策イシューに対する彼らの認識，政府内での政治力学を分析する。当然ながら，この分析の最大の焦点は，1960年代と1970年代の石油政策過程において，カナダと日本における国家が多国籍石油企業やその他の社会的アクターに対してどれだけの影響力と自律性を持っていたかにある。

　しかし，カナダと日本の政治文化や国際的・国内的政策環境を包括的に示すのは，本書の限界を超えている。次の2章は，こうしたトピックに親しみのない人々に基礎知識を提供することを目的としている。したがって，このモデルの独立変数や，カナダと日本の国家が石油政策を形成した全体状況を，簡潔に説明するにとどめる。

　第6〜9章では石油政策過程におけるカナダと日本の国家の影響力と自律性を検討する。各章の構成は，前半では従属変数の値，つまり政策過程の中で観察されうる現実の影響力と自律性を明らかにし，1960年代と1970年代のカナダと日本が石油政策の分野ではどの理念型に当てはまるかを考察する。そして後半ではこうした状況となっている理由を，このモデルの媒介変数で

図 3-1：政策過程における国家の影響力と自律性の決定要因

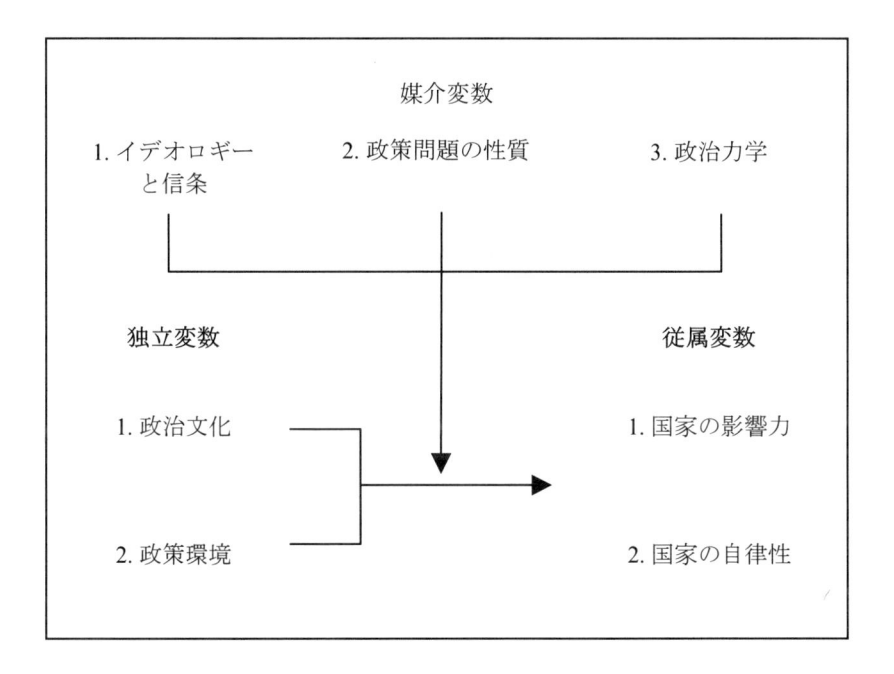

```
                        媒介変数

    1. イデオロギー      2. 政策問題の性質      3. 政治力学
       と信条


    独立変数                             従属変数

    1. 政治文化                           1. 国家の影響力


    2. 政策環境                           2. 国家の自律性
```

ある，国家指導者のイデオロギーと信条システムや，政策イシューに対する彼らの認識，国家の内部政治力学といった点から論じる。

　本書の最終章（第 10 章）では，事例研究の結果をより広範な比較研究の文脈に位置付けて，国家の影響力と自律性に関する実証的・理論的結論をまとめる。その際，石油業界の動向に対してカナダ政府と日本政府が行った市場介入の特徴を明らかにするうえで，本書で作成したモデルがどれだけ有効であるか，そして，トランスナショナルな関係や比較政治，公共政策の研究にとって，このモデルがどのような意味を持つかについて議論する。そして最後に，ステイティズム理論がどのような状況の下で分析道具として有効であるかを論じ，今後の研究課題に向けていくつかの提案を行う。

注

[1] 1970年代後半には多くの政治学者が,政府プログラムの拡大に関心を抱くようになった。たとえば, Samuel P. Huntington, "The Democratic Distemper," *The Public Interest*, 41, (Fall, 1975) 前掲書; Anthony King, "Overload: Problems of Governing in the 1970s," 前掲書; Richard Rose, "Overloaded Government: The Problem Outlined," 前掲書; Rose, "On the Priorities of Government: A Developmental Analysis," 前掲書; Rose, *Understanding Big Government*, 前掲書; Richard E.B. Simeon, "The 'Overload Thesis' and Canadian Government," 前掲書あるいは Stepan, 前掲書, p.3 を参照のこと。

[2] Graham Alison, *Essence of Decision* (Boston: Little Brown, 1971), pp.144-185; Michael Crozier, *The Bureaucratic Phenomenon* (Chicago: University of Chicago Press, 1964); S.N. Eisenstadt, "Political Struggles in Bureaucratic Societies," *World Politics*, 9, (Oct.1956), pp.20-36; Morton H. Halperin, *Bureaucratic Politics and Foreign Policy* (Washington, D.C.: Brookings, 1974) および B. Guy Peters, *The Politics of Bureaucracy*, 3rd ed. (London: Longman, 1989).

[3] Krasner, *Defending the National Interest*, 前掲書とくに pp.31-33 と pp.330-347.

[4] 政策の影響の分析については, Yukio Adachi, *Kookyoo Seisakugaku Nyuumon* (An Introduction to Public Policy Studies) (Tokyo: Yuhikaku, 1994), pp.187-215; James E. Anderson, *Public Policy-Making* (New York: Praeger, 1975), pp.132-160 そして "Policy Impact Analysis," in F.I. Greenstein and N.W. Polsby (ed.), *Handbook of Political Science* (Addison-Wesley Publishing Co., 1975) を参照のこと。

[5] Krasner, 前掲書, pp.55-61.

[6] 政治文化の概念については, Gabriel Almond and Sidney Verba, *The Civic Culture* (Boston: Little, Brown, 1965) を参照のこと。

[7] たとえば Samuel P. Huntington, "Uneasy Coexistence: The Anti-Power Ethics vs. the 'State' in America," a paper presented to the MIT-Harvard Joint Seminar on Political Development, May 2, 1979 を参照のこと。

[8] Richard E.B. Simeon, "Studying Public Policy," *Canadian Journal of Political Science*, 11, (December, 1976), p.549.

[9] Anthony King, "Ideas, Institutions and the Policies of Governments: A Comparative Analysis," *British Journal of Political Science*, 3, (July, 1973 & October, 1973), pp.291-313 と pp.409-423.

[10] Richard H.K. Vietor, *Energy Policy in America Since 1945: A Study of Business-Government Relations* (Cambridge, U.K.: Cambridge University Press, 1984), pp.11-12.

第4章　カナダと日本の政治文化と国家権力

1. はじめに

　資本主義国の国家は，真空状態ではなく広範な社会文化的枠組みのなかで機能している。政体のなかにおける市民の政治のあり方に関する態度や，信条，価値観が国家の活動に影響し，支配的な文化的要素が政治過程のなかに繰り返し現れる。本章では基本的に，公共政策過程において国家の権力と自律性のレベルに影響している，カナダと日本の政治文化のステイティズム的要素と反ステイティズム的要素を考察することを目指す[1]。

　政治文化の研究には2つのアプローチがある。1つは調査研究に基づくもので，もう1つは政体の発展に影響してきた文化的特色を歴史的に分析するものである。以下の各節では，この両方のアプローチを用いてカナダと日本の政治文化を検討する。しかし先に述べたように，政治文化を包括的に扱うわけではなく，カナダと日本の政治文化にあまり精通していない人々のために概観を行う[2]。

2. カナダの政治文化と国家の権力

　カナダの政治文化は，他の多くの国々と同様，世代ごと，階級ごと，そして男女の間や若年層と高齢層の間で大きく異なっている。カナダでは政治文化の地域差が大きいために，1つの政治文化ではなく多くの地域文化が存在すると指摘する者もいる[3]。しかしそれでも，地域や州レベルだけでなく連邦レベルにおいても支配的政治文化を見いだすことは可能である[4]。

カナダの政治文化には，国レベルにおいても多くの側面が存在する。基本的な側面としては，国民主権，政治的平等，多数決主義，自由主義への支持があげられる[5]。このなかでは国民主権に対する信頼が，民主的な統治形態の大きな基礎となっている。統治過程において，すべての市民には参加の機会が平等に与えられており，意見の相違があれば多数決主義によって多数派の見解が正統化される。

　カナダの民主制全体のなかで，カナダの国家は多数の好みに応じて活動するようになっている。社会に対する国家の従属は，個人の自由，私的所有と財産権，自由市場システム，資本主義に最高の価値を置くカナダの自由主義によって強化されている。こうした基本的信条と価値の保証に必要な限りにおいて自由主義体制においても社会や市場に対する政府の介入を支持するのである。

　しかし，カナダの政治文化にはこうした多元主義的要素に対抗する力も多く存在し，そのなかには保守主義（toryism），社会主義，コーポラティズムが含まれる。カナダにおける保守主義は有機的国家観に基づく団体主義を支持し，国家の力を増大させる。リチャード・J．ヴァン・ローンとマイケル・S．ウィティントンは，国家に有利なこの要素について次のように説明する。

> 封建領主が小作人や農奴とその家族の福祉に責任を感じるのと同様，カナダの保守主義者は社会の不運なメンバーに対して「ノーブレス・オブリージュ（高い身分に伴う義務）」を感じている。自由主義者は，すべての人は平等に生まれるのであるから，国家は平等な機会を提供すれば正義は果たされると考える。他方で保守主義者は，すべての人は平等でなく，決して平等になることはないので，国家は再配分的な社会政策を提供することで，遺伝的に劣る社会のメンバーの面倒を見なければならないと考える。この現象は「赤い保守主義」と呼ばれるもので，もっぱら社会主義者が推進すると思われるような経済的平等主義政策に，保守主義の政治家がしばしば積極的に取り組むことを意味する[6]。

　「赤い保守主義」は，フランス系カナダとイギリス系カナダの両方の歴史に根ざしている。フランス系の側ではカトリック教会が，英米的な自由主義が押し寄せるなかで，封建的なフランスからもたらされた伝統を維持しようとした。イギリス系の側では，アメリカ独立革命の後にカナダに移住した王党派（United Empire Loyalists）が反自由主義的な思想をもたらし，これがその後の

移民にも支持された。この保守主義の要素は，イギリス領北アメリカ法には「生命，自由および幸福の追求」でなく「平和，秩序およびよき統治」と記されていることにも表れている[7]。

カナダの保守主義はステイティズムと多くの点で共通している。たとえばウィリアム・クリスチャンは，「カナダの保守主義（Conservatism）のなかには，経済に対して政治が優位にあるという確信」つまり財界を含む他のどのような社会組織でもなく最終的には国家に責任があるという信条を指摘する[8]。

ギャッド・ホロウィッツによると，アメリカでは自由主義が強力で対立するものがないために社会主義は拒否されたが，カナダの政治文化では「赤い保守主義」の要素と自由主義の要素が対峙することで，イギリス系カナダで社会主義の登場が促され，受け入れられることになった[9]。その結果，カナダでは社会主義が，共同連邦党（ＣＣＦ）とその現組織である新民主党（ＮＤＰ）の形でしっかりと定着している。保守主義への回帰を主張するジョージ・グラントは，保守主義と社会主義がともに非国家アクターの望みより重要な国家目標が存在するという見方を支持する点で，両者に類似性があると指摘する[10]。

カナダの政治文化ではコーポラティズムの要素は保守主義や社会主義ほど強力でないが，これもまた有機的な共同体観と個人に対する集団の優位を支持する。カナダのコーポラティズムは保守主義と同様の起原を持つようで，時折政治過程のなかに登場する。ヴァン・ローンとウィティントンはその例をいくつか紹介している。一例がマッケンジー・キングで，彼は個人の利益でなく共同体の利益を最優先すべきであると主張した[11]。その他の例としては，アルバータ州とオンタリオ州の農民連合（United Farmers of Alberta and Ontario），カトリック教会，ケベック州の国家連合党政府があげられ，これらはすべてコーポラティズムが想定する政策を支持していた[12]。

しかし，ヴァン・ローンとウィティントンが述べるように，コーポラティズムは政府の政策に大きく影響したことはない。

> 私たちの政治文化のなかにはコーポラティズムの傾向が存在する。コーポラティズムは，政治システムの政策決定機構の改革を目指す，政党の綱領や，政府のプログラム，個人の提案のなかに繰り返し登場している。しかしこれが積極的行動のなかで現れることはめったにない。コーポラティズムの思想が政策の提案に影響しているのは，自由主義の価値があまり支持

されていないケベック州だけであり，そこでさえそうした政策の持続力は弱い。保守主義と社会主義と比べて，一般にコーポラティズムは，私たちの政治文化にかすかな色合いを添えたり，支配的な自由主義の価値体系をわずかに修正したり弱めたりすることのみを可能にし，その価値体系に取って代わることは決してありえない[13]。
このためコーポラティズムは，ビジネス自由主義，福祉自由主義，「赤い保守主義」といった他の政治思想ほどカナダの政治過程に明確に現れていないのである。

　ルイ・ハーツとケネス・マクレーとホロウィッツによると，アングロサクソン流の民主制はどれも先に述べた多元主義的要素をすべて持っているが，カナダは，自由主義が優勢なアメリカの政治文化と，保守主義と社会主義の要素が強いイギリスの政治文化の間に位置する。これは，カナダの国家に課せられた政治文化の制約が，アメリカの国家に課せられたものほどは厳しくないが，イギリス政府に課せられたものより厳しいことを意味する[14]。

　カナダの政治文化に見られるステイティズムと多元主義の要素は，政党の理念的基盤に反映されている。カナダの連邦レベルでは，ＮＤＰ，自由党，進歩保守党（ＰＣＰ）の３つの政党が存在する。この３政党は，国民主権，政治的平等，多数決主義といったカナダの政治的価値を支持している。と同時に各党ではこうした政治的価値に加えて他の価値も支持している。たとえばＮＤＰは社会主義の要素，自由党は自由主義の要素，ＰＣＰは保守主義の要素にそれぞれ深く根ざしている。

　さらに，各党にはその他の傾向も見られる。ＮＤＰには，革新的な要素，自由主義的な要素，穏健社会主義的な要素が存在する。党の政策を支配する具体的傾向は，支持層と指導者の組み合わせによって決まる。

　ウィリアム・クリスチャンによると，自由党には２つの異なる傾向が存在する。１つは彼の言う「ビジネス自由主義」で，もう１つが「福祉自由主義」である。前者は財界人と財界の利益の支持者の間で，昔から現在に至るまで強く支持されている原則である。クリスチャンは「この原則は，19世紀にジョン・スチュアート・ミルのような人々が雄弁に説いたように，国家は個人の自由を最も制限しがちな制度であるという見方をしている」と説明する。他方で福祉自由主義は，19世紀イギリスの政治哲学者，Ｔ．Ｈ．グリーンが起源となって

いる。福祉自由主義は「国家を恐れるかわりに，大ビジネス組織が課す制約など，他の形の制約から市民を解放するために利用可能な社会制度としては，国家が最も効果的であると見なしている」とクリスチャンは論じる[15]。

　福祉自由主義は1919年，キングが失業，疾病，老齢，身体障害に対する保護のために国家保険制度の導入を主張したときに，自由党の綱領に公式に取り入れられた。キングは自分の信条と社会主義の違いについて，次のように説明している。

　　卑怯な人が卑怯な手で得をしないように，そして個人の努力と能力をつぶすことがないように，スポーツ競技の審判と同じ役割を産業の監督において果たすのが国家の務めである。この法律を社会主義と呼ぶ人がいるだろうが，私の考えではこれは個人主義なのである[16]。

このように福祉自由主義は，社会において個人の活動にとって最適の条件を保証するという，重大な役割を国家に割り当てる。そこで，ビジネス自由主義が社会における国家権力を減少させると考えられるのに対し，福祉社会主義は国家権力を増大させると考えられる。

　ＰＣＰの理念的基盤には，保守主義に加えて「ノスタルジア，急速な変化に対する敵意，ビジネス自由主義」といった要素が存在する。このうち，ノスタルジアは「過去へのあこがれ」であり，このことは急速な変化に対する敵意とも関連している。こうした感覚は人間の普遍的な感情であるが，保守主義の政治家のなかには時にこうした感情を選挙のために利用する者もいる。先の要素のなかでは，保守主義とビジネス自由主義は論理的に両立しないが，クリスチャンが説明するように両者の組み合わせは決して特異ではない。

　　福祉自由主義と社会主義の組み合わせと同様に，両者が結び付くことは有効である。ビジネス自由主義は，保守主義に対して社会の階層構造の維持を認めるかわりに，保守主義者の集団主義に見られる国家利益観に財界の必要と利益に極めて有利なものとすることが期待できる。実際，19世紀半ばのカナダの思想家は，何らかの形で自由主義を採用しなければ，選挙で財産のある有権者の支持を得られるとは期待できなかっただろう[17]。

このように，ＰＣＰも自由党と同じく，ステイティズムと反ステイティズムの傾向を持っている。ここから，ＰＣＰが政権に付いているときでも，ビジネス自由主義でなく保守主義が党綱領で優位にあれば，国家は社会経済的過程に大

規模に介入すると考えられる。

　国家に何ができるかは，国民一般の態度によって左右される。実証研究によると，選挙時のカナダ人の投票率は高いが，多くの人は投票に行く以上に政治過程に直接関わることはない。彼らは政治過程に直接関わるよりも，選出した議員や国家指導者たちがすることを見ているほうを選ぶ。このため，カナダ人の態度は「観客としての参加者」と呼ばれる[18]。

　これは，カナダの二大政党であったＰＣＰと自由党が，ステイティズム的な政治思想・価値観と反ステイティズム的なものをともに持ち，それはカナダの政治文化に深く根ざしているという事実と関係しているのである。そこで，カナダの国家が何をするかは，政権党の指導層が抱くイデオロギー的傾向と信条に大きく左右されるのである。

　連邦レベルの３つの政党のなかでは，ＮＤＰが下院の多数を確保したり，他の政党と連合して国を統治することになれば，社会における国家の役割を拡大する可能性が最も高いだろう。また，カナダ政府を率いるのが自由党であっても保守党であっても，党内でビジネス自由主義が支配的勢力にならない限り，国家の関与と権力が増大する可能性が高いと言える。カナダの有権者はたいてい「観客としての参加者」で，国家の政策の内容を決定することはまれなため，この問題はカナダの国家指導者がどのようなイデオロギーと信条を持つかによって大きく左右されるといえよう。

３．日本の政治文化と国家

　歴史上ほとんどの時期において，日本の国家システムは欧米の政治的伝統とは無関係に発展した。1868 年の明治維新で近代国家が設立されるまで，個人主義も自由主義も保守主義も社会主義もコーポラティズムも，日本の政体にとっては異質な思想であった。この新国家は立憲君主制の形態をとった[19]。

　その後，日本は公式に欧米の政治思想と政治制度を取り入れるようになった。1870 年代には民権運動が始まり，そのなかから近代日本の政党が生まれた。1889 年には大日本帝国憲法が天皇から臣民に下賜する形で発布され，1890 年には力の限られた議会のために男子制限選挙が行われた。近代日本の政治発展のなかで，欧米の政治制度や思想は重大な影響を与えるようになった。

近代において欧米型の政治思想と政治制度を取り入れたにもかかわらず，日本の国家システムの機能には土着の政治文化が深く影響してきた。明治の国家システムは伝統的な日本の家制度を基礎に作られたと論じる者も多い。天皇が家長で臣民は家族だったのである。家制度の機能から，近代における日本人の政治行動の基本的特徴の多くを説明できる。このため，日本の政治文化をめぐる議論をこの家制度の基本的特徴を検討することから始めるのも有効である[20]。

　以下に述べるのは理念型の説明であり，現代の日本ではこの理念型に相当する家は現実に存在しないかもしれない。多くの日本人はある程度，社会化を通じてこの家の概念を知るようになる。その基本的特徴として，階層的，男性中心，家父長主義的，集団主義的をあげることができる[21]。最年長の男性が家長となり，家族から最高の敬意を払われる。彼はそのかわりに，妻と子供たちの基本的必要を満たすように期待される。ここから，家長に対する従属者の依存（甘え）の構造が生まれる[22]。

　家は最高に重要なものとされ，個人はその部分としか見なされない。個人の努力は，その家の目標の集団的秩序を増進したり，社会でのその家の地位を強化したりする場合だけ高く評価される[23]。家族は個人の望みでなく集団的目標を達成するように，強く動機付けられ奨励される。欧米の学者の多くは，日本人は成功への意欲が高いと述べている[24]。多くの場合これは家同士の激しい競争から生じている。このような競争は，内と外という強い意識によって強化されている。自分の家族は内，他人は外と，はっきり区別されるのである[25]。

　家制度の派生物は数多く存在する。この概念はさまざまな形で，教室，学校，大学，企業，政党などに拡大浸透してきた。日本人は集団の一部として活動し，社会の家的環境に属するのが快適なようである。そして共同体，つまり学校，大学，企業，政党，官庁といったレベルで，自分の集団のためにライバルと競争する。この結果日本人はまた，同一組織のなかでは派閥を形成する傾向がある[26]。

　組織のトップや派閥のリーダーは，伝統的な環境における「親分」（文字通りの意味は「親の地位」）として行動するように期待されることが多い[27]。選挙の際，とくに家制度が根強く維持されている農村地域では，有権者は所属政党に従ってではなく，共同体のリーダーとしての能力をもとに候補者を選ぶ。国レベルではリーダーの役割はかつて天皇が果たし，天皇は神聖と考えられて

臣民の上に君臨していた。天皇は正統性の源泉で，多くの政府の活動がその名の下に行われた。戦後は1947年の新憲法によって天皇の役割が変更され，「日本国の象徴であり日本国民統合の象徴であって，この地位は，主権の存する日本国民の総意に基づく」と規定された。

　日本では，派閥の中や組織の内部の関係および派閥間あるいは組織間の関係は，家族の間に見られる関係と似た特徴を持っている。派閥や組織の内部は，家父長主義的で，階層的で，目標の達成に関して集団志向である。組織のなかでは派閥同士が競争する。しかし組織間の競争が行われるときは，組織の集団的目標を目指して結束する。対外的には組織全体が他の集団と競争し，すべての組織の間には相対的な資源と能力に基づく階層構造が存在するが，この構造は変化する。日本では社会の均質性が原因となって，集団間・組織間の競争が激化する可能性がある。イギリスや他の国々に比べ社会が相対的にまた圧倒的に均質なために，多くの日本人は，他人より熱心に働けば高い地位を得られる機会が平等に与えられていると感じているのである。

　社会の階層構造は，個人や集団が行った相対的努力の結果と見なされることが多い。同時に，この階層構造における地位は，変更不可能な完全に既定のものではなく，努力によって向上できると信じられている。この例外が年功序列制である。しかし階層的な人間関係のなかでも平等の感覚がいくらか見いだせる。たとえば，40歳の国会議員は年上の国会議員に敬意を払うことになっているが，彼は同時に支持者や自分より若い国会議員（とくに自分より議員歴が短い場合）から敬意を払われるだろう。彼が年を取ってくると，彼に敬意を払う人は増えていく。自分の派閥や党の内部では重要な地位にある人に敬意を払うだろうが，組織の上層に上がっていくにつれて，さらに多くの敬意を受けるようになる。年齢のように自分では変更できないが，人生のさまざまな段階で誰にも平等に影響する要素も，重要である。このように，日本の年功序列制は多くの場合，変化・発展するシステムであり，たとえばインドのカースト制のように，社会のメンバーの多くが1つの地位に固定されている絶対的階層制とは異なる。日本では組織における地位は自分の努力によって向上する可能性があると強く信じられている。たとえば，並外れた技術や能力でもって組織に貢献し抜擢登用されることがある。この意味で桃太郎や秀吉は立身出世の手本である。

こうした日本の政治文化と社会の傾向は，日本の国家という組織も例外ではない。実際，国家は家長のように，社会の全体構造の頂点に位置していると論じることもできる。国家は国民や社会・産業を指導し，さまざまな悪影響からこれらを保護し，法と秩序を確立し，共通善を促進すると期待されている。戦前の日本では，国家と臣民は国体という一体の組織と考えられていた。日本の国家システムは1つの拡大家族であり，天皇が家長，臣民が家族と見なされていた。近代日本の国家指導者たちは，欧米諸国と不平等条約を結ばされた経験から，国家間の関係は階層的で競争が激しく，力をめぐる闘争が常態であると信じた。その結果，指導者たちは，工業力と軍事力を強化し，国際システムにおいて諸外国に対する日本の地位を向上させようと試みた。そこで富国強兵，殖産興業がスローガンとなったのである。

　このような国家観は戦後間もない頃，再びその威力を発揮した。それをよく理解していた占領軍は天皇を戦犯として処刑するよりは，新しい民主制のシンボルとして登用したほうが効果的であると見込んだ。そこで国家権力は政府に明確に委譲させ，権威のみは天皇が継承することを認めたのであった。その後国家レベルでの日本の家の実質的執行者である政治リーダーは，国民の期待を受け社会経済的な復興と発展のために決定的な役割を果たした。

　日本の国家システムは，さまざまな形で上に述べた家の力学の影響を受けている。家は一元的な国家観を強化し，これが現代の政治文化において支配的要素となっている。たとえばロバート・ウォードによると，日本人は，政府は「社会組織の最高かつ独占的な形態であって，その力と権威が合法的に行使されれば，ほとんどすべての対抗的な主張を覆したり統制したりすることができる」という「一元的な見方を伝統的にしている」。ウォードの言うように，「現代においてこのような政府は，社会のなかで積極的かつ広範な役割を果たす傾向にある」[28]。21世紀になった現在，家の概念は大きく変遷しつつあるのかもしれない。しかしこの概念は近代日本の政治文化の基調形成に大きな影響を与えていたのであり，国レベルで国家の支配的役割を正統化してきたと言えるのではなかろうか。

　日本人のこうした国家観は，個人の目標を国家目標に従属させた，明治国家のイデオロギーによって強化された。丸山眞男はこれを次のように説明している。

わが国では私的なものが端的に私的なものとして承認されたことが未だ嘗ってないのである。この点につき『臣民の道』の著者は「日常我等が私生活と呼ぶものも畢竟これ臣民の道の実践であり，天業を翼賛し奉る臣民の営む業として公の意義を有するものである。(中略) かくてわれらは私生活の間にも天皇に帰一し，国家に奉仕する念を忘れてはならぬ」といっているが，こうしたイデオロギーはなにも全体主義の流行とともにあらわれ来たったわけでなく，日本の国家構造そのものに内在していた。したがって私的なものは，すなわち悪であるか，もしくは悪に近いものとして，何程かのうしろめたさと絶えず伴っていた[29]。

近代日本では工業化が遅れ，民間資本と，経営管理のノウハウ，技術が相対的に未発達であったことからも，強力な国家のイニシアティブが求められた。国家は繊維や製鉄などの産業部門で模範工場を設置し，やがてこれらを民間資本に払い下げたが，こうした重要産業部門の発展に対して綿密な監督を続けた。

こうした産業の所有権は経営面と技術面のノウハウとともに民間の手に移されたが，産業は国家と緊密に連絡を取り，その指導を仰いだ。その結果，国家の重要性は維持され，国家は産業に対して大きな影響力を行使した。これと同様に重要なのが，こうした歴史的状況のなか，産業への国家介入が民間資本の発展にとって重大な障害になるとは決して考えられなかったという事実である。これは，自由主義と個人主義の強い影響の下で資本主義が発展したアメリカと対照的である。

こうした特定の歴史的状況のなかで日本の近代産業が発展したことが，日本特有の企業と国家間関係の基礎となった。この関係は特別な形態のステイティズムと呼ぶことができよう。シドニー・クロークアーはこの日本型ステイティズムの特徴を，次のように述べている。

　　マーシャルが述べていた古典的自由企業の倫理的基礎,すなわち個々の効用や利益の極大化が資源の最も効果的配分を生み出すであろうという信条は，日本においては受け入れることができないほど利己的であると考えられており，社会や国家への奉仕という方面から社会的にもっと受け入れられる正当な理由を営業活動のために発展させねばならなかった。日本資本主義の原理におけるこのような大きな相違は近代的営利事業と国家との特別な関係とともに進展したのである。ここでは実業界はイデオロギー

的にも，またある程度財政上も政治体制の善意に依存していたのであった[30]。彼は，近代日本の政治文化ではステイティズム的な要素が支配的であるという事実をはっきり指摘している。こうした要素には，経済プロセスに対する国家機関の支配への信頼や，公的目標や国家に対する民間活動の服従が含まれる。非国家組織の生命は，国家がその存在や拡大を支持するか否かに依存している。

企業－国家関係の領域を超えてみてみると，ブラッドリー・H. リチャードソンの調査研究によれば日本の政治文化的特徴の影響を受け国家には相当な自律性がある。すなわち日本の有権者の多くは政治が興味深く有意義であると感じているが，「公共の問題で積極的に役割を果たす意思があり，要求を表明して政治家の決定に影響を与えるために集団的活動に参加したりするのは，ほんの少数の有権者だけである」という。このため国家はかなりの自律性を発揮できるのである。この見解において，日本の政治文化もカナダと同様に「観客としての参加者」型と呼べるだろう。また実際，日本の有権者は様々な公共政策問題に対して態度を決め兼ねない場合も多い[31]。

政治文化のこうした要素が組み合わさっているため，日本の国家が私的な生活領域に介入し権力を幅広く行使する余地が大きい。たとえばロバート・ウォードは次のように指摘する。

> 何らかの形で国家の統制から距離を置いたり，国家の統制を免れたりするような，個人や組織の権利という概念は，日本の伝統のなかにはまったく存在しない。日本では 1947 年に現憲法が施行されるまで，私的な決定や行動の現実的に意味ある領域は，法的にも理論的にも認められていなかった。政府は力と意向さえあれば事実上何でもできると，一般的に想定されていた。この政府の権利は時折，高潔な支配者や政府はどのように振る舞うべきかという権威的所説によって制限されたが，これは実際的な意義でなく理論的意義しかないことが多かった。1947 年以降，この点で法律は変化したが，法律上の変化が人々の考え方と行動に影響するには時間がかかる[32]。

しかし，戦後日本の政治文化には，重要な変化の兆候があらわれる。たとえば，1980 年代に行われた日本人の考え方に関する調査にもすでに顕著になっていた。この調査の回答者の約 20%から 30%が，自分の生活で一番大切なものは家族や子供であるという考えを示している。家や先祖や「国家と社会」に

最高の価値を置くのは，ほんの一部の人である[33]。これは，伝統的な大家族主義にかわって，核家族，つまり夫婦とその子供だけからなる家族の数が劇的に増加したためかもしれない。1964 年には核家族の数が拡大家族の数を上回り，1980 年代初めには日本の家族の 60%が核家族となった[34]。その他の重要な徴候として，個人主義や自由主義といった欧米の政治的価値が次第に日本人に受け入れられるようになったことを挙げることができる。たとえば現憲法は，基本的人権が公共の福祉に抵触する場合は前者に制限を課すとしている。自由主義を支持する学者の多くは，このような制限によって国家が公共の利益の名目で私的な生活領域に不必要に介入する恐れがあるので，この制限は廃止すべきであると主張する[35]。この問題をめぐるこうした批判的姿勢は，ますます多くの市民から支持されている。日本人の多数は，表現の自由は民主的過程の重要な要素であると信じ，政治的な思想や意見の表明に対していかなる制限を行うことも支持しない[36]。

さらに重要なのは，いまでは国民の大多数が現憲法は日本にとってよいものと考えていることである。1952 年には，現憲法は日本にふさわしいと考える人は調査の回答者の 18%に過ぎず，45%が反対していた。現憲法を支持する人の数が反対する人を上回るようになったのは，ようやく 1960 年代初めのことであった[37]。

現憲法が国民に受け入れられているというさらに明確な証拠は，現在の天皇の地位が強く支持されていることに示されている。現在の天皇の法的地位を支持する人の割合は，1958 年の 50%から 1980 年の 73%に拡大した[38]。さらに，天皇の力を強化すべきと考える人の割合は，1958 年の 33%から 1980 年の 4%に減少した。戦後世代は戦前世代よりも現憲法で規定されている天皇の地位を支持する傾向にあり，前者の人口の規模は当然拡大している。こうした証拠は間接的にではあるが，国民主権，政治的平等，多数決主義といった，戦後の憲法に体現された欧米の一般的な政治思想を，多くの日本人が受け入れていることを示すと思われる。そうした証拠はまた，日本人がさらに個人主義的な傾向を強めていることを示しているようである。こうした傾向が強まっているのは，日本の政治文化のなかで自由主義が成長していることを意味する。また成長することにより，自由主義は日本の伝統的政治文化のステイティズム的傾向に対して次第に対抗勢力として作用するようになるであろう。民主党のイデオロギ

ーがこれに近く，同党はこのような政治文化の浸透とともに有権者の支持を拡大してゆくのではないだろうか。

4．結　論

　カナダと日本の政治文化には，ともにステイティズムと反ステイティズムの要素が存在する。しかしカナダの場合，支配的な要素は自由主義である。とくにビジネス自由主義が優勢になると，国家権力の行使が制限される。しかし，この反ステイティズム的要素に対する対抗勢力も存在する。それが「赤い保守主義」と社会主義，福祉自由主義，コーポラティズムである。このことは，国家指導者が「赤い保守主義」や社会主義，福祉自由主義，コーポラティズムに大きく踏み込まない限り，カナダの国家が民間部門に介入することはありそうもないということになる。

　それとは反対に，日本の政治文化で支配的な要素は，家父長主義的，階層的，集団的，反個人主義的性格の強い，家の概念に深く根ざしている。このために日本の国家は社会のなかで支配的役割を果たすことができる。一方で，日本において個人主義と自由主義が登場しつつあることを示す，重要な変化の徴候がいくつかある。しかし，こうした変化の程度と速さはまだ明らかでない。

　本章の議論から，カナダでは，指導者が国家は介入主義的な役割を担うべきだと強く信じる場合や非常時を除けば，国家権力の行使は一般的に限定されていると結論できるだろう。反対に日本では，国家が大きな力を行使することは一般に期待され，容認されている。従って政治文化の観点からは，カナダの国家の潜在力は，通常日本のものほど大きくないと言える。

注

[1] 「ステイティズム的要素」とは政策過程における国家の影響力と自律性を拡大すると考えられる，政治文化の側面を意味する。これと反対の力が「反ステイティズム的要素」である。
[2] 政治文化研究のアプローチの違いを説明するには方法がある。たとえばリチャード・J.ヴァン・ローンとマイケル・S.ウィティントンは，調査研究，歴史的分析，制度的アプローチの3つに分類している。本論では制度的アプローチは歴史的分析の

一部と見なす。Van Loon and Whittington, The *Canadian Political System: Environment, Structure, and Process* (Toronto: McGraw-Hill Ryerson, 1981) 改訂 3rd edition, pp.93-94.
[3] たとえば, Richard Simeon and D. J. Elkins, "Regional Political Cultures in Canada," *Canadian Journal of Political Science*, 7 (September 1974) pp.397-497 および John Wilson, "The Canadian Political Cultures," *Canadian Journal of Political Science*, 7, 3, 1974, pp.438-483 を参照のこと。
[4] Michael A. Whittington, "Political Culture: the Attitudinal Matrix of Politics," in John H. Redekop (ed.), *Approaches to Canadian Politics* (Toronto: Prentice-Hall, 1978) pp.138-140.
[5] Van Loon and Whittington, 前掲書, pp.95-102.
[6] 同上, p.101.
[7] William Christian, "Ideology and Politics," in Redekop, 前掲書, p.126.
[8] 同上, p.127.
[9] Gad Horowitz, "Conservatism, Liberalism and Socialism in Canada: An Interpretation," *Canadian Journal of Economics and Politics*, 32, 2 (May, 1966).
[10] George Grant, *Lament for a Nation* (Toronto: McClelland and Stewart, 1965).
[11] Van Loon and Whittington, 前掲書, p.105.
[12] 同上, pp.104-105.
[13] 同上, p.106.
[14] Louis Hartz (ed.), *The Founding of New Societies* (New York: Harcourt Brace, 1964) また K.D. McRae, "The Structure of Canadian History," 同上。Horowitz, 前掲書も参照のこと。
[15] Christian, 前掲書, pp.123-124.
[16] 同上, p.124 に引用。原典は H.B.Neatby, "The Political Ideas of William Lyon Makenzie King," in Neatby (ed.), *The Political Ideas of the Prime Ministers of Canada* (Ottawa: University of Ottawa Press, 1968) p.125 を参照のこと。
[17] Christian, 前掲書, p.127.
[18] Van Loon, "Political Participation in Canada: The 1965 Election," *Canadian Journal of Political Science*, Vol. 3 (1973), pp.376-399.
[19] 戦前の日本における政府の性格と構造を簡潔にまとめたものとして, Theodore McNelly, *Contemporary Government of Japan* (Boston: Houghton Mifflin Co., 1959) pp.1-25 および Robert E. Ward and Dankwart A. Rustow, *Political Modernization in Japan and Turkey* (Princeton: Princeton University Press, 1964) を参照のこと。
[20] 日本の政治文化に関するこの節の議論については, J.A.A.ストックウィンに負っている。Stockwin, Japan: *Divided Politics in a Growth Economy* (New York: W.W. Norton & Co., 1975) pp.22-34 を参照のこと。
[21] 「イエ」をめぐる議論としては以下の文献を参照のこと。Tadashi Fukutake, *Japanese Society Today* (Tokyo: University of Tokyo Press, 1981) 改訂 2nd edition; Joy Hendry, *Understanding Japanese Society* (London: Routledge, 1995) 改訂 2nd edition; Nozomu Kawamura, "The Transition of the Household System in Japan's Modernization," in Ross E. Mouer and Yoshio Sugimoto (ed.), *Constructs for Understanding Japan* (London: Kegan Paul International, 1989) pp.202-227; Hironobu Kitaoji, "The Structure of the Japanese Family," *The American Anthropologist*, 73, 5 (October 1971) pp.1036-1057; Chie Nakane, *Japanese Society* (London: Weidenfeld and Nicolson, 1972); および Kazuko Tsurumi, *Social Change and the Individual: Japan Before and After Defeat in World War II* (Princeton: Princeton University Press, 1970).
[22] 「甘え」の概念については, Takeo Doi, "Amae: A Key Concept for Understanding Japanese Personality Structure," in Takie Sugiyama Lebra and William P. Lebra (ed.), *Japanese Culture and Behavior: Selected Readings* (Honolulu: University of Hawaii Press,

1986) 改訂版 pp.121-129 を参照。この概念の批判的分析は Ross E. Mouer and Yoshio Sugimoto, *Images of Japanese Society* (London: Kegan Paul International, 1986) pp.130-139 を参照のこと。

[23] Ezra P. Vogel, *Japan's New Middle Class: The Salaryman and His Family in a Tokyo Suburb* (Berkeley and Los Angeles: University of California Press, 1963) pp.156-158.

[24] たとえば以下の文献を参照のこと。George Devos, *Socialization for Achievement* (Berkeley and Los Angeles: University of California Press, 1973); John Singleton, "Gambaru: A Japanese Cultural Theory of Learning," in James J. Shields, Jr. (ed.), *Japanese Schooling: Patterns of Socialization, Equality, and Political Control* (University Park: The Pennsylvania State University Press, 1989) pp.8-15; and Thomas Rohlen, *Japan's High Schools* (Berkeley and Los Angeles: University of California Press, 1983).

[25] Nakane, 前掲書。

[26] J.A.A. Stockwin, 前掲書, pp.31-32.

[27] 同上, p.29.

[28] Robert Ward, *Japan's Political System* (Englewood Cliffs: Prentice-Hall, 1978) 改訂版 p.67.

[29] 三宅一郎,「世論と市民の政治参加」三宅・山口定・村松岐夫・新藤栄一共著『日本政治の座標』有斐閣, 1985年, p.257 に引用。原典は, 丸山眞男,「超国家主義の論理と心理」1956年, pp.11-12 を参照のこと。以下の考察は多くの点で三宅の研究に負っている。

[30] Richard A. Boyd, "Government and Industry Relations in Japan: A Review of the Literature and Issues for Research with Particular Reference to Regulation, Restructuring, the Promotion and Adoption of New Technologies," a paper submitted to the Economic and Social Research Council of the United Kingdom, 1985, p.17 に翻訳・引用。原典は, Sydney Crawcour, "Japanese Economic Studies in Foreign countries in the Post-War Period," *Keizai Kenkyu*, 30, 31, (January 1979) pp.49-63 を参照のこと。

[31] B.M. Richardson, *The Political Culture of Japan* (Berkeley and Los Angeles: University of California Press, 1974) pp.29-64.

[32] Ward, 前掲書, p.67.

[33] 三宅, 前掲書, p.259. また, NHK 放送世論調査所,『図説戦後世論史』日本放送協会, 1982年, pp.12-14. および統計数理研究所『第四日本人の国民性』至誠堂, 1982年参照のこと。

[34] 三宅, 前掲書, p.259.

[35] 同上, pp.260-261. また, 小林直樹『日本国憲法の問題状況』岩波書店, 1964年, p.104 も参照のこと。

[36] 三宅, 前掲書, pp.260-261 またNHK放送世論調査所, 前掲書, p.133.

[37] 三宅, 前掲書, pp.262-263 また統計数理研究所, 前掲書, p.485.

[38] 三宅, 前掲書, pp.263-266.

第5章 石油政策環境とカナダと日本

1．はじめに

　本章では，カナダと日本の政府が戦後の石油政策を形成した環境を検討する。議論の焦点は，カナダと日本の石油政策過程において，いかに環境が国家に活動の機会を与え，またそれを制約したかという問題に置く。最初の節では，両国の石油政策の形成に関わる国際環境を歴史的に解明し，続いて国内環境を検討する。現実には，国際的な勢力と国内勢力は相互に影響し合っており，2つの環境を区別することは不可能である。ここでは，論点を明確にするためにこの2つの環境を多くの点で便宜的に区別している。

2．国際環境とカナダと日本の石油政策

　第2次大戦後，カナダは主要大国となって国際制度の構築において重要な役割を果たした[1]。他方で日本は，かつて東アジアの主要大国であったが，終戦直後には敗戦国として連合国に占領されていた[2]。占領軍は日本の多くの分野で民主化と非軍事化に着手し，その効果はさまざまであった。占領軍は当初，日本が原油の輸入と精製を行うことを禁じたが，これは石油が戦略物資であり，非軍事化の目標に反すると考えたためである[3]。

　1952年に日本が法的独立と主権を回復するかなり以前に，米ソ両超大国の間で冷戦が始まった。こうした国際情勢のなか，カナダも日本も，アメリカ主導の核の傘下で軍事的支援を提供する西側陣営に戦略的に組み込まれた。カナダの場合，これは北大西洋条約機構（NATO）に参加し北米防空協定（NO

RAD）を締結したことに表れた。一方日本の場合，中国の共産化と朝鮮戦争の勃発に促されて，アメリカが再軍備を要求したことに象徴されている。続いてアメリカは旧敵国である日本に同盟を提案し，1951年に日米安全保障条約が締結された。

このような国際政治環境のなか，カナダも日本も，アメリカを中心に西側諸国一般と緊密な政治経済関係を築いた。当時アメリカは国際システムのなかで最大の経済・軍事大国であったことから，これは理解できる。カナダはこの超大国に地理的に接しており，日本は東アジアにおけるアメリカの安全保障戦略の鍵であった。そのため，米加および日米の間の政治経済的相互依存は，同盟関係という広い枠組みのなかで発展した。石油産業の分野では，後に述べるようにカナダと日本の石油業界はアメリカのさまざまな利益と配慮に大きく影響されることになる。

北アメリカで最初の石油産出は，1858年にカナダのオンタリオ州，エニスキレンで行われ，油井の所有者はJ. M. ウィリアムズという北米大陸最初の総合石油会社を設立した。このようにカナダの石油事業は，エドウィン・L. ドレークがペンシルバニアで石油を発見する1年前に始まった。アメリカでは，ジョン・D. ロックフェラーが1870年にオハイオ・スタンダード・オイルを設立している。この会社は10年後にはアメリカ市場にほぼ浸透し，ヨーロッパとラテンアメリカの市場に進出を試みた。1906年にはロイヤル・ダッチ・ペトロリアムとシェル・トランスポート・アンド・トレーディングが合同して，ロイヤル・ダッチ・シェル・グループが国際石油業界に加わり，続いてブリティッシュ・ペトロリアムの前身であるアングロ・ペルシアン・オイルが登場した。この間，アメリカでは20世紀初頭にテキサスとガルフ・オイルが形成されている。スタンダード・グループを率いていたスタンダード・ニュージャージーは，反トラスト法によってスタンダード・オイル・オブ・カリフォルニア，スタンダード・ニューヨーク（その後モービルからエクソンモービルに発展），スタンダード・ニュージャージー（その後エクソンからエクソンモービルへと発展）などに分割された。以上のアメリカの5社とヨーロッパの2社は多国籍石油企業（MOC）となり国際石油業界を支配することになる[4]。

かつて多国籍石油企業は互いに活動を調整して世界の石油経済を統制し，資源開発の支配を求めて競い合いながら，市場における支配的地位を巧みに利用

していた。国内と国外における資源を開発・管理するために，これらの企業は時に本国政府の支援に頼った。各国政府もまた，第2次大戦中に見られるように石油企業の支援が必要であった。飛行機，戦車，軍艦の燃料に石油が使われるようになった第1次大戦以来，石油は戦略物資と見なされるようになり，どの政府も軍事・民間用途に十分な石油供給を確保するように気を使っている。英米政府も例外でなく，メジャー企業が中東などの石油埋蔵地域で探鉱権と採掘権を得られるよう，可能な限りあらゆる支援を行った[5]。

多国籍石油企業は本国政府の強力な支援を背に，南北アメリカ，中東，アジアでより多くの石油資源と市場を支配しようと競い合い，後には「セブン・シスターズ」として知られるようになった[6]。これらの企業は石油事業のあらゆる側面で主要勢力となった。たとえば，1950年代初めまでに中東の石油資源の大部分を支配し，この地域の産油量に占めるシェアはほとんど100％に達していた。世界規模で見ると，1953年にはセブン・シスターズが石油埋蔵量の91.8％を支配し，世界の産油量の87.1％のシェアを持ち，世界の製油能力の72.6％を所有し，世界の石油売上げの64.6％を占めていた[7]。このように，多国籍石油企業は世界の石油業界で上流部門と下流部門の両方を支配していたのである。

ある試算によると，1945年から1958年までの間に約160のアメリカ企業が海外石油事業に参入した。その理由の1つは，アメリカ特有の税構造のためである。減耗控除や国外所得税控除など，アメリカ企業が対外投資に積極的になる特別な誘因があったのである[8]。しかし，その後海外での探鉱が加速化したことで多くの問題が生じた。とくに中東で大油田が発見された結果，世界規模で石油の生産量が過剰になったことをあげることができる。

中東ではアメリカより石油の生産コストがかなり低かったため，アメリカの国産石油が外国産の石油に対して国際競争力を失う可能性が大きかった。そして国内石油業界は政府の介入がなければ生存が脅かされる恐れがあった。アメリカ政府は国内石油企業の圧力を受けて，国家安全保障を根拠に石油輸入統制プログラムを導入し，輸入量を規制するだけでなく輸入元も西半球に限定した。と同時に米系企業が中東など国外で発見した余剰石油を売りさばくために，戦後間もなくアメリカ政府はヨーロッパの同盟国と日本に中東から石油を輸入するように働きかけ，マーシャル・プランなどの手段を通じてさらに経済的

誘因を提供した。

一方，石油収入のほとんどはアメリカその他の外国資本が獲得し，実質石油価格は低下していたため，産油国の取り分は少なくこれら地域では次第に資源ナショナリズムが高まっていった。産油国への利益配分率を拡大するため，1960年に石油輸出国機構（OPEC）が結成された。

OPECの結成にもかかわらず，1960年代には石油の価格と供給量は比較的安定していた。供給過剰という状況のなか，実際，石油価格は低下した。たとえば，API34度のアラビアン・ライトの価格は，1959年から1969年までの間に，1バレル当たり1.6米ドルから1.3米ドルに下がっている[9]。しかし生産コストの低下と石油消費の劇的増加のために，1960年代には多国籍石油企業と産油国の石油収入は増加した。

供給過剰，手頃な価格，安定供給といった国際石油市場の状況は，カナダと日本に大きな影響を与えた。第1に，こうした市場の状況下，両国は従来のエネルギー源である石炭などに代えて石油消費を急速に拡大させた。この結果，石油に対する依存度は高まった。石油が豊富に供給され，価格競争力があり，供給が安定していることは，この間，当然のことと考えられていた。第2に，国内でも相当量の石油生産があるカナダでは，国内産石油が外国産石油よりも高コストなため，手頃な価格の石油は地元の産油業界にとって脅威となった。しかし石油の消費者と利用業界にとっては外国産石油の価格が手頃であれば利益となる。このようにカナダでは，安価な石油が豊富に供給されると，石油の国内での生産者と利用者の間で社会的対立が起こる。その結果国家の指導者が，一方では自国石油の上流部門の発展のために高価な国内産石油を売り込み，他方では同様に重要な石油利用産業の発展と消費者の利益の保護をする必要が生じて，対立する国内利益の調和のために国家が市場介入する契機となった。

日本では，輸入石油価格にあまりにも競争力があることから，国内石炭産業の生存が脅かされた。しかし国内政治の舞台では，石炭産業の経営側は政権を担当する保守党に働きかけ，自分の産業の保護を求めた。また，その強力な労働組合およびその支持する左翼政党とともに石炭産業とその労働者を支持するよう働きかけた。しかしこれらを除く国家内外の主要アクターはほとんど一致して，石炭産業を保護するよりも，石油化学，造船，製鉄，自動車など多くの分野で国際競争力の向上につながる石油産業を育てることのほうが日本に

とって重要であると信じていた。またよくあるストライキなどで供給不安のある高価な石炭より安価で豊富でしかも運搬と貯蔵の楽な石油を主要産業は好むようになった。このため石炭産業界の抵抗があったにもかかわらず，1960年代初めには石油が石炭に代わって主要エネルギー源となった[10]。

一方日本経済が戦争の打撃から回復し拡大するようになると，国外から貿易自由化を求める圧力が高まった。1959年に東京で開かれたGATTの会議では，ヨーロッパ諸国とアメリカはともに日本に対して，外貨資金割当制度（FAS）のような貿易障壁を廃止するよう要求した。日本政府はFASを利用することで，たとえば石油精製施設の拡張や石油関連技術の輸入に必要である貴重な外貨配分を通じて各石油会社の育成に慎重に介入し，また逆に産業活動を規制していた。貿易を自由化すればFASが廃止され，国家介入なしに安価な重油が大量に流入することになる。これは今まで育成してきた国内製油業や重化学工業を弱体化しかねない。このような政策環境のなか，石油業法の制定が検討されることとなる。

1960年代には，国際レベルでの石油供給量がだぶつき，日本国内市場では企業間競争が激化し，多くの石油企業の経営状態が悪化した。日本の国家指導者の多くは，企業間競争が激しいために資本と輸入源の限られた日本企業が一掃されてしまうことを恐れ，石油産業に国家が介入する必要を感じた。第7章で論じるように，こうした市場の状況のなか，日本政府は石油業法を制定し，この規定に従い石油市場に大規模な介入を行っている。

国際石油市場では1960年代末頃には，多国籍石油企業と産油国の力関係に変化の兆しが見られた。OPECの結成以来，産油国は利益配分率を拡大するために多国籍石油企業と交渉してきた。リビアが利益の配分と国有化について急進的姿勢を取って成功したことに促されて，1960年代の産油国の努力は，1971年2月，多国籍石油企業とペルシア湾岸産油国の間で調印されたテヘラン協定に結実した。

テヘラン協定では両者の利益配分率が劇的に変化した。多国籍石油企業は産油国への支払いを1バレル当たり35セント増やし，石油価格は1971年6月に1バレル当たり5セント引き上げ，その後も1975年まで毎年1月1日に同額ずつ引き上げることになった。値上げ分はすべて多国籍石油企業が産油国に支払う。さらに値上げが行われる日には，インフレ調整分として公示価格を

2.5％ずつ引き上げることになった。この協定はまた，多国籍企業が行っている値引きを廃止し，産油国政府への利益配分率を全体で 55％に引き上げることを呼びかけた。

　1973 年 10 月までにOPECは価格調整に 8 回成功し，石油価格は 1971 年以前の水準の 1.7 倍となった。石油資源の支配権は，1970 年には世界の石油生産の 7 割を占めていた多国籍石油企業から，しだいに産油国の手に移っていった[11]。つまり，1970 年代の初めまでに，産油国と多国籍石油企業の相対的な交渉力は，明らかに前者に有利な形に変化したのである。産油国は石油の売上げに占める配分率を引き上げさせただけでなく，価格を制御することにも成功した。

　さらに，世界最大の産油国であり消費国であるアメリカで，石油枯渇の徴候が現れていた。世界の石油総生産量に占めるアメリカの割合は，1957 年の49.2％から 1972 年の 25.4％に低下した。非共産圏地域の確認埋蔵量に占めるアメリカの割合は，1966 年から 1972 年の間に 1.5％ポイント低下した。国内石油生産が減少して消費量が増加し，両者のギャップが拡大するなか，アメリカはこれを埋めるために次第に多くの石油を輸入せざるを得なくなった。その結果，アメリカの石油消費に占める外国産石油の割合は，1962 年の 20.7％から 1973 年の 35.1％へと着実に上昇している。

　1962 年から 1972 年の間に，アメリカの石油消費に占める中東と北アフリカからの外国産石油の割合は，3.3％から 4.4％へとわずかに拡大しただけである。しかし中東と北アフリカは，共産圏を除く世界の石油生産の半分以上を占めており，このため世界石油市場におけるOPECの重要性は増し，その結果，世界の政治経済システムにおけるその交渉力も強化されたのである[12]。OPECの地位が強化されたことは，1973 年 10 月 17 日にアラブ石油輸出国機構（OAPEC）が，対イスラエル紛争をめぐって石油輸入国が自分たちを支持しなければ石油輸出を削減すると発表したことに顕著にあらわれている。9 月から 11 月の間にOPEC諸国は輸出量を 20％から 30％削減したばかりか，原油の公示価格を 10 月には 70％，12 月 23 日には 200％近く引き上げた。たとえば，ＡＰＩ34 度のアラビアン・ライトの価格は，1973 年の 8 月から 12 月の間に約 400％上昇し，1974 年 1 月初めには 11.6 米ドルにもなった[13]。石油の価格，生産量，輸出先の決定権は，いまや産油国が握るようになったのである。

石油輸入量の減少と価格の急上昇は，先進工業諸国の経済に重大な影響を及ぼした。どの国も激しいインフレと景気後退に見舞われ，その結果石油消費量が減少した。カナダでは，国際石油市場の新たな状況はオタワ渓谷の東側の地域において大きな脅威となった。これらの地域は外国産輸入石油に依存しており，石油供給の停止や価格上昇により非常に脆弱になっていた。同時に，国内で生産される石油の多くはアメリカに輸出され，国内の埋蔵量が減少していたので，カナダが石油を自給するには，輸出を削減するなど代替手段を取る必要があった。しかしカナダは，国内に豊富な石油を埋蔵し，自国の需要をほとんど満たせるだけの生産が可能であり，先進工業諸国のなかでは幸運であった。それにもかかわらず，この危機のために，石油の開発，配分，価格設定，石油収入の再配分における国家の役割と市場介入は強化された。とくに収入の再配分が重要だったのは，石油生産の中心がアルバータ州など西部地域だったのに対し，消費はカナダ中央部に集中していたためである。

　1973年の石油危機は，短期的にはカナダ経済よりも日本経済に打撃を与えた。これは，日本が外国産石油に大幅に依存していたためである。日本の必要エネルギーの70％以上が外国産石油で供給され，そのうち80％が中東から輸入されていた[14]。石油危機は予想外の出来事だっただけでなく，物理的にも精神的にも日本経済に重大な影響を与えたため，日本では石油危機は「石油ショック」として受け取られた。一般に，日本が外国のエネルギー供給源に依存していることから来る脆弱性が改めて認識されるようになった。つまり石油危機によって日本経済に課せられた外的な制約が明らかになったのである。石油価格が劇的に上昇するなか，日本の石油消費者は初めて，石油業界の利益を代表する石油連盟の本部や，その他の重要な場所で，抗議デモを行った。石油問題はかつてないほど政治化した。同時に，石油危機によって日本の国家は，石油価格の劇的な上昇を防ぎ安定供給を確保するために，産油国と密接な外交関係を築いたり，石油探鉱や備蓄を奨励したり，エネルギー源やその原産国を分散させたり努力した。とともに石油危機は，石油産業の活動のあらゆる側面で国家の役割を拡大する契機にもなった。

　石油危機後の国際的な石油政策環境に見られる本質的特徴は，危機の最中のものと基本的に変わりがない。つまり，石油価格が劇的に上昇し，供給停止の恐れが続いたのである。OPECは生産量と価格を調整することで力を強化し

た。これが可能だったのは，共産主義諸国を除くと，世界の確認埋蔵量の82%，総生産量の62%，国際的に取り引きされる原油の輸出量の85%をOPEC諸国が占めていたからである。OPEC諸国が合意に達しなかったときには，サウジアラビアが生産量の安定化に重要な役割を果たした[15]。

1979年初めのイラン革命後，国際石油市場においてさらに大きな動きがあった。すなわち国際市場で取り引きされる石油の約10%を占めていたイランからの石油供給が途絶えてしまったのである。その結果，石油価格は1バレル当たり32ドル，つまり1978年末の水準のほとんど2.5倍まで上昇し，先進工業諸国の経済に「スタグフレーション」の影響が及んだ。国際石油市場の基本的特徴には変わりがなかったため，この新たな状況も石油経済の管理における国家の役割を強化した。たとえば東京サミットでは，先進7ヵ国の首脳たちがエネルギー問題を議論し，参加国の石油消費量と輸入量の目標値について合意した。カナダも日本もこの決定に従い，目標値を満たそうとした。同時に，両国における石油価格は，自国でなくOPECが設定する広い枠組みのなかで決まるようになっていった。こうして，新たな国際石油環境はカナダにも日本にも影響を与え，石油経済への国家の関与がさらに必要になったのである。

3．国内の石油政策環境とカナダと日本の国家

カナダは地理的には世界で2番目に大きな国であるが，人口は3000万人しかいない。その多くはアメリカとの国境から100マイル以内に集中しており，残りは1000万平方キロ近くの土地に散在している。地理的な規模が大きく人口が少ないことに加え，多様な民族が地域的に偏って分布しているために，カナダは統治が最も困難な国の1つとなっている。人口の7割は英語の話者であるが，15%ほどはフランス語が母国語である。とくに後者は前者と異なった文化的歴史的背景を持っている上，ほとんどはケベック州に集中して住んでいる。このためフランス系カナダの独立運動へと発展する。こうした困難はさらに，トロントとモントリオールを含むカナダ中央部と他の地域の間に経済格差があることで増している。オンタリオ州とケベック州の産業基盤は，周辺後進地域で産出する資源を利用することで発展したと論じられることが多い[16]。こうした理由から，地域間の社会経済的対立がしばしば表面化し，中央機関の介入

を招くような問題が生じる。しかし,全員の利益となる政策を打ち出すのは極めて困難である。多くの社会経済政策は,他の集団を犠牲にして一連の集団の利益を増進することになる。

　石油政策の分野では,石油の大部分がカナダ西部で産出され,多くが中央部で消費されることから,地域間で生産者と消費者の激しい利害対立が生じる可能性がある。そのため石油経済に連邦政府が介入する必要が高まるが,同時に,連邦政府が異なる地域的利害を調整するのは非常に困難となっている。

　他方,日本は小さな島国で,人口は非常に均質な国民が1億2000万人,面積は38万平方キロある。日本は社会経済的にも均質で,国民の90％以上が自分は中流階級に属していると信じている[17]。日本は必要な天然資源のほとんどを外国から輸入し,付加価値の高い多くの製品を輸出している。このように日本は本質的に,資源生産国ではなく資源消費国である。このため日本の国家はカナダに比べ国家利益を規定するのが容易である。たとえば石油政策の分野では,十分な量の石油や他の必須資源をできるだけ安く確保する必要があるという点で,日本国民の認識は一致しているだろう。これは国内産の石油やその他の天然資源が決して十分に存在しないためである。そのため日本の国家は,「国家利益」を理由に,石油やその他の天然資源の供給確保を容易に助けることができる。具体例をあげると,石油外交の推進は日本国民全体にとって不可欠であるという見方が示されても,決して反論は起こらないだろう。そこで国家指導者たちは極めて容易に,産油国との結び付きを強化するさまざまな政策を推進できるのである。

　かつてカナダの国家指導者たちは,石油業界への外国資本の流入を歓迎していた[18]。アメリカの特別な税構造のために,アメリカ系の多国籍石油企業にとってカナダは魅力的な投資先であった。こうした多国籍企業の活動によって,1947年にインペリアル・オイルがエドモントンの南でルデュック1号井を発見したが,これはカナダの石油開発史上最大級の油田であることが明らかになった。

　インペリアル・オイルはエクソンが完全所有するカナダの子会社であった。同社がルデュック1号井を発見したことから,他の多国籍石油企業もカナダの独立系企業も探鉱活動を活発化させた。まもなくエドモントン地域で他にいくつか大きな発見があり,1957年までにカナダの原油埋蔵量は30億バレル追加

された[19]。こうした発見によって，多国籍石油企業が主導するカナダの石油産業は，上流部門から下流部門まで全面的に発展した。したがって，今日のカナダの石油産業の起原は，1947 年のルデュック油田の発見にあるとされることが多い。そしてこうした初期段階の発展においては，多国籍石油企業が重要な役割を果たした。

ルデュックで石油が産出するようになると，少なくともカナダの1地域のレベルで生産過剰の問題が生じた。この問題は，カナダの石油とガスはおもに西部地域，とくにアルバータ州で産出するが，おもな利用業界と消費者はオンタリオ州とケベック州に集中しているという事実と関連していた。1950 年代中期までに，カナダの石油業界と政府の中心的課題は，石油とガスの新たな供給源を探すことからそれを販売することに移り，石油はカナダに必要なエネルギーの半分近くを満たすようになっていた。実際その頃までに，石炭がカナダの総エネルギー消費量に占める割合は 31％に低下している[20]。

外国産石油より高価な国内産石油の余剰分を販売することは，1950 年代と 1960 年代のカナダの石油経済において重要問題であった。石油とガスの輸送にはコストがかかる。そのため 1950 年代には，余剰石油を隣接するアメリカの州に輸出するという考えが，石油生産者だけでなく，C. D. ハウのようなカナダの国家指導者の注目を集めるようになった。投資者の視点からすると，投資から収益を得るにはこれがもっとも手っ取り早い方法であった。さらに，貿易赤字の問題を解決するためだけでなく，国家指導者の視点からも，石油産業の発展を促してエネルギー部門で東西間のインフラを整備する資金を調達し，東部地域の石油輸入量を削減し，外貨を節約するという点で，これは効果的であると論じられた[21]。

インペリアル，ガルフ，モービル，テキサコというカナダの4大多国籍石油企業は，1960 年までにカナダの石油の 30％以上を生産するようになり，73 年にはその割合は 40％近くに達した。製油設備のほとんども外国系のメジャーが所有していた。たとえば，1960 年代と 1970 年代にカナダ最大の製油能力を持っていたケベック州では，前記の4大多国籍企業と，ブリティッシュ・ペトロリアム，ベルギー系のペトロフィナがすべての設備を所有していた。多国籍石油企業は主要輸送設備を実質的に支配し，カナダのガソリン小売店の 60％近くを所有していた[22]。その活動は石油事業のあらゆる領域に行き渡っていた。

多国籍石油企業は国家の石油政策の形成に不可欠な情報を持っていたので，これらの企業が政府に対してどのような態度を取り，どれだけ公開的であるかが石油部門における国家の政策に大きく影響した。

しかし，多国籍石油企業の圧倒的存在は，1960年代末までに次第に疑問視されるようになった。カナダでナショナリズムの感情が，とくに反米主義の形で高まったためである。カナダ国民の注意は，とくにカナダの社会経済システムと文化において外国支配の拡大が続くことに向けられた。カナダの石油産業はその典型例と見なされたのである。さらに1970年代初めには，カナダの石油生産量が可採埋蔵量の新規発見を上回るようになった。その結果，カナダでは国内の石油政策環境が大きく変化した。この点について，テッド・グリーンウッドは次のように説明している。

> カナダ国内の政治環境は……変化しつつあった。この国の物的環境の質をめぐって新たな懸念が生じ，経済力に対する自信とナショナリズムが復活することで，アメリカへの経済的依存を弱めてカナダの資源をカナダ国民のために保持するという考えが高まった。アメリカと密接に協力すればカナダにとって経済的利益になるということは，それまで自明のこととして受け入れられていた。いまや，それが次第に疑問視されるようになった。アメリカのエネルギー需要が高まるにつれて，カナダのそのニーズを満たす能力も意欲も低下していった。アメリカが製造業と，とくに資源産業を所有していることに対して，不満が高まっていた。石油・ガス部門における外国支配は，パイプラインを除いても90％に達した。……カナダではエネルギー問題はハイ・ポリティクスの問題となり，アメリカの影響からもっと独立したいという欲求の重要な象徴となった[23]。

1973年の石油危機が近づくころ，石油の問題と多国籍石油企業のカナダ支配の問題はカナダで高度に政治化していった。カナダの石油消費者と国民は，利益の配分に加えて，生産，販売，価格設定のあり方を以前より意識するようになった。国内環境のこうした変化によって，1970年代にはこの重要産業における政府による市場介入の可能性が促されたのである。

カナダと比べて戦後の日本では，占領軍当局によって石油の輸入と精製が禁止されていたために石油産業の発展は遅れた。しかし1949年にはこの方針が破棄されている。連合国軍総司令部（GHQ）は従来の方針に代えて，十分な

資本, 高度な精製技術, 安定した原油供給能力という3つの条件を満たす企業には, 石油精製事業への参入を許可するようになった[24]。当時, 日本企業がこの条件を満たせないことは明らかであり, この基準は, 日本市場への参入を目指す多国籍石油企業と日本企業を結び付けることを目的としていた。その結果, 日本と外国の石油企業の提携・協力体制が急速に出来上がり, そのつながりは現在まで維持されている。

最初の合弁協定は1949年2月, スタンダード・バキュームと東亜燃料（東燃）の間で結ばれ, 前者が後者の株式の51％を所有することになった。3月には日本石油（日石）とカリフォルニア・テキサス（カルテックス）, そして三菱石油とタイドウォーター・アソシエーテッド・オイルが, それぞれ原油購入と製品販売の協定を結び, 6月には昭和石油とシェル, 7月には興亜石油とカルテックス, 10月にはゼネラル物産とスタンダード・オイル・オブ・ニューヨーク, そして丸善石油とユニオン, などと続いていった。後に, 外国の石油業者が株を購入した企業は「外資系」企業, その他の企業は「民族系」企業と呼ばれるようになった。

1958年には, 日本の石油業界に投じられた総資本の49.8％を外資系企業が占め, 外国資本が日本の石油業界の資本需要の25.4％を供給していた[25]。またこの年には, 外資系企業が製油能力の69％を所有していた。

日本の石油業界は事業拡大のために外国資本に大きく依存し続けた。多国籍石油企業は日本で操業するメジャー系石油会社の株式を50％所有し, 1960年代初めには多国籍石油企業は石油部門に投じられた総資本の35％を供給するようになった。日本政府は外貨準備高が不足し, 政府予算の規模が小さかったために, 石油業界における政府保有株の割合はこの業界の資本需要の1％に過ぎなかった[26]。

日本のエネルギー供給に占める石油の割合は, 1953年度の39.9％から1973年度の77.6％へと急激に拡大した。1963年度は石油の割合が初めて50％を超えたという点で大転機の年であった。ただしこの割合は73年度から次第に低下し, 1980年度年には68.5％となっている。1950年度には, 日本は185万キロリットルの石油を輸入した。石油の輸入量は劇的に増加し, 1961年度には3915万5000キロリットル, 1973年度には2億8860万9000キロリットルにのぼった。つまり, 1961年から1973年の間に, 石油輸入量は7倍以上増加した

第5章 石油政策環境とカナダと日本　89

のである。その後，輸入量は徐々に減少し，1980年度には2億5000万キロリットルを下回っている。このように日本の石油業界にとって，1973年の石油危機に至る時期は石油利用が急速に拡大した時代であり，石油危機の後は収縮の時代であった[27]。

カナダの石油業界が原油生産から輸送，精製，販売まで，上流部門と下流部門の両方の活動に携わってきたのに対し，日本の石油業界は国内に十分な油田が存在しないため，下流部門の活動に集中してきた。同時に，日本企業が石油の探鉱と開発への参入を検討し始めたときには，多国籍石油企業が世界の大規模油田をすでに開発し所有していたため，日本企業が生産性の高い油田を数多く見つけることは非常に困難であった。

さらに，1960年代には急増する需要を満たすために，日本の石油業界は製油設備を拡大しなければならなかった。日本の石油会社の多くは自己資本が十分になかったため，設備投資に必要な資本を多国籍石油企業も含め外部から借り入れた。その結果，これらの企業では，総資本に占める外部資金源から借入の割合は，1960年度の76.4％から，1973年度の92.4％，1980年度の93.8％へと拡大している[28]。このため日本の石油業界は，事業が急速に拡大したにもかかわらず，最も採算性の低い業界の1つとなった。この業界の採算性が低下したのは政府政策の影響もありえようが，激しい企業間競争が繰り広げられたためでもあった。

1973年の石油危機の直後には，石油価格が劇的に上昇したにもかかわらず，政府は石油製品の価格を急上昇させることを認めなかった。まもなく政府は石油関連の税金も引き上げた。さらに石油価格の上昇によって石油製品の需要は縮小した。こうした要因によって日本の石油業界の経営は非常に弱体化し，対外投資はほとんど不可能になった。その結果，日本の石油企業のほとんどは下流部門の範囲にとどまっている。さらに逆にこのことから，日本の政府が石油業界に介入し，海外での石油の探鉱と開発を促進している。

石油価格が劇的に上昇し，石油危機の後も供給停止の恐れがあることから，日本の石油消費者は外国産石油に大きく依存することの危険を認識している。石油政策環境におけるこうした新動向のなか，日本の脆弱性を低くするために，石油業界に対する国家の関与がさらに強化されることになる。

4. 結 論

　国際環境および国内環境はともに，石油政策過程におけるカナダと日本の政府の役割に，大きな影響を与えた。国際的な政治経済環境における新動向は，一方で両国の国家の活動を制約し，他方で国内の石油経済に対する国家介入を促しもした。

　カナダは日本より面積が広く，人口は少ない。しかし社会的，民族的，経済的には，カナダは日本よりずっと多様である。このようにカナダは多様性があることから，日本のように小さくて均質的な国よりも統治が困難になる可能性がある。たとえば石油政策の形成においては，カナダでは石油の生産者と消費者の利害が同程度に表出されるのに対し，日本には基本的に石油利用者と消費者しかいないため，日本よりもカナダのほうが「国家利益」の規定が困難である。しかし，こうした違いはあっても，政策環境における新動向によって，カナダおよび日本政府はともに，1970年代には1960年代よりも石油経済への関与を強めることになる。次の6章では，この点に分析の焦点を当てる。

注

[1] たとえば John W. Holmes, *The Shaping of Peace: Canada and the Search for World Order, 1943-1957*, Vol.1 (Toronto: University of Toronto Press, 1979) を参照のこと。

[2] 連合国による日本占領に関して，数多くの研究書が出版されるようになっている。その一部として次のものがあげられる。Roger Buckley, *Occupation Diplomacy: Britain, the United States and Japan, 1945-52* (Cambridge: University of Cambridge Press, 1985), 国際政治学会編『国際政治』Vol. 87 (1987年5月), Makoto Iokibe (ed.) *Occupation of Japan, U.S. Planning Documents 1942-45*, 丸善, 1987年, 五百旗頭真『米国の日本占領政策』中央公論社, 1985年, 2巻, 五百旗頭真『日本の近代6. 戦争・占領・講和1941－1945』中央公論新社, 2001年, Herbert Passin, "The Occupation - Some Reflections," in Carol Gluck and S. Graubard (ed.), *Showa: The Japan of Hirohito* (New York: Norton, 1992), pp.107-129, 坂本義一・ロバートワード共編『日本占領の研究』東京大学出版会, 1986年および Yoshikazu Sakamoto et al. (eds.) *Democratizing Japan: the Allied Occupation* (Honolulu: University of Hawaii Press, 1987) あるいは M. Schaller, *The American Occupation of Japan: the Origins of the Cold War in Asia* (Oxford: Oxford University Press, 1985) など。

³ 占領期日本での石油利用に関するアメリカの政策指令については，次の文献を参照のこと。拙論，"The Allied Occupation of Japan and Industrial Development: the Case of the Petroleum Industry," 前掲書, Martha Ann Caldwell, "Petroleum Politics in Japan: State and Industry in a Changing Policy Context," unpublished doctoral dissertation submitted to the University of Wisconsin at Madison, 1981, 石油連盟編『戦後石油産業史』石油連盟，1985年あるいは通産省鉱山局石油課編『石油産業の現状』石油通信社，1958年版および1962年版。

⁴ Anthony Sampson, *The Seven Sisters : the Great Oil Companies and the World They Shaped* (New York: Viking Press, 1975).

⁵ 同上, J.M. Blair, *The Control of Oil* (New York: Vintage Books, 1978), J. E. Hartshorn, *Oil Companies and Governments: An Account of the International Oil Industry in Its Political Environment* (London: Faber and Faber, 1962), Peter R. Odell, *Oil and World Power*, (Harmondsworth: Penguin Books, 1981) 6th edition および Committee on Foreign Relations, US Senate, 前掲書。

⁶ Sampson, 前掲書。

⁷ F.R. Wyant, *The United States, OPEC, and Multinational Oil* (Baltimore: The Johns Hopkins University Press, 1977) pp.42-43.

⁸ L. Fanning, *The Shift of World Petroleum Power Away from the United States* (Pittsburgh: Gulf Oil company, 1958) p.33.

⁹ M. A. Adelman, *The World Petroleum Market* (Baltimore: The Johns Hopkins University Press, 1972) p.208.

¹⁰ Sekiyu Renmei, 前掲書, p.368. また, Caldwell, 前掲書あるいは Laura E. Hein, *Fueling Growth: The Energy Revolution and Economic Policy in Postwar Japan* (Cambridge, MA: Council on East Asian Studies, Harvard University, 1990) も参照のこと。

¹¹世界石油市場の変化に関する詳細な研究としては，次の文献を参照のこと。Adelman, 前掲書, Blair, 前掲書, Edward N. Krapels, *The Commanding Heights of Oil* (Baltimore: The Johns Hopkins University Press, 1991), Odell, 前掲書, Sampson, 前掲書および Edward L. Wheelwright, *Oil & World Politics: From Rockefeller to the Gulf War* (Sydney: Left Book Club, 1991).

¹² Joel Darmstadter and Hans H. Landsberg, "The Economic Background," in Raymond Vernon (ed.), *The Oil Crisis* (New York: W.W. Norton and Co., 1976) pp.21-33.

¹³ Japan External Trade Organization (JETRO), *White Papers on International Trade* (Tokyo: JETRO, 1974) pp.15-22.

¹⁴ Foreign Press Center (FPC), *Facts and Figures of Japan: 1980 Edition* (Tokyo: FPC, 1980) p.70.

¹⁵ 平和経済計画会議独占白書委員会編『国民の独占白書』御茶の水書房，1981年, pp.72-74.

¹⁶ こうした見方を展望した好著として，Wallace Clement and Daniel Drache, *A Practical Guide to Canadian Political Economy* (Toronto: James Lorimer & Co, 1978) とくに Ch. III を参照のこと。

¹⁷三宅一郎, 「世論と市民の政治参加」三宅・山口定・村松岐夫・新藤栄一共著『日本政治の座標』有斐閣, 1985年, p.290. また, 村上泰亮『新中間大衆の時代』中央公論社, 1984年も参照のこと。

¹⁸ Wallace C. Koehler, Jr., "Foreign Ownership Policies in Canada: 'From Colony to Nation' Again," *The American Review of Canadian Studies*, 9, 1, (Spring 1981) pp.77-88.

¹⁹ The Petroleum Resources Communications Foundation (PRCF), *Our Petroleum Challenge: The New Era* (Calgary: PRCF, 1978) pp.18-19.

[20] John Davis, *Canada's Energy Prospects* (Ottawa: Queen's Printer, 1957) pp.367-369.
[21] John N. McDougall, *Fuels and the National Policy* (Toronto: Butterworths, 1982).
[22] Robert J. Bertrand, Q.C., Director of Investigation and Research, Combines Investigation Act, *The State of Competition in the Canadian Petroleum Industry*, Vol. V (Ottawa: Minister of Supply and Services Canada, 1981) pp.14-20.
[23] Ted Greenwood, "Canada's Quest for Energy Autarchy," in J.C. Hurewitz (ed.) *Oil, the Arab-Israel Dispute and the Industrial World* (Boulder: Westview Press, 1976) p.23. カナダの政治指導者たちは1970年代始めには，カナダのナショナリズムが高揚し，それがエネルギー政策，とくに外国による所有の問題に影響することを十分認識していた。たとえば，*Text of an Address by the Honourable J.J. Greene, Minister of Energy, Mines and Resources, Canada to the Mid-Year Meeting of the Independent Petroleum Association of America, Denver, Colorado* (Ottawa: Department of Energy, Mines and Resources, May 12, 1970) p.29 を参照のこと。
[24] 詳しくは以下の文献を参照のこと。Caldwell，前掲書，拙論，前掲書，p.111，石油連盟，前掲書，通産省鉱山局石油課，前掲書，1958年版，または通商産業省通商産業史編纂委員会編『通商産業政策史』通商産業調査会，1992年，第3巻，pp.421-433．
[25] 通産省鉱山局石油課，前掲書，pp.27-34．
[26] 同上，1962年版，p.93．
[27] 石油連盟，前掲書，pp.368-373．
[28] 同上，p.386．

第6章 1960年代カナダの国家石油政策と市場介入

1. はじめに

　進歩保守党のジョン・ディーフェンベーカー首相によって設置されたボーデンエネルギー問題委員会（The Borden Commission）は1950年代の終わりに2つの重要な勧告を出したが，それらの勧告は，エネルギー分野における行政制度の発展と，1960年から1973年の間の石油政策の基本方向を大きく左右した。その一つは国家石油委員会（National Energy Board，ＮＥＢ）の設置であり，もう一つは国家石油政策（National Oil Policy，ＮＯＰ）の導入である。

　ＮＥＢの設置によって，カナダは，ようやく国家レベルでの総括的なエネルギー政策の進展と実施を調整できるようになった。安定した石油供給と供給の余剰を背景として，同委員会は石油と天然ガス輸出の公式推進者となり，そして，多国籍石油企業が強力に弁護し実行していたように，モントリオール州の市場と国際石油市場との統合の公式的支持者となった[1]。

　石油政策の基本は，ＮＥＢにより公式に提案され1961年2月に内閣により承認されたＮＯＰであった。当政策により，オタワ渓谷に沿ってカナダの石油市場は2つに分断され，西側は自国産の石油のための消費市場とされ，東側は輸入石油の供給による消費市場と色分けされた。このような背景の下，本章の目的はＮＯＰの発展と実施における国家の影響力と自律性のレベルを分析するとともに，なぜこのようになったのか，その要因を石油問題の特徴に焦点を当てながら検証することである。すなわち，カナダ連邦の権力と自立性の変化および国家指導者たちのイデオロギーと信条，政治的ダイナミク

スなど第3章で開発された分析枠組みにおける従属変数および介入変数を分析する。以下本章においては，この順番で問題点が論じられる。

2．国家の影響力と自律性および国家石油政策(NOP)の進展

NOPは単一の一貫した政策ではなかった。一連の政府の行為がNOPと呼ばれるようになったのである。それは本質においては，政府による産業界の自発的な協力の要請であった。政府の見地からすれば，十分な市場を確保することにより過剰能力に苦しむ国内の石油産業を救済することがNOPの主な目的であった。過剰能力とは，国内の経済不況とアメリカの石油輸入の抑制，そして天然ガスによる石油の代替の増加という組み合わせにより起こったカナダ産石油の需要不足・供給能力過剰であった。

NOPの展開においては，はたして進歩保守党政権が自律的かつ包括的な政策を展開する能力を有していたかどうかは疑わしい。その主な理由は，ジョン・マクドゥーガルが後に指摘したように，ディーフェンベーカー政権はカナダの国益の実質的内容をボーデン委員会が決定するよう促したためである。つまり進歩保守党政権は非国家行為体の意見に基づき国益を定義する方針を打ち出し，この仕事をボーデン委員会に任せたのである。

政策を決定するにあたり同委員会は，石油生産会社，生産州，主要な利用者や消費州の意見や見解聞き取り調査を行った。意見を求められた対象企業のなかで，多国籍石油企業が支配的であった石油業界の利益が，最も強力な影響力を行使することになったが，それは彼らが，委員会に対してのみならず，州と連邦の両政府への死活的な情報の主な提供者であったからである。結果的に，彼らの見解と利益が委員会の最終政策勧告を大きく定め，それがNEBの創設，ひいてはNOPの採用へと至った。

マクドゥーガルやエド・シェイファーの研究あるいはバートランド報告書（Bertrand Report）は，石油業界の膨大な影響と政府の政策形成の無能ぶりを明らかにしている[2]。ブルース・ダーンとグレン・トナーは以下のような指摘もしている。

> 石油・ガス業界はさまざまな理由で，カナダのエネルギー政策において桁はずれの権力を享受した。……そして，業界内では多国籍企業の方がカ

ナダ国籍の会社よりもうんと強力であった。多国籍企業のパワーの鍵は……軸となる政治的資源，即ち情報のコントロールにあった。地理的，技術的，経済的そして財政的な情報と知識などを委員会や政府へ提出する巧みなやり方のおかげで，石油業界は自らの立場への委員会と政府の支持を獲得することに大きく成功した。このこともありボーデン委員会と連邦政府およびアルバータ州政府は，1960年代を通じて，大手の多国籍企業体の論理と，グローバルで大陸ベースの企画システムを大幅に反映したエネルギー政策をアプローチとして採用した[3]。

ベネズエラやその他の多国籍石油企業は，石油のための十分な市場を確保するのに苦労していたので，NOPの方策を強力に主張した。アメリカが国内の生産業者からの強い圧力の下で外国からの石油の輸入を厳しく制約した時に，ベネズエラをはじめとする石油生産諸国は，石油の売り上げの増加による収入の伸びを要求した。アメリカ国内の圧力は，1959年に石油輸入プログラムの強制輸入制限枠の設定となった。こうした状況のもと，多国籍石油企業は合衆国以外に市場を探さねばならなかった。モントリオール市場はこの問題への理想的な解決を提供したのであった。

さらに，NOP制度は大きな利点を彼らに与えた。第1に，輸入制限の管理システムからの除外対象となったお陰で，カナダ産原油を陸路で南部へ輸出することができた。また陸路輸送システムのおかげで，カナダ産石油はアメリカ国内産と同様に政治的にも危険の伴わない信頼できるものとみなされた。第2に，輸入統制プログラムの下でのアメリカ産石油価格は国際価格よりも高く，多国籍石油企業は相対的に高いカナダ産の石油を容易に売ることができ，そのうえ収益もあげることができた。

ベネズエラやその他の国で安価に生産された石油に対して，輸入石油に割り当てられたモントリオール市場で，多国籍石油企業はカナダの子会社にかなり高値を付けて売ることができた[4]。安い輸入石油を高く売りつけることが可能であったのは，相対的に高価なカナダの国産石油が競争力を失わないこと，また国内産石油にたよる西部市場と輸入石油にたよる東部市場の価格差が拡大しないことをカナダ政府が望んでいたためである。国内の生産者のために，また国内石油産業の発展のために連邦政府は石油価格の低下を望まなかった。そのような状況が起これば，NOP制度は政治的に受容されなくな

ってしまう。

　ＮＯＰ設置への唯一の反対は，ホームオイル社のようなアルバータ州の独立系石油生産会社であった。彼らは，カナダ国内で生産された石油を，国内第２の市場へ供給するためのパイプラインの延長を提言していた。しかしながら，彼らの意見は少数派であった。ケベック州政府は，ポートランド・モントリオール間のパイプラインによるより安価な外国からの輸入石油を望んでいた。ＮＯＰはオンタリオ州では，やや高めの値段の西部諸州からの原油の購入を意味していたが，モントリオールに代わって自州に石油精製と石油化学工業を開発するために，ＮＯＰを歓迎したのであった。アルバータ州は，比較的高値の当州の石油市場を，オンタリオ州とアメリカにＮＯＰが確保することになるので，支持していた[5]。

　その当時カナダ政府にはデータの収集や政策の分析，形成の能力がほとんどなかった。ＮＯＰの展開においてもたいして自律的ではなかった。この意味において，石油政策過程におけるカナダ政府は，1960年代の初めの時期は，「外部からの浸透性の高い弱い国家」（penetrated fragile state）もしくは，「脆弱国家」（fragile state）に近かった。もちろん国家石油政策を検証し勧告するという広い権限を委任されたＮＥＢの設置は，石油業界ではなく政府の決定であった，という意見があるかもしれない。委員会の公聴会を通して，政府は，社会的な利益が石油政策の国家利益を定義することを許したのであった。この意味で，問題としている政策の展開における政府の先導的決定の影響は大きく，ＮＯＰ設定における自律性を制限するというのは政府自身の決定である，という意見もあるかもしれない。だが，ボーデン委員会は社会的圧力を軟化する対応として設定されたのであった。そうではあっても，石油政策形成における国家利益のいかなる包括的考慮においても前提であるところの独立した情報収集能力を，政府は有してはいなかった。したがって，ＮＯＰの展開においては，国家の影響力は大きく制限されており，その自律性は非常に低かったということになる。どちらかといえば「浸透性が高い（penetrated）脆弱国家」に近かったのである。

3．NOP実施における国家の影響力と自律性

　それでは，はたしてどの程度まで，ＮＯＰの実施においてカナダ政府はその影響力を行使し，自律的であったのであろうか。この問いに答えるには，さまざまな主要政策分野を考察する必要がある。まず，問題となっている石油貿易政策に焦点をおく。

　ＮＯＰが承認したように，既存の市場慣習を維持するために，カナダ政府は，カナダ産原油のアメリカ市場へのアクセスの維持と改善に積極的に取り組んだ。1960年代のカナダのリーダーの間では，おそらくウォルター・ゴードンを例外として，カナダの首相や大臣たちは，アメリカへの石油とガスの輸出のセールスマンとはいかないまでも，少なくとも石油輸出の推進者であった。これを裏付ける1960年代の内閣閣僚や首相の行動には次のようなものがある。ジョージ・ヒーズ通商大臣が1961年に開始した対米石油貿易交渉，自由党のレスター・ピアソン首相がリンドン・ジョンソン大統領と1964年1月に行った会談およびジョン・F.ケネディ大統領と1963年5月に行った首脳会談，1964年4月のカナダ貿易経済委員会のイニシアティブとそれに続く共同米大陸エネルギー政策の提案に，ジャン＝ルック・ペピン・エネルギー鉱山資源省（EMR）第一大臣とクロード・イスビステル次官による1966年の省創設時のアメリカへの積極的な働きかけなどである。たとえば，ペピン第一大臣は1967年6月の貿易経済委員会米加合同会議の際に，米加共同アメリカ大陸エネルギー政策の策定を熱心に主張した。一連の二国間交渉は，1968年5月に「紳士協定枠組み」となり，これによりカナダからアメリカへの石油輸出枠はさらに広げられた。交渉はすべて，南部へのカナダ産石油の輸出の増加，もしくはエネルギー分野における大陸統合主義の進展を目的としていた。

　こうしたカナダの輸出志向のエネルギー政策は，エネルギー鉱山資源省ジョー・グリーン大臣による1969年12月のワシントンでの記者会見における有名な演説に典型的に示されている。ここで彼は，北アメリカにおけるエネルギー市場の統合を積極的に主張し，そうすれば「想像の上での境界がどこであろうとも，国民は恩恵を受け，両国が恩恵を受けることになる」[6]と述べ

表 6-1：カナダ産原油売り上げ高および輸出入量 1960－1965 年

分　野	1960	1965	変化(%)
国内売り上げ	(100万b/d)	(100万b/d)	
カナダ西部	228	281	23
カナダ東部	192	299	55
対米輸出	113	295	161
カナダ東部への輸入			
原油	346	402	16
石油生産高	83	134	61

出典：Canada, Director of Investigation and Research Combines Investigation Act, *The State of Competition in the Canadian Petroleum Industry*, Vol. II (Ottawa: Minister of Supply and Services Canada, 1981), p.5.
＊b/dは1日当たりバレル，1バレルは約119リットル。

た。表 6-1 が示すように，カナダの指導者たちの支持と，部分的には経済のブームのおかげで，1960 年代前半のカナダからアメリカへの石油輸出とカナダ国内の石油売上高は，共に，カナダへの石油輸入よりも伸びが大きかった。

ピアソン首相に代わりピエール・トルドーが首相になると，彼は初めの3年間は前任者と同じようにアメリカへの石油輸出のレベルを増加させようとした。これは，投資への早期見返りを望む産業界と，収入の増加を望む石油生産州の両方が，多量の回復可能な石油と天然ガスの埋蔵存在をふまえカナダ連邦政府に常に訴えていたため，自然なことであった。さらには，1969 年まではカナダは石油の輸入国であり，アメリカへの輸出は国際収支の損失を埋める貴重な外貨獲得の方策であった。

1960 年代後半になると，カナダ石油のアメリカへの輸出量が 1967 年の「紳士協定」の目標レベルを継続して上回っていたので，カナダからの輸入を減らそうとする圧力がアメリカ国内で強まった[7]。それに応えて，ニクソン大統領は石油輸入に関するアメリカのタスクフォースを設置した。

カナダでは，アメリカでの保護主義的動きを阻止しようとする対抗圧力が高まり，1969年3月，トルドー首相は，このようなアメリカの動きは二国間関係全体に痛手を与えることもあると警告した。しかしながら，ワシントンはカナダの警告には応えず，国内の圧力に応えたのであった。1970年3月，カナダからの輸入量は大幅に減らされ，カナダ産原油に対する輸入割り当て義務が課された。

トルドー首相はこれに強力に抗議した。その後両国の相違は，ようやく1970年11月の貿易経済合同委員会で調整された。アメリカ政府は，カナダがアメリカの石油市場へ「完全かつ障害のないアクセス」を持つことに基本的に同意し，カナダからの石油輸入許容量を即座に20％増加させた[8]。この合意によって打ち立てられた制度（レジーム）は1972年初めまで続いた。

カナダ政府の努力は，カナダの石油生産量に占める輸出の割合が，1961年の30.5％から1972年の62.9％への大幅な伸びとなった。1962年から1972年の間に，石油製品に対する国内需要は年平均で5.5％伸び，生産は9％の伸びを見せた。つまり，カナダの輸出は4倍の増加であり，同時期の輸入は2倍の伸びであった。このように，カナダの石油産業の上流部門における成長は，アメリカへの石油輸出の増加によって達成されたのであり，そこではカナダ政府が重要な役割を果たした。

1969年に原油の輸出が初めて輸入を上回り，カナダは石油自給国となった。この傾向は1970年代まで続き，石油の国際収支は，1962年の1億7400万ドルの赤字から，1972年には3億3400万ドルの黒字へと変わっていた[9]。このように，ＮＯＰはカナダの国内石油生産を増加させ，またその輸出による外貨獲得を助長した。つまりＮＯＰはカナダ石油産業の上流部門と輸送制度を発展させた。その政策はカナダ原油と天然ガスの捌き場としてアメリカ石油市場への依存を高めると同時にオタワ渓谷以東の地域の国際石油市場への依存を高めた。また，カナダ国内の再生産不可能なエネルギー資源を開発しながら，外資系企業が利益を上げることを推進した。

1960年代を通じてカナダ政府の指導者たちがアメリカとの交渉において依拠した議論というのは，カナダ産原油と天然ガスの安全保障上の価値であった。軍事的脅威に対して，大陸のパイプラインを通した安定的で継続した供給を保証できる，というのである。加えて，カナダからの石油と天然ガスの

輸入増加に消極的なアメリカに対して，カナダはモントリオール市場での外国産石油を国内産原油の供給に変えざるを得ない，と主張することで交渉上，有利な立場に立とうとした。それは，アメリカ系多国籍石油企業のベネズエラからの原油輸入の大幅な減量を意味したのである[10]。カナダは，アメリカの企業が多額の投資をしていたベネズエラの石油輸出量の 16%を輸入していたので，アメリカ政府は，ベネズエラを政治的に安定させるには健全な経済運営が欠かせないと考えており，こうしたカナダの動きがもたらす政治的影響を恐れていた。

　カナダでは，年間生産量に対する埋蔵量の割合が，1966 年の 24.5 から 1972 年の 15 へと下がった。ロバート・ノースをはじめ何人かの地質学者は，1971 年後半に石油とガスの埋蔵量が低下する可能性と，その結果カナダがエネルギー・セキュリティ上大きな問題に直面するであろうことを警告した。1972 年のＮＥＢ報告書は，もはやカナダは国内需要に対応できなくなったとして，同委員会はガス輸出の新規申請をすべて拒否した。特記すべきは，ＮＥＢは多国籍石油企業のデータによらず独自に将来の需給予測を立てたということである。事実，インペリアル石油社の 1972 年版の年報は，アメリカ市場を失わないために，全く違った数字を出している。

　　（採掘技術に進歩が無かったとして）今の技術のままであった場合，我々の現時点でのエネルギー備蓄は数百年の要求に十分応えうるものである。輸出市場は我々の都合には構ってはくれない……輸出市場はひとたび失えば，もはや簡単には取り戻せないし，その損失はカナダにとって真の経済的後退であろう[11]。

カナダの将来の備蓄に関する連邦政府とエクソン社の 100%子会社であったカナダ最大の石油会社であるインペリアル石油社との間の大きな相違は，連邦政府が，石油市場に関して自律的なデータ収集能力をこの時までには持つようになったことにもよる。

　以上の考察から，1960 年代を通じて，カナダ政府が一貫して石油貿易に介入したことは明らかである。当初は，ワシントンとの一連の二国間交渉を通じてのアメリカへの輸出を奨励した。しかしながら，1970 年代に入ってひとたび国内に十分な石油がないことを認識すると，政策を留保し，輸出量を増やさないことを決定した。

石油価格設定への政府の関与に関しては，オタワは国内産石油の価格はシカゴ価格によって決定されるに任せた。アメリカの石油価格は，国内石油生産業者の圧力によって義務的輸入割り当て制度が設定されていたため，世界のどこよりも高く保たれていた。つまり，オンタリオ州で石油を使うとモントリオール市場よりも高い値段を課せられることになる。オンタリオ州の消費者は，この施策がモントリオールではなく自州で石油精製産業を発展させる，すなわち，オンタリオ州への雇用機会を意味するとして，高値を受容した[12]。

　石油価格の設定に関する政府の関与については，シェル・カナダ社の後援による調査はこれが低かったことを指摘しており，その理由について次のように説明している。

　　アメリカの石油輸入政策からカナダが除外されていることの重要性は，カナダ政府を微妙な位置に置いている。一方では，カナダ政府はオンタリオ州の原油価格とオタワ渓谷以東の原油価格のギャップがあまり大きくなることは望んでいなかった。それはＮＯＰの受容を危うくするからである。したがって，連邦政府は石油輸入業者に，安価な外国産石油を無理に求めさせようとはしなかった。また一方では，カナダ政府はカナダ西部の原油価格の下落を望んではいなかった。というのは，そうなればカナダ政府と競争しているアメリカの生産業者の注意を引くであろうし，そしてアメリカ市場でのカナダ石油の特例地位の撤廃ということにもなりかねなかったからである[13]。

この調査によれば，連邦政府は意図的に，産業界の価格設定の慣行を変えようとしなかった。その結果カナダの消費者や石油使用業界ではなく，石油業界と生産州との利益を擁護するはめになった。この見解にしたがえば，産業界が公共政策に影響を与えたからではなく，政府がやや高めの石油価格が「公共の利益」を確保すると信じたから，政府はこうした政策をとったのであった。

　カナダ政府の指導者たちは，精製や外国資本の問題にも深く関わってはいなかった。このことは，「マーケティングや生産部門とは違って，精製部門は，メジャー同士が政策を調整し，競争を抑えるような影響力を発揮する足場を与えた」[14]という観察にもかかわらず，精製能力の高度の集中を多国籍石

油企業の手中にもたらした。1961年に,インペリアル社とアーバイン社で沿岸の精製能力の91.7%（97,500 b/d）を有し,1971年には,インペリアル社とアーバイン社およびテクサコ社とガルフ社で合わせて95.2%（294,300 b/d）を有していた。ケベック州での精製能力は,1960年の297,000 b/dから,1970年には460,000 b/dへと増加した。しかしながら,それは当該期間を通じて,インペリアル,テクサコ,シェル,ガルフ,ブリティッシュ・ペトロリアム,ペトロフィナなどの多国籍石油企業によって完全に所有されていた。オンタリオ州においては,ペトロフィナを除いた多国籍石油企業グループとサンオイル社とで,1960年の精製能力の総計（260,820 b/d）の74.2%を所有していた。が,1964年までにはこのグループは,オンタリオ州の全精油所（100%）を所有し,こうした状態は1970年代まで続いた。中央平原諸州においての多国籍石油企業の精油所の所有率は,1960年の74.8%から1971年の89.1%へと上昇した。唯一の例外は,多国籍石油企業の占有率が90.2%から1970年に85.4%へと減少した太平洋地域である[15]。このように,当該期間を通じて多国籍石油企業は精製能力の拡大をはかったが,政府はそのことが持つ意味合いを注意深く検証しなかった。バートランド報告書は後に,次のような結論を出している。すなわち,カナダでの精製能力の多国籍石油企業への高度の集中は,製品のスワップやその他の方法を通じて,多国籍石油企業内で高価格の設定を可能にしたが,1960年代と1970年代初期におけるカナダ政府介入の不在は,こうした国際企業の活動に関するカナダの指導者たちの関心の欠如を表しているととられるであろう。

　北部地域の資源開発に関してのいくつかの例外を認めることはできる。たとえばディーフェンベーカー時代には,北極地域問題担当大臣のウォルター・ディンスデールは,「北部地域の開発とはカナダの開発であり」,政府は,「探索しようとするものに対してはかなり寛大な譲歩」を与えるべきであると考えていた。結果的に,資源産業に関する連邦規則が変更されて,企業の「持ち株はカナダの株式取り引きに上場され,その50%はカナダ国民が入手できるものでなければならず,当企業はカナダ国籍であり,よきコーポレート・シティズンとなるべき」ことが要求された。ディンスデールによれば,「これは政府側が,資源産業は国民の最大の利益のために開発されるものであることを主張し,保証しようとした初めての試みである」[16]。

しかしながら，ディーフェンベーカー政権は，石油産業全体における外資の高い占有率を減らそうとはしなかった。ディーフェンベーカーへの影響力を持った資源政策の顧問であったアルビン・ハミルトンは政府の立場の典型であった。彼は，「既存の会社を買い戻そうとすること」は「負け戦」であると考えた。そうする代わりに彼は，カナダ国民が「大きな見返り」を期待できる新規の資源開発に投資することを奨励した[17]。

1970年までは，カナダの指導者たちが，外資による石油産業支配を望ましくないと考えていた様子はない。1970年6月，J. J. グリーンは，カナダ政府が資源部門においてカナダの会社による市場参加を向上させるのを手助けすることを発表した。そして1971年4月には，米系会社によるホームオイル社の買収の阻止をするために市場介入し，カナダ国籍の買い手を見つけようとした。カナダ連邦政府はまた，マッケンジー渓谷パイプラインの提案には，かなりのカナダ企業の参加が前提であると明言した。もっとも，現実的にはこうしたことはマイナーなことがらで，外資によるカナダの資源市場を大きく変えることはできなかった。政府の態度の変化の兆候はあったものの，外国資本に関する政策への政府の関与は，この時期を通じてわずかであった。

カナダの石油とガスが大量に，引き続きアメリカへ流出し，北米大陸のエネルギーシステムの統合を促進していたのであったが，カナダ政府の指導者たちは，エネルギー部門でのアメリカとの2ヵ国共同政策決定機構をつくることに乗り気ではなかった。こうした不本意さは，世論と高級官僚，政府指導者たちの間に高まっていたナショナリズムに発しており，実際の生産量に対して確認埋蔵量が減少していることとも関係していた。ミッチェル・シャープは次のように強調している。「カナダ政府は，自国の国家利益に照らしてエネルギー政策を決定する」[18]。グリーンはまた，「主権の放棄」に至るとして，エネルギーに関する共同政策決定機構の設定にも反対であった[19]。

これらの政府指導者たちの見解は，彼らの下で仕事をしている官僚たちにしっかりと支持されていた。たとえば，1971年4月，EMR次官のジャック・オースティンはカルガリーでの演説で次のような声明を出した。

　公共の利益のためにアメリカとの貿易を発展させることに腐心しておりますが，……どんな時でもいかなる政策が利益にかなっているか判断する権利やこうした結論にそって国策を調整する権利を放棄するのは公共

の利益にかなってはいません。したがって，カナダ経済や米加間大陸関係への影響を予測し得る我々の能力の限界をはるかに超えるような長期にわたるコミットメントとなるような，カナダ・アメリカ間のエネルギー関係というものはあり得ないと信じるのであります[20]。

石油産業界の活動におけるその他の重要な分野を検証してみても，連邦政府の関与を示すものはほとんどない。たとえば，国内のガソリン販売や石油とガスのトラック輸送の所有については，議会での反対勢力が関与を求める要求を出したにもかかわらず，ほとんど介入していない[21]。両方の分野においても，多国籍石油企業がカナダ産業を支配しており，バートランド報告書によれば，高利益のレベルを維持し自らの支配を維持するために，独占的立場を利用したのである[22]。

貿易を除いた石油政策の分野における，安価な石油の供給が一定して可能であった時期の政府の関与の低さは，当時の市場条件が原因だったのみではなく，1960年代を通してのオタワの総括的政策の分析と政策開発能力の不足に関係している。後者に関しては，政府内部，外部両方の多くの識者から指摘されていた。たとえば，オースティンEMR次官は，後に，そうした状況を次のように述べている。

> カナダ政府内で我々は，石油とガスの産業がいかに操業されるのかという知識に全く欠けていた。操業過程を評価するための技術的専門家に欠けていた。もちろん，我々は，外資系企業やカナダ人所有の産業界の一部から何らかの助言を受けてはいた。しかしながら，1, 2の多国籍企業を除いては，どこも何が起こっているのかについての総合的見解を持っていなかった[23]。

トルドー首相はこの問題を十分に認識しており，まさしくそうしたことのためにオースティンをEMR次官の職に任命したのであった。オースティンは次のように説明している。

> 1970年に，ピエール・トルドー閣下が私にエネルギー鉱山資源省の次官になることを打診なさったとき，その仕事はどのようなものなのかを尋ねた。課題と目的は何なのか，と。閣下は，我が国において石油・ガス産業がどのように機能し，国のエネルギー制度がどのように働いているのかを知りたい，と言われた。カナダの政府レベルでは，誰も我々の社

会のエネルギー制度に影響を与えている重要な争点について一貫した見解を持つものはおらず，1，2の多国籍企業の政策部門以外のところでは，エネルギー制度を理解しているものはほとんどいない，と彼は考えていた。トルドー閣下は提案することは何もなく，ただ知りたいだけだ，とおっしゃった……私は，挑戦のしがいがあると思い，断ることができなかった。あの当時，こうした総体的分析は全くなかった[24]。

連邦政府レベルでの政策開発能力の欠如は，石油産業界が公共政策に対して大きな影響力を持っていたことを意味する。例をあげれば，『バートランド報告書』は，インペリアル・オイル社の政府の政策への影響について，次のように記している。

インペリアル社の文書によれば，アメリカ合衆国では，エクソン社が政府の政策の調整，そして起草をも主導しており，カナダでは，「インペリアル社はオタワとの関係においてある意味で同様な位置にある」。実際，1969年後半にインペリアル社社長が以下のごとく記している。「……ＮＥＢは産業界に目を向けており，一般的な政策と特定の容量問題，産業評価の両方についての助言において，主にインペリアル社をあてにしているのだと思いました」[25]。

石油政策における産業界のインパクトは，石油価格設定についても大きかった。『バートランド報告書』は，ＮＯＰ制度の下での原油輸入価格は，多国籍石油企業本社とカナダの子会社との交渉で決定され，会社全体の利益を最大化するような方法でほとんどが決められていた，としている。同報告書によれば，実質的にそのほとんどが多国籍石油企業の子会社であるカナダの精油所は，しばしば，世界市場よりも高値か，かけ離れた「非現実的な」原油の移送価格を課せられていた，としている[26]。

ジョン・N.マクドゥーガルによる1960年代のＮＥＢとカナダ産のガス輸出に関する研究でも，ＮＥＢの決定は石油生産業界の利益に大きく影響されているという事実を指摘している。天然ガス輸出の容量と価格を管理するために，委員会は，余剰容量，提案価格の適切性，輸出のためのパイプラインその他の設備要求を認めるか否かなどを決定しなければならなかった。マクドゥーガルの分析によればこうした主要な争点の決定においては，アメリカへの輸出振興がＮＥＢの主要な関心であったと次のように結論づけている。

余剰量の決定のやり方を見ると，委員会の輸出志向は明らかである。現時点でのすべてのカナダの契約書でコミットメントしている質量を輸出市場にあてがっているという点で一貫した態度をとっている。換言すれば，カナダ国内の需要の増加に備えて既存の余剰量を備蓄することを拒否し続けているのである。これは，カナダの将来の天然ガス需要を将来新たに発見開発されるであろうガスに頼るという（不条理な）政策である。輸出価格設定においては，委員会の輸出志向は，絶対的な販売先であるアメリカ市場で，そこにおける他の（競合する）燃料のコストとの関係で決定されるはずのガスの価格，つまり市場評価を反映した輸出価格の設定を，繰り返し拒否していることで明らかである。すなわち，委員会は，輸出販売の適正な価格を実現するよりも，輸出量の拡大により関心があることを顕わにしている。最後に，パイプライン建設については，委員会はパイプラインの新規もしくは延長を認めるいくつかの決定を下している。それらの理由は，将来におけるカナダの石油とガスのアメリカ合衆国における市場確保の際に多分有利に働くであろうと少なくとも部分的に明確に正当化している[27]。

オースティン次官はまた，石油業界における，石油とガスの全体的政策への多大な影響についても述べている。

石油・ガス産業は完全に私企業によって管理されており，その中でも最大なのはインペリアル・オイル社であり，基本的に，ボーデン線以西での価格設定者として活動している。それは，次のような1960年代に流布していた考えによるエネルギーシステムであった。つまり，カナダは豊富な石油とガスのエネルギー供給国であり，石油業界が繁栄するためには，アメリカ市場へのアクセスを獲得する（必要があり），このために我が国の石油と天然ガスを長期にわたってアメリカへ売り続けるという覚悟と引き換えに，アメリカ市場での拡張を追求するべきであろう，というものである[28]。

こうした見解は1960年代を通して適用された。オースティンの言葉を借りれば，「カナダ国民は国家資源基盤の適切な知識に欠けていた」のであり，「分析の方法さえも理解していなかった」。死活的情報へのアクセスは，多国籍石油企業支配の石油業界によって厳しく管理されていた。

石油・ガス産業のほとんどの情報は占有的なものとみなされており，私企業の成功の鍵は機密性であった。政府は，既知のことに基づいてカナダのエネルギー供給は見込みがあるとか可能であるという程度の，情けないほどわずかな必要情報へのアクセスを有していたに過ぎない[29]。

確かに，ほとんどのアナリストたちは，ＮＯＰはたいした影響力を持っていなかったということに同意する。よくても，それは単に既存の慣行の政府承認であり，石油業界の希望を反映しただけであった。政府がＮＯＰを正式に発表する1年前の1960年に，カナダ最大の石油会社インペリアル・オイル社は次のように予測した。

1962年まではオンタリオ州の石油需要の一部はモントリオールの精油所から，トランスノーザンプロダクトラインの輸送によってまかなわれるであろう。この経路は1962年初頭にファーランポイントで分かれて，その後はカナダ原油からオンタリオにおいて精製された製品が，それまではこの分岐点の西側で流通しているモントリオールの外国産原油製品に取って代わるであろう，とインペリアル社は考えている[30]。

『バートランド報告書』は，「インペリアル社以下の大規模石油会社も，彼らの貿易のパターンを乱さないような自発的アプローチを好んだ」としている。同報告書の詳細な調査は，「1961年に発表された国家石油政策は，したがって，エクソン社のカナダでの子会社であるトップ企業によって開発された供給パターンを追認したにすぎなかった」[31]と結論づけている。表6-2が示しているように，Ｊ.Ｇ.ドゥバンヌによる，ＮＯＰ発表の以前と以後の二国間石油貿易のパターンについての調査もまた，ＮＯＰはほとんど変化をもたらさなかったことを示している[32]。

1970年代初頭までに，カナダ政府の指導者たちは，政策展開において自分たちがいかに多国籍石油企業支配の石油業界からの重要な情報と助言に依存しているか，したがって，政府独自のデータ収集と政策開発能力を持つことが重要であるということに，気づき始めたようである。ジャック・オースティンのＥＭＲ次官任命により，連邦政府のエネルギー関連の政策開発能力は高まった。この証拠は，1973年に刊行されたＥＭＲによるエネルギー政策分析が，1973年の石油危機以前に連邦政府が行ったエネルギー問題検証のなかで，もっとも包括的分析であったということに示されている。この詳細な検

討は第8章で行うが，連邦政府のエネルギー分野における政策開発能力は，1970年から72年の間に劇的に高まっていたのである。

カナダ政府は，輸出レベルの指標となる埋蔵量についてはある程度限られた情報を把握してはいたが，石油・ガス分野における包括的な政策開発能力は，1970年代初頭までは情報を有していなかった。したがって，NOP施行にあたっては，政府の自律性はほとんど無く，「脆弱な国家」同様に，石油政策過程においての影響力はほとんど行使しなかった，といえる。1960年代の石油政策過程における全体的な国家の自律性もほとんどなく，したがって，理念型にしたがえば，カナダ政府は「脆弱国家」に近かった。それでも1970年代初期には，「中間国家」からさらには「支配的国家」の方向へ向かいつつあった。

4．石油政策問題の性質

1960年代を通じて，安価な石油が世界的にだぶつき，容易に調達できた。1950年代のある時期，アルバータ州の生産施設は，経済不況，アメリカの石油輸入抑制プログラム，天然ガスによる代替などのために，生産能力のほぼ40％の稼働率で操業していたことがある。こうした状況が，カナダの国家指導者たちに，1950年代終わりから1960年代初頭にかけては輸入原油よりも高価であった国産石油に対して十分な市場をどこに確保するか，という問題をつきつけることになった。国産原油のための市場を見いだすということは，カナダ石油産業の発展にとって死活の問題であると考えられていたのである。またそれが将来の国家備蓄を確保する効果的な方法であるとも，広く信じられていた[33]。

国産原油の安定した市場確保という目的を持ってNOPが作られたのは，こうした背景の下であった。そうすれば，安価に設定された輸入石油の流入に対して国内生産が保護されるのであった。しばしば，石油の国際価格が非常に安く，海外からアルバータ州へ輸入された石油の方が州で生産された場合より安価なこともあった[34]。その結果，カナダの国家指導者たちは，アルバータ州の石油産業，そしてまたオンタリオ州とケベック州の精油所とを発展させるために，国産の石油を保護しなければならないと考えたのである。

表 6-2 : カナダ精油所への原油および等価供給, 1950－1971 年

(単位 : 1,000 b/d)

年	ブリティッシュコロンビア州		平原地域		オンタリオ州		ケベック州および大西洋諸州		カナダ全国	
	輸入	供給総量	輸入	供給総量	輸入	供給総量	輸入	供給総量	輸入	供給総量
1971	－	127	－	224	5	379	664	669	669	1339
1970	－	120	－	220	6	372	564	564	570	1280
1969	－	107	－	216	1	342	520	520	521	1185
1968	－	112	－	205	1	330	485	485	486	1132
1967	－	102	－	200	1	312	446	446	447	1060
1966	－	94	－	195	1	313	433	433	434	1035
1965	－	81	－	189	2	301	393	393	395	964
1964	－	82	－	180	1	283	392	392	393	937
1963	－	73	－	173	3	271	400	400	403	917
1962	－	80	－	168	1	235	370	370	371	853
1961	－	67	－	143	7	227	358	358	365	796
1960	－	66	－	145	10	207	337	337	347	755
1959	－	64	－	153	7	205	312	312	319	734
1958	－	58	－	154	4	160	277	277	281	649
1957	－	61	－	153	22	163	284	284	306	661
1956	－	60	－	163	25	159	266	267	291	649
1955	－	53	－	151	28	139	210	210	238	553
1954	5	42	－	126	24	119	181	181	210	468
1953	16	23	－	145	30	95	177	177	223	440
1952	20	21	－	109	37	93	168	138	225	391
1951	22	22	－	93	44	82	162	162	228	359
1950	21	21	1	80	69	70	133	133	224	304

出典 : J.G.Debanne, "Oil and Canadian Policy," in E.W.Erickson and L.Waverman (eds.), *The Energy Question: An International Failure of Policy 2, North America* (Toronto: University of Toronto Press, 1974) p.127.

このように，国家利益が産業界の希望と一致したのであった。したがって，ＮＯＰは，安価な輸入石油のオンタリオ州および西側諸州への流入をブロックし，値の張る国産原油の市場の拡大と確保を実現するために形成されたのである。

理論的には，東西のパイプラインの建設によって，カナダ石油の東部への拡大が可能ではあった。しかしながら，輸入石油と比べて既に高値であった国産石油に加えて，東西間の輸送システムを建設するのに必要な資本は莫大であり，石油市場における国家経済の東西統合は経済的に賢明とは言えず，可能性がないとみられていた。

さらには，ベネズエラに対して多大な資本投下や戦略上の関心を有していた多国籍石油企業とアメリカ政府の両方が，カナダでのベネズエラ石油の売り込みを好んだのである。多国籍石油企業はその投資への早急な見返りを望んだ。ベネズエラ政府は，アメリカの石油輸入抑制プログラムによってアメリカ市場へのアクセスが抑えられると，石油収入を増加させるために輸出の拡大を要求していた。この要求に応えるために，多国籍石油企業とアメリカ政府の両者は石油生産業者に代わって代替市場を探さねばならなかった。カナダ政府はアメリカのこうした問題を十分に承知しており，高価なカナダ産原油を，ベネズエラからの石油輸入と引き換えに，アメリカで売り込もうとしたのであった。

石油問題が1960年代のカナダの公共政策において何らかの特徴を持っていたのだとすれば，それは，生産と探査のレベルを高めて石油産業の発展を促すために，相対的に高値の国内産原油をいかに国際的に市場開拓するか，という問題に集中していたことにある。このために，カナダ政府首脳部は，石油輸出の推進政策に積極的であった。同時に，石油およびガスのエネルギー問題の全体としての突出度は比較的低かったので，貿易政策以外の分野においては，輸出振興ほどには積極的ではなかった。

1960年代の首相たちは，それぞれさまざまな理由で，いつも石油・ガス問題に関わっていたわけではなかった。ディーフェンベーカー首相（1957～63）は，エネルギー分野のことはＮＥＢやその他の関係省に任せていた。1957年のパイプラインに関する論争から彼が学んだことは，石油・ガスの問題への不必要な関わりはできるだけ避けるというものであって，この方針は，

彼の保守党を勝利へと導いた[35]。

　レスター・ピアソン首相（1963〜68）に関しては，かつて彼自身も元官僚であったことから国家官僚機構の専門性と効率を信頼した。したがって，彼はほとんどのエネルギー関係の問題を前任者と同様ＮＥＢとその他の省に任せていた[36]。まさしく，ピアソンのエネルギー部門での主要な業績の一つは，技術性の高かった鉱山・技術調査省を吸収してエネルギー・鉱山・資源省（ＥＭＲ）を創設したことであった。新設の省は，幅広く定義されていたエネルギー政策を調整することで，ピアソンは初代大臣に，経済問題に造詣が深い非常に有能な国会議員のジャン=ルック・ペピンを任命した。それでもＥＭＲは，ほとんどのスタッフが旧鉱山・技術調査省での職員である地質学やその他の科学的専門家，統計の専門家などであったため，期待されていた政策上の能力を提供できなかった。

　ピエール・トルドー首相は，第1次内閣（1968〜72）の大半は，エネルギー問題にはほとんど関心がなかった。当初は，トルドーは，カナダの一体化，外交・防衛政策，政府機構の再編成など，エネルギー政策にはほとんど関わりのない政策分野にはるかに関心があった。とくに，憲法改正の問題と連邦内でのケベック州の政治的再編に深く関心を抱いていた。これらが彼の政策の最優先事項であった。ケベックの分離運動は高まりつつあり，1970年10月に，モントリオール州駐在のイギリス貿易コミッショナーであるジェームズ・クロスがケベック解放戦線（Front de Liberation de Quebec，ＦＬＣ）によって誘拐され，危機は頂点に達した[37]。石油・ガスの問題に注意を向ける余裕はなかったのである。

　さらにトルドーは首相として，合理的政策決定を信じており，ピアソン政権の時期の官僚制を通じた政府の決定と実施というルーチン化した過程は，死活的な国家利益への配慮と合理的思考に欠けていると考えていた。したがって彼は，職務当初の何年かは政策過程の構造を改良しようとした。首相府（ＰＭＯ）や枢密院（ＰＣＯ）などの中央機関の再編と強化に高い優先度を持たせ，これらを通じてほかの政府機関や省の活動を管理し，監視できるようにした。ここでも，国家の中央部の構造改革について専心していたため，エネルギー政策問題へ持続的に注意を向ける十分な余裕は，1970年代の初めまではなかったのである[38]。

それでも,トルドーのエネルギー政策における主なイニシアティブの1つは,連邦政府における総合的エネルギー政策の分析能力の欠如を認めたことにある。こうした状況を改めるために,有能なナショナリストであるジャック・オースティンをEMR次官に任命したのである。これを契機にEMRは史上初めて,政策の総合的見直しと分析に着手した。

首相の主導は,国際,国内両方のエネルギー政策を取りまく環境における変化の兆候と呼応している。国際的には,原油価格の大幅な上昇の兆候がみられた。また,アメリカ国内の生産割合が消費に比べて後退しているという明らかな兆候があった。これはアメリカ一国で世界の石油生産の4分の1以上を占めていたため,世界の石油価格を押し上げるのではないかという恐れに結びついた。さらには,1970年代初頭には,カナダ産の石油とガスのアメリカへの輸出の急速な増加によって,新しい方法での石油・ガスの掘削現場が国内向けに開発されない限りは,カナダの将来の供給を危うくすることが明らかになってきつつあった。

カナダの政治経済においては,ナショナリスト的感情,とくに反アメリカ主義が高まっていた。そのなかでもカナダの社会経済システムと文化の外国による支配が増え続けていることに注意が向けられていた。カナダの石油産業は,こうした例の典型であるとみなされていた。そのうえ,カナダの石油生産率は,採掘可能な埋蔵量の発見率を上回りはじめていた[39]。

こうした背景の下,1970年代初頭にはさまざまな州政府が,エネルギー政策を積極的に検討し始めた。こうした事実が組み合わさって,1970年代初頭には,石油や他のエネルギー問題が脚光を浴びるようになる。新しい政策環境は,トルドー首相に国家のエネルギー政策の全面的見直しをさせたのである。その結果,EMRは前例のないほど総合的な政策分析の遂行を要請され,それが,1973年6月に刊行された『カナダのためのエネルギー政策:第一段階』(*An Energy Policy For Canada: Phase I*) となった[40]。全体として,1970年代の初期は,石油およびその他のエネルギー問題の重要性は,1960年代の低レベルから中レベルへと浮上した。しかしながら,1973年の石油危機とその直後に比較すれば,まだまだ,決して突出してはいなかった。

要するに,1961年から72年までの石油政策問題の全体的重要度は,低レベルから中程度へ高まったのである。安価な石油が豊富に入手できた1960年

代の,安定した国際的な石油政策の環境という状況では,カナダの石油政策問題は,相対的に高価であった国内産石油のための市場の確保に集中していた。国内環境が供給過剰から確認埋蔵量の低下の時代へと変化するにつれて,国際的な石油政策環境も変化の兆しを見せ始めた。カナダの石油政策の基調は,ナショナリスティックな色合いを強め,これに応じてNOP体制の再検討が始まったのである。

5. 国家指導者たちのイデオロギーと信条

1960年代の3人の首相たちは,経済における国家の役割に対して,いくぶん異なった態度を持っていた。ディーフェンベーカー首相は,この点に関してははっきりした視点はなかった。彼は経済事項には精通しておらず,側近の経済担当の顧問に頼っていた。その中でも最も影響力があったのは,メリル・メンジーズで,市場中心自由主義経済の信奉者であった。メンジーズはかつて,ディーフェンベーカーの下での経済政策形成を次のように説明している。

　(我々は)国際投資資本を大量に集める必要から,どちらの方向に進むべきか,国家の優先事項は何であるべきかを指示するのに,市場の状態に依拠する政策をとったのであり,我々のゴールと優先事項は明らかにほとんどが,他国の利益によって決定されることになった。当時ケインズ主義として知られていた国民経済管理へのアプローチの部分的適用以外は,国家目標などというものは,どんなに定義を望んだところでなかった。単に存在しなかったのである[41]。

確かに,メンジーズの見方は,ディーフェンベーカー時代の経済政策の評価としては妥当だと思える。首相は,カナダの独立への脅威であるとみて,反米であり大陸主義に反対していたにもかかわらず,石油産業におけるアメリカ資本の高い所有率を減らすというようなことは,ほとんどしなかった。主要な例外は,もちろんディーフェンベーカーの「ニューフロンティア政策」のビジョンであり,そこでは彼は,カナダ国民全体の恩恵のために,北部のエネルギー資源開発の重要性を強調したのであった[42]。

それに対して,ピアソン首相は,軍事,経済両面での北米の相互依存と統

合の利益を強力に信奉して二国間貿易を推進した。国内においては，自由党の党首ではあったが進歩保守党の前任者と同様に，私的部門が経済を引っ張ることを好んだ。さらに，国家官僚機構の専門性と効率に信頼を置いていたので，エネルギーを含むほとんどのイシューを，NEBや自らが設置したEMRを含むその他の省に任せていた。

ディーフェンベーカーとピアソン両指導者の下での政府は，エネルギー開発における国家の役割について，一つの重要な点を共有していた。彼らはともに，「自由市場システム」の効率を信じていた。たとえば，1950年代終わりにNEB予算を議論するにおいて，保守与党，自由野党の両党ともに，「企業にとっての障害はできるだけ少なくする」という考えを支持していた [43]。イデオロギー的に，両方の政府は「ビジネス・リベラリズム」を支持しており，これがカナダの政治文化の主要な要素である [44]。

ディーフェンベーカーとピアソンに比べて，トルドー首相は，社会における国家の役割について，強い，明確なビジョンを持っていた。彼は，政治，経済，社会の全ての分野において，国家は社会的正義と秩序を打ち立てる主要な道具として用いられるべきであると信じていた。したがって，彼の指導の下では，石油経済において深刻な問題が起これば，政府がその役割を増大させるという大きな可能性はあったのである。それでも，トルドー政権の初期にはエネルギーはさして重要な問題とはみなされておらず，彼も初めは，エネルギー関連以外の政策問題に気を取られていたために，カナダの石油埋蔵の新規発見の割合が生産割合よりも少なくなってきていることが明らかになるまで，トルドー政権は石油経済にはほとんど介入しなかった。

6．政治的ダイナミクス

1961年から72年までの期間，石油・ガス政策過程の中心的アクターは，内閣と緊密に作業をした政府機関であった。1960年代の前半においては，石油政策の中心的アクターは，連邦政府のエネルギー事項の主要な責任機関であったNEBであった。

NEBは，エネルギー産業と市場の規制組織かつ諮問委員会として活動する権限を与えられていた。諮問委員会としては，カナダのエネルギー問題と

政策の広範囲にわたり内閣に助言を与えることになっていた。規制組織としては，パイプライン認証，石油・ガス，後には電力の輸出入免許，国際およびカナダ国内の州間エネルギー取引における関税と課税評価などにおける立法権を与えられていた[45]。しかし既にみたように，一つはこうした責任のために，もうひとつは当時期の市場条件のために，ＮＥＢの関心はもっぱら石油とガスの輸出に向けられていた。

　ＮＥＢもカナダ政府も，一般的にはエネルギー政策への大幅な介入はしなかった。ＮＥＢを設置したにもかかわらず，石油政策の策定も実施も分権主義的な状態のままであった。たとえば，連邦政府のなかのいくつかの省が，石油・ガス政策の何らかの側面にかかわっていた。貿易省はエネルギー政策のうちの貿易促進に関係していた。運輸省は，石油とガスの輸送および搬送設備を受け持っていた。石油とガスの価格設定は，大蔵省の税の専門家によって行われており，ＮＥＢが行うことはほとんどなかった。ＮＥＢと内閣は，国内石油の産出を増やし，カナダで石油産業を発展させるために，輸出のレベルを上げることに主に関心をもっており，大蔵省は支出と課税との国際的収支均衡に対しての意味合いからエネルギー政策に関与していた。しかしながら，後に検討するような理由から，こうした各省のなかで，ＮＥＢは（決して全能ではなかったが）明らかに，エネルギー政策過程のあらゆる段階において，石油輸出政策の支配的なアクターであった。

　ＮＥＢ設置法に規定されている通り，委員会は内閣に対して多くの勧告を出した。こうしたＮＥＢと内閣との結びつきは，1960年代，またそれよりは少ないが1970年代初期を通じて，石油と天然ガス輸出行政の核をなしていた。この分野でのＮＥＢ・内閣一体化支配の理由とは，単に連邦政府内に他にエネルギー政策を全面的に担当する競争相手がいなかったというだけのことであった。

　ピアソン首相主導のもとに1966年につくられたＥＭＲは，実際には，単なる鉱山・技術探査省の再編に過ぎなかった。結果として，1970年代の初めまでは，ＥＭＲの主な管轄と関心は，地図作成，地質探査，鉱物のマーケティング，水および電力の管理などの技術的責任の範囲に限られていた[46]。さらに，ＥＭＲが有していた政治的資源は弱かった。当省が，エネルギー事項に関して自省の大臣に助言を求められたのは，ようやく1971年になってからで

あった。後には，このことがEMRにとって，国家指導者のエネルギー政策に関する視点へ影響を与える重要糸口となった[47]。

政策決定においての内閣とNEBの実際的な関係に関して，アルステル・R.ルーカスとトレバー・ベルは，委員会が政策を作成したなどということを認めるメンバーはほとんどいないであろうと報告している[48]。もっとも，エネルギー政策というのは厳密に法的な観点からいえば，閣僚のみの権利であったのであるから，当然この答えは疑義をはさむ余地のない答え方であった。NEBが公式に行ったことは，閣僚に助言をし，内閣による政策や決定事項を実施することであった。同委員会は法的には石油とガスの輸出申請を拒否することができたが，委員会の勧告は内閣によって承認されなければならなかった。

しかしながら，実際にはNEBは公式に認められているよりもはるかに大きな権力を持っていた。ガス輸出におけるNEBの役割を詳細に調査したマクドゥーガルは，NEB設置法と委員会の責任を取り決めた他の条例の広義かつあいまいな用語によって，NEBが実際にはガス輸出政策を打ち立てたことを明らかにしている。彼は，「NEBが，求められている定義を規定し，それを適用する手段を考案するという責任を有していたということは，結局ガス輸出に関しては，国家の政策を立案しているということである」と結論づけている[49]。

> NEBで長期間過ごした後，ルーカスとベルも次のように結論づけている。
> 政府の政策を指針するという……非常に一般的な仕事は性格上，実際の適用時せざるを得ない決断や手続きや一般条件を確立する際にやらざるを得ないさまざまな解釈を通じて，政策形成上大幅な余地を委員会に残している，ということは明らかである。
>
> 国家石油政策のような主要な一般的政策の初期展開において，委員会が大きな役割を果たすことも……また同様に，明らかである[50]。

彼らは，「委員会は間違いなく政策形成をするのであり」，主要な政策の初期展開においては，「委員会は，きわめて有能かつ影響力のある連邦政府の省と全く同じように機能する」ことを確認している。委員会は，しばしば「単に助言を与える以上」のことをする。内閣と委員会の職務上の関係は次のようにまとめられている。

一般的に，……委員会と内閣は政策形成チームとして機能しているように見える。平等な共同者ではないが，委員会は，非常に有能で，経験豊富で，そして情報を十分把握していて，助言が高度に信頼できる側近に擬されるであろう。……しかし，それ自体の専門の分野内においては，いつでも最高の専門家である[51]。

しかしながら，「内閣はＮＥＢの規制決定を特定の状況においては，先取りした」という事実を考慮に入れた上で，「明らかに，内閣が保持していた証明書や免許証申請の許認可権は，単なる形式的なものではなく，内閣・ＮＥＢ共同政策決定過程の一部である」と付け加えている[52]。

　それでも，これはどちらかといえば希有な例外的ケースであった。したがって，ＮＥＢは少なくとも 1960 年代の連邦政府における支配的なアクターであったというのは，理にかなっているだろう。それには 2 つの大きな理由がある。1 つは，他の政府諸機関に比べて，委員会は，エネルギー業界との継続的かつ広範囲な諮問の結果として，より恵まれた情報と専門家を有していたということである[53]。とはいえ，既に見てきたように，ＮＥＢの情報は石油業界の意思と協力に依存していたことに注意しておくことが重要である。ＮＥＢは政府内においては情報通であったが，それは民間からの影響を強く受けた内容だった。

　もう１つの理由は，国会や内閣の政治家のほとんどは，政治的中立や委員会の技術的専門性をあまりにも信じていたため，委員会の決定に干渉することを避けたということである。結果として，政治指導者たちはＮＥＢの決定を覆すことはほとんどなかったし，石油政策過程では多国籍石油企業の提供したデータに影響されていたにもかかわらず，ＮＥＢは少なくとも 1960 年代の連邦政府内では，支配的役割を果たしたのであった[54]。

　それでも，1969 年の北極圏諸島での天然ガスの発見と 1968 年のプリュドー湾と 1970 年のマッケンジーデルタでの石油の発見により，エネルギー鉱山資源省（ＥＭＲ），原住民および北部省（ＤＩＮＡ），環境省（ＤＯＥ）そして運輸省（ＤＯＴ）は，エネルギー政策の中枢として重要な位置におかれるようになった。この重要性は，沿岸開発と北部地域における資源管理の管轄権は連邦政府が有していることによる。ＥＭＲは，大西洋と太平洋の両沿岸における石油とガス探査管理の責任を負っていた。ＤＩＮＡは，北部地域の

鉱物権益に責任があった。1970年代初期までには，こうした管轄のために，NEBと内閣に加えて，EMRとDINAが連邦政府における石油政策策定において重要な役割を果たすことになった。

同時に，エネルギー開発プロジェクトに関する環境問題が，環境主義者たちにより，敏感な北方気象との関係で政治問題化されるようになった。これらの新たに台頭してきた政策課題を調査するために1971年に環境省が設置された。運輸省の，輸送設備の建設や保持を管理する責任もまた，かつてないほどに重要になった。

これらの政府機関の相対的権力は，1968年のプリュドー湾発見に合わせて創設された北方石油開発タスクフォース（TFNOD）や，政府が45％を所有する北極諸島探査のために作られたコンソーシアムであるパンアークティック・オイル社（Panarctic Oils Limited）の取締役会への代表参加などに反映されていた。TFNODの場合は，あたかもEMRをエネルギー政策の主要立案者と認めるがごとくに，EMR次官ジャック・オースティンが議長を務めた。残りの4人のメンバーが，DINA，DOE，DOTの次官とNEB議長であった事実がまた，これら諸省のエネルギー部門への主要アクターとしての登場を明らかにしている。パンアークティック取締役会の場合は，公共機関とEMRがそれぞれ1席のみであるのに対してDINAが2席を占めていることから，カナダ北部のエネルギー開発分野におけるDINAの権力が増大しつつあることを示唆している。このように，1960年代末から1970年代初頭において国家構造における政策立案者の数が増えていった。

エネルギー政策過程における省による関与の増加にもかかわらず，政府の全体的なデータや情報の監視，分析能力は1970年代初めまで大きく改善されることはなかった。たとえば，NEBは，カナダの石油輸出について，1975年には11万バレル，1980年には16万バレル，1985年には21万バレルに至るであろうという，とてつもなく楽観的な報告書を1969年に提出している[55]。当報告書は，ジョー・グリーンをして1970年にデンバーの潜在的なアメリカ人顧客に対して，カナダは390年におよぶ石油の埋蔵と932年に及ぶ天然ガスの埋蔵量を持っていると言わしめた。データについては，政府は，多国籍石油企業の中心的スポークスマンともいえるカナダ石油協会に大幅に依存していた。このデータによって，1970年8月に6兆2950億立方フィートの天

然ガスの輸出をＮＥＢは許可した[56]。前述したとおり，こうした出来事は，産業界から提供されるデータと情報に政府が大きく依存していたことに付随している。それは，政府がこの時期を通じて，エネルギー政策の決定においては産業界の強力な影響に依存していたことと同様である。同時に，これらの例は，石油政策過程における政府の自律性がかなり制限されていたことも示している。

実際，州政府のなかには，連邦政府がエネルギー政策過程において1970年代初頭に果たしたよりも，はるかに建設的な役割を果たした地域もある。たとえば，ブリティッシュ・コロンビア州，アルバータ州，オンタリオ州，ケベック州はすべてエネルギー政策分析を行った。ケベック州政府は，1973年の石油危機直前に，サウジアラビアと直接の政府間交渉をひそかに始めるところまでいっていたのである[57]。

前述のごとく，州レベルでのこうした開発と国際的環境における変化への対応として，1971年にトルドー首相は，包括的で独立した連邦レベルにおけるエネルギー政策分析を行うことをEMRに要請したのである。初めての首相との会見の席で，オースティンEMR次官は，「石油産業における国家の存在」を確立することへの関心を表明した。EMRの1973年エネルギー報告書に見出される国有石油会社創設の提案は彼のアイデアであった。トルドーは当時はこの件には関心がなく，考慮を約束しただけであった[58]。

オースティンの主な憂慮は，カナダの石油産業の外国資本による支配であった。彼がEMRに入省したことで，同省のリーダーシップをより市場放任型から国益重視型なものへと変え，技術調査中心であった省を徐々により政策中心の組織へと変えていった。しかしながら，同省の官僚のほとんどが地球科学や地質学の専門家であり，また，ロバート・アンドラス，ジョン・ターナー，ドナルド・マクドナルドなどの，経済過程への最小限の国家介入を信奉する自由経済制度の支持者である有力な政治家が大臣として就任していた。このために，オースティンの任命がEMRにインパクトを持ちはじめたのは，ようやく石油危機後のことであった。

7. 結　論

　1960年代のカナダには総合的な石油産業政策あるいはエネルギー政策と呼べるものはほとんどなかった。この時期のカナダ政府の石油政策における影響力と自律性は，極度に限られていた。政策の決定が大きく社会利益，とくに石油産業を支配する外国資本に情報に頼ってなされる「脆弱国家」に近かった。これにはいくつかの理由がある。第1に，ディーフェンベーカーとピアソンの両首相は，自由市場の機能の信奉者であり，産業界が石油経済を主導してくれることを望んでいた。イデオロギー的に彼らは「ビジネス・リベラリズム」の影響を受けており，できる限り石油産業への政府の直接介入を回避したがっていた。トルドー首相も石油部門には介入しなかった。それは，彼がイデオロギー的に介入に反対だったからではなく，他の優先事項があったためである。

　第2に，石油の供給過剰という状況のもと，主要な課題は，相対的に高値の国内産石油の販売をいかに促進するかという問題であった。国内石油産業が十分な販売市場を獲得して生産レベルを上げることができれば，自然と確実に発達するように思われた。産業界も政府もこの問題には，ＮＯＰに結実したようにアメリカに新規の市場を見いだすことで解決できると考えていた。国家と産業界との利益が一致していたのである。この結果，政府はアメリカへの石油輸出の増加の交渉に積極的であったが，貿易以外の石油政策の分野においてはそうではなかった。それは，石油や天然ガスがこの時期はそれほど重要な課題ではなく，ほとんどの社会的アクターがあまり関心を示さなかったからであった。

　第3の理由は，内閣も議会の野党も共に，新しく設置されたＮＥＢはエネルギー政策の専門性を生かすためには政治的に中立であるべきだと考えていたので，ＮＥＢの決定や政策の勧告を吟味することはほとんどなかったからである。実際，ＮＥＢは産業界によってもたらされた重要情報をほとんど独占しており，このためエネルギー政策事項においてカナダ政府内で支配的立場にあった。このことが逆に，産業界の目標の実現に対する政府の支持を強化した。それは，委員会は産業界の情報とは独立したデータ収集能力を有し

ておらず，産業界からの情報と助言に依存していたためである。

　トルドー政権下でジャック・オースティンがＥＭＲ次官に任命されたことによって，1970年代初期の石油政策における国家の影響力と自律性が高まる兆候がみられた。技術志向であったＥＭＲは，カナダ政府の中でより政策志向の組織となり始めた。こうしたことをもたらしたのは，3つの主要因による。第1は，石油政策を取り巻く環境に対する国家指導者たちの認識の変化による。アメリカは一段と輸入石油に依存するようになり，カナダ石油の生産量に対する埋蔵量の新規発見の割合は下落し始めた。国際的には石油輸入価格の上昇の兆候があり，国内においては，石油産業の外国資本の高い占有率に対する懸念が，指導者や国民の間に高まりつつあった。これらの変化や変化の兆しが，石油政策問題を以前よりも重要な課題としたのであった。

　第2は，トルドー首相は，国家は社会経済政策において建設的な役割を有するべきであると信じていたことである。そのために，エネルギー政策の完全見直しの必要を感じ，彼はオースティンを任命した。オースティンと彼の協力者たちは，エネルギーについては「カナダ第一」主義であった。その結果，ＮＯＰ体制の原理は大きく疑問に付されたのであった。

　国家の影響力と自律性が少々増加した第3の理由は，ＥＭＲの政策分析能力と連邦内におけるＥＭＲの全体的な影響の拡大であった。ＮＯＰはＮＥＢによって推進され，実施された。ＮＯＰの原理が疑問視されるにしたがって，ＮＥＢの政策能力と専門性は大きく疑問に付され，連邦エネルギー政策における国家利益の擁護者としての信憑性は下落した。

　政府はＮＯＰをほとんど独自の見地から展開することができなかった。国益の実質部分を定義したのはほとんどがカナダ国内で活動している多国籍石油企業であった。しかし1960年代の国際石油環境の下では，他の政策が策定されたとは考えにくい。ＮＯＰは石油産業界と州，連邦両政府の目標に奉仕したと言えるであろう。おそらく多くのものがそのように考えていたために，ＮＯＰは同時期においてほとんど批判されることはなかった。

　さらには，石油政策の策定と実施においてカナダは極度に限定された影響力とわずかな自律性しかなかったにもかかわらず，カナダ政府は以下のような国家目標を達成した。第1に，カナダ産原油の高値を維持しながら，また，この値段的に競争力が劣る石油の市場をオンタリオ州とアメリカに確保しな

がら，アルバータ州に石油産業，オンタリオ州とモントリオール州に精油業を発達させることができた。

第2に，南部への石油輸出を奨励することで，カナダ政府は貴重な外貨を稼ぎ，モントリオール州とオタワ渓谷以東の市場に，外国から安価な石油を輸入供給することができた。

第3には，輸出を認可するにあたって政府はカナダの消費者に25年間の供給を保証し，供給過剰の分に限って輸出を許可した。1970年代初頭の，石油と天然ガス輸出のより制約的な立場への変化は，したがって，カナダ国内の石油と天然ガス埋蔵量の下落に対する自動的な反応であった。

第4には，政府による余剰輸出の奨励は石油生産の奨励を意図したものであり，1960年代の終わりには，こうした努力によりカナダは石油自給国となった。結論として，ＮＯＰは多くの点でカナダの国益を増進したと言える。幾人かの論者が主張したように，ＮＥＢは純粋な国家エネルギー委員会として機能したというよりも，むしろ「多国籍輸出入委員会」となってしまったというのは的を射ている。ナショナルオイルポリシーが「マルタイナショナルオイルポリシー（多国籍石油政策）」へ変容した[59]というのも，カナダの石油政策は多国籍石油企業によって支配されていた石油業界の利益を推進したというのも，また正しい。しかし同時に，政府の立場からみると1960年代には国益は多国籍石油企業の選好とたまたま合致したとみなされていたとするのは，もっともなことである。

これまで論じてきたさまざまな理由によって，1960年代のほとんどを通して，カナダ政府は「脆弱国家」に近かったが，1970年代初頭に「（外部からの浸透が中くらいの）中間国家」へと移行した。このモデルにおける独立変数と介入変数の組み合わせで，なぜこうした移行が起こったのかを幅広く説明できる。1960年代の限定的な国家の影響力と自律性は，共に，政策環境（石油の過剰），政策課題の本質（相対的に高値の国内産石油をいかに販売するかという問題のほかは突出度が低かった），国家指導者たちのイデオロギーと信条の変化，国内の政治動態（情報の産業界依存，データ収集能力の欠如，分節）に関係していた。カナダの政治文化におけるビジネスリベラリズムもまた，ディーフェンベーカーとピアソン両首相の下での石油経済における抑制的政府行為に，重要な役割を果たした。

しかし1970年代の初めに，政策環境の変化（国際的な石油価格上昇の兆候とカナダ国内の石油埋蔵量の低下），それに関連した石油問題の緊急性への認識の高まり，トルドー首相の介入主義的イデオロギー，カナダ政府における政策分析能力の強化（とくにEMR），そしてEMRの台頭などのすべてが，政策過程における国家の影響力と自律性を高めることに貢献したのである。

注

[1] The Royal Commission on Energy, Canada, *The First and Second Reports* (Ottawa:Queen's Printer, 1958).
[2] J.N.McDougall, *Fuels and the National Policy* (Toronto: Butterworth, 1982); Ed Shaffer, *Canada's Oil and the American Empire* (Edmonton: Hurtig, 1983); and Director of Investigation and Research, Combines Investigation Act, Canada, *The State of Competition in the Canadian Petroleum Industry* (Ottawa: Minister of Supply and Services Canada, 1981). 同書は以後，*The Bertrand Report* と省略。
[3] G.Bruce Doern and Glen Toner, *The Politics of Energy* (Toronto: Methuen, 1985), p.131.
[4] J.G.Debanne, "Oil and Canadian Policy," in E.W.Erickson & C.Waverman (ed.), *The Energy Question: An International Failure of Policy*, Vol. 2: *North America* (Toronto: University of Toronto Press, 1974).
[5] 同上，p.131.
[6] James Laxer, *The Energy Poker Game* (Toronto: New Press, 1971) p.1 からの引用。
[7] Helmut J.Frank and John J.Schanz, Jr., *US-Canadian Energy Trade: A Study of Changing Relationships* (Boulder: Westview, 1978) p.25.
[8] David B.Dewitt and John J.Kirton, *Canada as a Principal Power: A Study in Foreign Policy and International Relations* (Toronto: John Wiley and Sons, 1983), pp.294-300 および James Laxer, 前掲書。
[9] *An Energy Policy for Canada: Phase 1* (Ottawa: Information Canada, 1973), カナダ政府エネルギー鉱山資源省(以後，EMR) 刊行，pp.38-39.
[10] カナダ石油政策の国際的側面の分析については，たとえば，Dewitt and Kirton, 前掲書，pp.288-300 を参照のこと。
[11] Doern and Toner, 前掲書，p.497.
[12] Henry V.Nelles, "Canadian Energy Policy 1945-1980: A Federal Perspective," R.Kenneth Carty and W.Peter Ward (ed.), *Entering the Eighties: Canada in Crisis* (Toronto: Oxford University Press, 1980) p.98. ドゥバンヌはNOPを「多国籍石油政策」としている。Debanne, "Oil and Canadian Policy," in Erickson and Waverman (ed.), 前掲書，第2巻，p.131 を参照のこと。
[13] Shell Canada, *The Canadian Oil Industry in Context: Overview of an Independent Economic Analysis*, Sponsored by Shell Canada Limited (Toronto: Shell Canada, October, 1981), p.25.
[14] *The Bertrand Report*, Vol. V., p.1.
[15] 同上，pp.14-22.
[16] Peter Stursberg, *Diefenbaker: Leadership Gained, 1956-62*, (Toronto: University of Toronto Press, 1975), pp.113-114.

[17] 同上。
[18] *International Canada* (February, 1970).
[19] 同上, (March, 1970) p.62.
[20] 同上, (May, 1970) p.119.
[21] McDougall, 前掲書, pp.123-126.
[22] *The Bertrand Report*, Vol. II., p.13.
[23] Jack Austin, "An Overview of Canadian Energy Policy in the '70's and the Role of Petro Canada," *Address by Senator Jack Austin, QC, to "Opinions 80"* ノバスコシア州ハリファックス, ホテルノバスコシアにて。1979年11月5日, pp.15-16.
[24] 同上, p.8.
[25] *The Bertrand Report*, p.33.
[26] 同上, Vol. I., p.64.
[27] McDougall, 前掲書, p.99. 詳細は, 同書, pp.98-126 および, McDougall,"The National Energy Board and Multinational Corporations," 未公刊博士論文, 1975年アルバータ大学提出を参照のこと。
[28] Austin, 前掲書, pp.7-8.
[29] 同上, p.15.
[30] *The Bertrand Report*, Vol. II., p.13.
[31] 同上, p.9 および p.13.
[32] L.Waverman, "Reluctant Bride," in Erickson and Waverman (ed.), 前掲書。
[33] McDougall, *Fuels and the National Policy*, 前掲書, pp.78-126 および *The Bertrand Report*, Vol. I., pp.46-47.
[34] 前掲書, Austin, 前掲書, pp.4-5.
[35] John G.Diefenaker, *One Canada* (Toronto: Macmillan of Canada, 1975-77), 3 vols.; Peter Newman, *Renegade in Power* (Toronto: MacClelland, Stewart, 1963); Stursberg, 前掲書, and Newman, *Diefenbaker: Leadership Lost, 1962-67* (Toronto: University of Toronto Press, 1976).
[36] 以下を参照のこと。Judy LaMarsh, *Birdina Gilded Cage* (Toronto: McClelland & Stewart, 1968); and Lester B.Pearson, *Mike* 5 volumes (Toronto: University of Toronto Press, 1972-75).
[37] 詳細については, たとえば次を参照のこと。John T.Saywell, *Quebec '70* (Toronto: University of Toronto Press, 1971); and Saywell, *The Rise of Parti Quebecois 1967-1976* (Toronto: University of Toronto Press, 1977).
[38] 次を参照のこと。水戸考道「トルドー首相と対日・対太平洋関係の展開」『国際政治』79号, 1985年および George Radwanski, *Trudeau* (Torondo: Macmillan of Canada, 1978), pp.152-171; Bruce Thordarson, *Trudeau and Foreign Policy: A Study in Decision Making* (Toronto: Oxford University Press, 1972), pp.54-97; Pierre Elliott Trudeau, *Federalism and the French Canadians* (Toronto: Macmillan of Canada, 1968); and Trudeau, *Conversation with Canadians* (Toronto: University of Toronto Press, 1972).
[39] 詳細は, McDougall, 前掲書および Adelman, 前掲書を参照のこと。
[40] EMR, *An Energy Policy for Canada*, 前掲書, pp.90-91.
[41] Stursburg, *Diefenbaker: Leadership Gained, 1956-62*, 前掲書, p.108.
[42] 同上, pp.111-114.
[43] MCDougall, 前掲書, p.72.
[44] カナダの「ビジネスリベラリズム」については, 第4章でとりあげている。
[45] The National Energy Board Act. また, 次も参照のこと。Trevor Bell and Alastair R.Lucas, *The National Energy Board: Policy, Procedure and Practice* (Ottawa: Minister of

Supply and Services Canada for Law Reform Commission of Canada, 1977) pp.10-13.
[46] Judith Maxwell, *Energy from the Arctic: Facts and Issues* (Montreal: Canadian-American Committee, 1973) p.65.
[47] 同上。EMRの創設以来，最終承認もしくは決定は以前と同様に内閣によってなされるものの，NEBは，エネルギー・鉱山・資源大臣へ報告をし諮問をすることとされているのは，注目を要する。
[48] Bell and Lucas, 前掲書, p.35.
[49] McDougall, "The National Energy Board and Multinational Corporations," 前掲書, p.192.
[50] Bell and Lucas, 前掲書, p.35.
[51] 同上, p.36.
[52] 同上, p.37.
[53] McDougall, 前掲書, pp.69-181 および pp.191-192.
[54] 同上, p.192.
[55] National Energy Board, *Energy Supply and Demand in Canada and Export Demand for Canadian Energy 1966-90* (Ottawa: Queen's Printer, 1969).
[56] Honourable Joe Green, "Speech to Petroleum Society of the Canadian Institute of Mining and Metallurgy," Banff, Alberta, June 1, 1971.
[57] *The Montreal Star* (July 23, 1973).
[58] 極秘インタビュー。Peter Foster, *The Sorcerer's Apprentices: Canada's Super-Bureaucrats and the Energy Mess*, (Toronto: Collins, 1982) pp.55-56 も参照のこと。
[59] McDougall, 前掲書, p.169 および p.181.

第7章 高度成長期日本における石油業法と市場介入

1. はじめに

　本章では，1960 年代における日本の国家と石油業界の関係を取り上げる。この時期には2桁の経済成長が見られ，1973 年 10 月に第1次石油危機が日本を襲うまでこの成長は続いた。

　戦後の日本において，石油は経済急成長を支えるエネルギー源として重要な役割を果たした。政治的影響力と戦闘的組合を持つ旧財閥系企業がおもに支配する国内石炭業界が強く抵抗したにもかかわらず，1961 年には石油が石炭に代わって最も重要な基幹エネルギー源となった。日本国内の石油消費の半分以上は，運輸部門や家庭用としてではなく産業部門で利用されている[1]。日本の石油消費のほとんどすべてが外国から輸入されているため，日本経済全体をうまく運営するには石油の需給の管理が決定的に重要である。また戦前及び戦中には石油はまた航空機や軍艦あるいは陸軍のトラックの燃料として不可欠な戦略物質であった。このため戦前も戦中も戦後も，つまり 1970 年代に大規模な石油危機が起こるずっと以前から，日本の国家はこの重要物資の管理に相当努力してきた。国家主導型発展モデルの支持者たちが主張するように，日本が発展型国家であれば[2]，石油政策の形成は支配的国家の権力や高度な自律性を示す打ってつけの例であるに違いない。このような背景のもと，本章では，石油政策過程に見られる国家の影響力と自律性のレベルを分析するとともに，そうした状況を引き起こしている原因について議論する。その際，石油問題の重要性に関する認識，国家指導者のイデオロギーと信条，政策過程の力の構造という，第3章で作成した分析枠組みの媒介変数を考察

する。

　本章は6つの部分に分かれている。(1)最初の部分では，1962年の石油業法の制定過程に現れた国家の影響力と自律性を分析する。(2)第2の部分では，石油業法の実施過程における政府と企業の関係を検討する。(3)次に，石油問題に対する日本の指導者たちの理解と認識，(4)社会や市場における国家の役割に関する指導者のイデオロギー的傾向と信条，そして(5)政策形成の力学を分析する。(6)最後に，この事例研究の成果について，本章の2つの基本的目的に即して論じる。

2．石油業法の制定過程における石油業界と国家

　この節では，石油業法の制定過程における政府と民間部門の複雑な関係を検討する。この法律によって，石油業界とエネルギー政策を管轄する通産省は，この重要産業部門を規制する広範な権限を得た。しかしこの節の焦点は，民間部門に対する日本政府の権力を考察し，また国家と社会の関係一般，特に企業と政府との関係を明らかにすることにある。

　この法律の制定の裏には次のような背景があった。1950年代末までに，日本経済は戦争の打撃から完全に回復したばかりか，着実に実質的な経済成長を示すようになった。1955年には工業生産高が戦時中の最高値を上回り，1961年には工業生産高もGNPも1955年の水準の2倍に達した。この間日本はアメリカの強力な支援を得て急速に，自由主義圏国際経済システムに組み込まれ，次第に経済大国として頭角を現しつつあった。このことは軍事安全保障の面では日米安保条約に支えられながらアメリカが支配する国際経済秩序に組み込まれ，関税と貿易に関する一般協定（GATT）と国際通貨基金（IMF）に加盟したことに表れている。

　日本の経済力が増すと，貿易の自由化を求める国外の圧力も強まった。1959年に東京で開かれたGATTの会議では，西ヨーロッパ諸国もアメリカも日本に対し，外貨資金割当制度（FAS）のような貿易障壁を撤廃するように要求した。このFASのお陰で通産省は，希少な外貨配分権のもとに様々な形で産業や経済の発展に介入することができた。たとえば，通産官僚は，設備の拡張や石油の輸入に必要な希少な外貨を慎重に配分することで，

製油所の拡張や石油関連技術の輸入を統制した。1960年に日本政府は欧米諸国からの圧力に応えて，閣僚レベルに自由化促進委員会を設置した。これは，自由化をできるだけ遅らせながら批判を抑えるための戦術に過ぎなかったが，1961年の7月に東京で開かれたＩＭＦの会議で，日本政府は再び圧力にさらされ，9月にはついに4段階の自由化計画を宣言することになった。

石油市場では，自由化が実施されればＦＡＳは廃止され，国外から安価な重油が大量に流入することになる。当時日本では軽油よりも重油の需要が大きく，また高価な国内産石炭の価格競争力を維持するために高関税が課せられていたため，重油の価格は北アメリカ市場よりも高かった。また，民族系石油企業は外資系石油企業より重油の販売に占めるシェアが大きく，自由化が実施されれば前者の発展にとって直接の脅威となると主張された。さらに民族系石油企業は，製油所の拡張のために多国籍石油企業から多額の借入をしており，この見返りに固定価格で原油を購入する長期契約を結んだため，原油供給の確保における自律性は厳しく制約されていた。そのため民族系石油企業は，スポット市場で買うより高い原油代を支払うことが多かった。多国籍企業と民族系企業の間のこうした契約は，費用と便益計算が困難である。これは当時，いわゆる「フリーハンド」に対する「ひも付き原油」と呼ばれていた。この「ひも付き原油」の輸入に占める割合は，日本の原油総輸入量の約80％まで拡大し大きな問題と受け止められていた[3]。

石油業界を管轄する通産省の官僚たちは貿易自由化の影響を懸念し，国内石油業界の保護を試みた。彼らはまず，包括的戦略を作成するためにできるだけ時間を稼ごうとし，石油貿易の自由化は4段階の自由化の最後の段階である1962年10月まで遅らされた。続いて1961年7月には，通産省はエネルギー懇談会を設置している。この懇談会には当初，『朝日新聞』論説委員の土屋清，『日本経済新聞』論説委員の円城寺次郎，国民経済研究協会会長の稲葉秀三，東京工業大学教授の内田俊一が参加した[4]。議長には有沢広巳が就任したが，彼は終戦直後の有名な傾斜生産方式の提唱者で，後に法政大学の総長も務めている。有沢はまた，労働組合と社会党から原子力委員会の創設メンバーに選ばれている[5]。これに加えて，日本の大企業の利益を代表する経団連の産業部長も議論に参加した。

エネルギー懇談会の設置については，1960年12月に通産省内部に設置さ

れた，局長レベルで総合エネルギー政策を検討するための「エネルギー対策協議会」がイニシアティブを取った。この協議会は，1962年の石油業法の草案を作成する足場を作るために必要な省内の意見をまとめるという意味で大きな役割を果たしたが，その後もエネルギー問題に関して通産省主導の政策形成を行うという意味で重要なパターンを築いた。

1961年10月には通産省はヨーロッパに調査団を派遣した。この調査団では有沢が団長を務め，学者が5人，石油業界の代表が7人，電力会社から5人，通産省から2人が参加した。調査団はイギリス，イタリア，フランス，西ドイツ，ベルギーを訪問し，各国のエネルギー政策を調査している。その結果，単に国内石炭産業の状況変化に応じて石油政策を設定するのでなく，総合エネルギー政策を作成することが重要であることが指摘された。また日本にとって，石油供給の一部を自国の開発による供給源から確保し，石油産業に何らかの「秩序ある販売」のメカニズムを築くことが必要であることも認識された。さらに，エネルギー源が石炭から石油に移ることは不可避であるとの確信も得られた。1960年に欧州経済協力機構（OEEC）に提出されたロビンソン報告は，低廉で安定した石油供給を重点策として勧告していたが，同調査団もこれを日本でも採用することを勧めた[6]。

懇談会のメンバーであった稲葉秀三も，5人の学者の1人として調査団に参加した。調査団の19人の団員のうち，東京大学教授の脇村義太郎，経済評論家の三宅晴輝，元通産次官の徳永久次は，ヨーロッパから帰国後に懇談会の追加メンバーとして指名された。その結果，この調査団の成果は，懇談会が1961年12月に発表した中間報告に取り入れられている。

この報告は，石炭と石油，そして原子力をめぐる議論に関して，これまでのどの研究よりも包括的であった。この報告で勧告された根本原則は「エネルギー経済」の達成であり，これはつまり，低廉で安定したエネルギー供給の実現を意味する。懇談会は公式に，日本の基幹エネルギー源を石油に転換することを支持した。そして，最低限のエネルギー主権の確保が重要であり，国外における石油の探鉱と開発を政府が支援する必要があると指摘した。この報告は日系企業による開発原油が全石油消費量の30%まで拡大することを勧告している。このように，この懇談会は，石油が最も安く最も安定したエネルギー源として重要であることだけでなく，日本が多国籍企業の供給する

石油だけに依存する場合の政治コストも認識していたのである。さらに懇談会の基本的な関心は，日本の資源利用業界のために価格上競争力のあるエネルギー源を確保する必要があることに向けられていた。

同時にこの懇談会は，多国籍企業の供給する石油と，国内産の石油，そして日系企業が外国領土で開発する石油の価格差によって過当競争などの問題が生じることを，多数の委員が懸念していると表明し，国内石油産業を強化してまもなく自由化される石油市場を固めるために，政府が積極的に介入するように提案している[7]。そして全体として，通産官僚が起草した石油業法の制定を全面的に支持した。

石油業法がうたう目的は，国民経済の発展のために低廉で安定した石油供給を確保し，石油業界に対する規制を通じて国民の生活水準を向上させることにある。この法律によって通産相は，製油能力の拡張や，原油と石油製品の輸入と生産といった石油供給の問題について，石油供給5ヵ年計画を毎年度達成する責任を負う。

また通産相は，5ヵ年計画に従って(1)製油能力と関連設備の変更や拡張を承認し，(2)石油の輸入量，精製量，生産量を管理し，(3)石油の価格設定と販売を監督する権限を得る。さらに，この法律によって石油審議会が設置され，諮問機関としてこの法律の規定の実施に関わる問題を検討し，通産相を支援する責任を負うことになった。興味深いことに，草案では，石油審議会の委員を任命するのは通産相とされ，通産省は審議会の組織と運営に関わる省令を具体化するように求められていた。このように草案は，石油業界のほとんどあらゆる分野に効果的に介入できるような確かな法的基盤を，通産省に与えるように作られていたのである。

しかし懇談会で石油業法の条文を議論した際には，この法律に反対する少数意見が存在した。これは特に脇村教授の意見で，彼は「自由市場システム」の効率性を固く信じる自由主義の経済学者であった[8]。

政府の外では意見がはっきりと分かれた。第1に，経団連は公然と石油業法の構想に強く反対した。1961年12月末，経団連の燃料対策特別委員会は，通産次官，鉱山石炭局長，企業局のエネルギー政策担当者が主要業界の代表と会合を持つことを求めた。財界は，エネルギー懇談会には財界の利益が適切に代表されていないと不満を示し，石油業法の構想は独善的な国家官僚の

所業であると非難した。石油利用業界は自分たちの活動領域で国家統制が拡大する可能性があることを懸念した。さらに電力会社は，石油に対する国家統制によって，「自由市場」のメカニズムが機能する場合より燃料費が高くなることを恐れた。電気事業連合会（電事連）は，国家統制がなければ石油会社の競争が激化し，安価な石油を手に入れるための取引材料となると理解していたのである。商社は明らかに石油輸入事業への参入を望んでおり，多国籍石油企業が日本の石油市場を独占するとは思われないという考えを示した。経団連全体としては，自由化がどのような影響をもたらすか成り行きを見て，法律が絶対に必要になった場合のみ立法を検討することを提案した[9]。

石油業界の見方も分かれていた。民族系の6社は石油業法を支持したが，外資系11社と出光興産は反対した。ただし外資系11社のうち9社は，2つの条件を付けて法案を消極的に支持した。第1に法律は需給調整だけを対象とする時限立法とすること，第2に，1951年の講和条約締結後1953年に調印された日米友好通商航海条約に則って外資系企業を差別しないこと，という条件である。両者の間では妥協が成立し，石油連盟は最終的に，目的を石油市場の安定に限り，5年以内に廃止するという条件で，石油業法の制定を支持することに決定した[10]。経団連も後にこの見解を支持している。石油連盟副会長の南部政二は衆議院商工委員会で意見を求められたとき，企業が収益の10%から12%を再投資できるよう，政府が石油価格を高めに誘導することを要請した。石油連盟はさらに，設置が予定されている石油審議会に自分たちの利益が適切に代表されるよう政府に要求した[11]。

国内の石炭・石油生産者は，石油事業に対する国家規制に賛成した。これは，政府の何らかの保護がなければ，国内産の石炭と石油は外国産石油と競争できなかったためである。日本石炭協会は長年にわたって貿易自由化に反対してきた。

通産省は財界に対し，次のように主張している。

　この法律の目的は石油を中心とした対策であり，石炭に対しては副次的な効果を考えている。わが国はエネルギーの伸びが非常に大きいからエネルギー問題が大きな問題になっている。したがって，ある程度は国が関与できるようにしておかなければならない。統制すなわち悪と断じてはならない。自由化後の様子をみてから，という説については，混乱が

おきてから考えるということになるのでタイミング上よろしくない。またエネルギー懇談会の方々は学識経験者であり，世界の事情をよく研究してから結論を出したのであるから，十分尊重すべきである[12]。

　この間，通産省は，石油業法が国会を通過するように熱心に運動していた。幸い，自由民主党も野党もすべて，貿易自由化を前に，石油業界の活動に対して政府が何らかの監督を行うことに賛成した。さらに特に野党は，この法律で国家による規制の役割を大幅に強化することを求めている。その結果，1962年3月に最終案が国会に提出されたときには全政党が，石油産業に対する国家統制の永続化を支持し，草案の附則第4条から「緩和又は廃止の目的を持って」という文言を削除することに合意した。この附則第4条は当初，次のような条文になっていた。

　　政府は，内外の石油事情その他の経済事情の推移に応じ，緩和又は廃止の目的を持ってこの法律の規定に検討を加え，その結果に基づいて必要な処置を講ずるものとする。

こうして石油業法は，3月に両院を全会一致で通過して成立した。

　主要業界のほとんどがこの法律に強い抵抗を示したにもかかわらず，国会で全会一致の支持を得られたのは，通産省が原子力や宇宙技術といった新たな分野の場合と同様，国利への配慮を強調する戦略を取ったためであった。実際，両院の商工委員会は，石油業法とともに次のような付帯決議を行っている。すなわち(1)総合エネルギー政策を早急に作成し，(2)国内産の原油と天然ガスの探鉱・開発に対して財政上の保護と支援措置を強化・拡大し，(3)自給率を引き上げるために，製油業界に必要な資本を確保する特別措置を導入するとともに経営全般を指導し，(4)国内産原油と海外で開発した原油の販売を担当する特殊法人を設立する，という勧告である[13]。こうした勧告は，日本経済の発展に対して石油が重要であり，日本の国益のために石油供給において一定の自律性を確保する具体的必要があることに，国会議員がどれだけ気付いていたかを示している。

　石油業法の成立には，日本の政体あるいは国家システムの本質的特徴がよく表れている。国民が選出した国会議員の多数が支持しなければ，通産省は石油業法による権限を確保できなかったという点で，日本の国家システムは欧米の自由民主制と同様に民主的である。さらに，社会のアクターが自己の

利益を守るために激しい取引に参加した点で，政策形成過程は非常に多元的であった。しかし，政策形成過程へのアクセスを統制しながら，慎重に提案を行い，新法の中身を巧みに決定したのは，通産官僚であった。通産官僚は，エネルギー問題を議論するグループを設置して，また自分たちの好むメンバーを選ぶことで，石油業法の制定に支配的な役割を演じたのである。

しかしこの立法過程では個人消費者の利益は代表されていなかった。ここで表出された利益はエネルギー業界とエネルギー利用業界のものが圧倒的であった。財界と政府エリートの間では一般に広範な議論が行われたが，石油会社にはあまり力がなかった。通産省にとって，石油業界に幅広い支持を得ることは難しかった。しかし通産省が立法のイニシアティブを取って法案を作成したのは，国内の石炭業界や石油生産業界の利益を守る必要に迫られていたためでなく，貿易自由化の後に石油業界の活動を監督するには何らかの力を確保する必要があると感じていたためだったことは，明らかである。石油業法の成立は，FASが廃止されても通産省が石油市場において引き続き影響力の行使を維持できることを意味したのである。国家と，石油業界，石油利用業界の利益ははっきりと分裂していた。通産省は熱心な運動を行って国会議員の支持を得る必要があったが，国会議員は全会一致で法律に付記された期限を削除し，最終的に通産省は国会に提案した原案以上のものを獲得した。このように，通産省が代表する日本の国家は全体として，この政策過程において支配的な力を発揮したのである。またこの立法過程で通産省は確かに中程度の自律性があったと言えよう。

3. 通産省と石油業法の実施

石油業法は，通産省にとって，石油業界に対して広範な国家介入を続ける法的根拠となった。1962年7月，通産省はこの法律が規定する石油審議会を設置した。この審議会の委員の多くはエネルギー懇談会のメンバーから選ばれ，特に石油業法で暗に示されたルールを明確に示さなければならないときなど，法で指定された任務を果たすために断続的に会合を開いた。しかし現実には，この審議会の役割は，通産省に対して石油業法の実施に必要な諮問を行うことでなく，通産省がイニシアティブを取る提案を正式に承認する機

関となった。この時期に業界と政府を結んだコミュニケーションのチャンネルとしては，通産省の産業構造審議会の総合エネルギー部会のほうが，石油審議会より重要な役割を果たしていた。これは前者が通産省に設置された主要審議会の1つであったためである。

総合エネルギー部会は1962年5月に設置され，有沢広巳が部会長を務めた。この部会の12人のメンバーのうち，有沢，土屋，円城寺，稲葉，徳永の5人はエネルギー懇談会の委員を経験している。通産省が任命した新メンバーは，石炭・ガス・電気の各業界団体，経団連，東亜燃料，日本原子力産業会議（JAIF），石油資源開発（JAPEX）の会長や副会長であった[14]。興味深いことに，通産省は今回も石油連盟から誰も任命しなかった。石油業界の代表は外資系企業1社だけである。メンバーのほとんどは主要産業界やエネルギー利用業界の代表であった。

石油業法が制定された1962年には，日本経済は景気後退に陥っていた。石油業界は全体として大きな困難に見舞われ，石油企業が限られた需要をめぐって激しい争いを繰り広げているのは，通産官僚には過当競争と見なされた。たとえば売上高第3位の丸善石油は，1962年10月に巨額の赤字を計上して無配となった。これは通産省にとって驚きであり，「抜かざる名刀」とされていた標準価格制を用いて行政指導を行うなど，石油業法のいくつかの規定を実施することになった。

一方，1962年の7月から9月はFASが利用された最後の四半期であり，通産省はこの間，製油所に対して5.4％の生産削減を「指導」し，この年最後の四半期には石油供給計画に従って一層の削減を要請した。しかし，競合する製油所の間でどのような基準をもとに生産割当を配分するべきか，激しい議論が続いていた。主要石油会社の多くは市場シェアを決定基準とすべきであると主張し，他の企業は製油能力の相対的規模や実際の処理量を基準として考慮すべきであるとした。石油会社の間で見方が対立するのは，主要石油会社は市場シェアが相対的に大きく，新規参入企業と小規模民族系企業は販売力以上の能力がある新設製油所を持っているという事実と関連していた。

通産省は民族系企業の成長を望み，製油能力の相対的規模を生産シェア配分の基準とすべきであると提案した。これは，通産省が外資系企業の発展を抑制するために，石油業法のもとで初めて行った試みの1つであった。相対

的生産量を決める基準として市場シェアでなく製油能力を選ぶことで，通産省は事実上，日本市場において外資系石油会社を差別しようとしたのである。これは，アメリカ企業に対する平等待遇を定める，日米友好通商航海条約の規定の精神に反していた。

多国籍石油企業とその子会社は，日本の政治組織のなかでまったく無力だったわけではない。1962年にはこれらの企業が強く抗議したために，最終的には競合する利益の間で妥協が行われた。生産シェアは，市場シェア，製油能力，過去における実際の製油量という，ともに重要な3つの要素を組み合わせて設定することになった[15]。こうして外資系石油企業は，通産省による石油生産シェアの計算に自分たちの希望を組み込むことに，部分的には成功したのである。

しかし通産省は，2つの重要な方法で大きな影響力を行使している。第1に，通産省は何らかの生産調整メカニズムが必要であると判断し，国家統制を不可避なものとした。第2に，精製能力を生産シェア配分の基準とする考え方は業界内では少数派であったが，通産省はこれを3つの決定基準の1つにしてしまった。

生産調整メカニズムが実施されると，短期的にはさらに多くの問題が発生した。第1に，このメカニズムによって石油業界の生産と販売のギャップが拡大した。民族系石油企業は販売能力以上の石油を生産し，外資系企業は販売する石油製品が不足した。民族系企業は生産できるかぎりの製品を販売するために大幅な値下げを開始した。その結果，国内の独立系企業だけでなく外資系企業も経営状態が悪化した。逆説的なことに，通産省が導入した生産統制は意図したように民族系企業の成長の助けとはならず，その財政基盤が外資系企業ほど強力でないために，かえって運営基盤を悪化させることになった。

1962年10月，石油業界は「建値制」の導入を主張したが，これは主要企業が石油製品の新価格を決定し，他の石油会社が追随するという，価格先導制の一種であった。通産省は独占禁止法に違反するとしてこれを拒否したが，このような反応は珍しい。通産省は合理化カルテルを結成させたり，不況下にカルテル行為を主導したりするとき，独占禁止法の規定を無視することで悪名高く，そのため公正取引委員会と通産省は常に緊張関係にあった。さら

に通産省は全体として，石油業界の生存能力を最大限に支えるために，適切な石油価格を維持することの重要性を認識していた。それでは通産省はなぜ石油業界の動きを認めなかったのだろうか。その理由としては，通産省が石油市場を規制して自らの統制下におくことを望み，カルテル行為を好まなかったことが考えられる。したがって，通産省は各石油製品について公定標準価格制度の設置を決定した。

通産省は 11 月 10 日に石油審議会の承認を得ると，この価格設定制度を 12 月 1 日から発効させると発表した。その間，通産省はすべての精製会社と元売会社の社長に対し，通産省の設定した標準価格制度に従うと誓うように求めた[16]。こうした要請を行ったことから，業界全体が望むようにパイが拡大しない景気後退や低成長の時期には，通産省にとって業界の支持と協力を得るのがいかに難しくなったか明らかである。同時に，上に述べたような通産省の行動から，石油業法が成立した後では，業界に対する通産省の権力と自律性がいかに大きいかが分かる。しかしそうであっても，石油行政において通産省が全能のアクターだったわけではない。通産省は完全に統制していたわけでも，完全に自律性があったわけでもないのである。

通産省の石油供給予測は異常に寒い冬が来ることを予想しておらず，しかも生産抑制を実施していたため，石油市場は 1962～1963 年の冬の需要増加に対応するのが困難であった。石油業界は需要予測と生産統制をめぐって官僚機構の硬直性の悪影響を経験し，柔軟な石油供給の確保に失敗した通産省の政策を批判した。こうした状況のなか，通産省は原油の精製量を 6％拡大した。こうして短期的には，国家統制によって肯定的な結果でなく否定的な結果が生じたのである。

通産省による生産調整と価格設定はともに，石油企業の過当競争の影響を減らすことを目的としていた。この問題は石油産業特有のものではない。これは，製鉄，造船，繊維といった他の多くの産業部門でも中心的問題の 1 つであった。この問題が起きるたびに，通産省は行政指導を通じて自省主導の生産カルテルの形成を促すことで解決を図った。

しかし石油会社は自社の短期的成長に没頭して，自社の活動を業界全体の長期的目標と調和させるのには慣れておらず，こうした戦術を石油業界に当てはめることは極めて困難であった。実際，出光興産は，通産省の介入が失

敗したばかりか不必要な需給の不安定も引き起こしたと主張して，1963 年 4 月以降，通産省の生産調整に従うことを拒否した。当時社長であった出光佐三は，石油業法の制定は自由化の精神そのものに反すると考えた。出光の見るところでは，石油業法は原油輸入，製油，価格設定を自由に決定する権利を石油業界から奪うものであった。そして生産調整は事実上の国家統制であり，このシステムが課せられている限り石油貿易の自由化は不可能であると主張した。出光の見解は，1963 年 11 月，出光興産が石油連盟からの脱退を発表したことに具体化した[17]。

当時通産相であった福田一と石油審議会会長の植村甲午郎は，ただちに連絡を取って出光との交渉を始め，出光興産に与える生産シェアを以前より拡大し，できる限り早く生産調整を廃止することを条件に，1964 年 1 月から通産省の示す石油生産量を守るとの合意を得た[18]。しかし 1964 年 4 月には，通産省は大臣の権限において，自省が設定する原油精製量と製品価格に従うよう，全石油会社の社長に警告している[19]。

出光興産は，1966 年 10 月に通産省が実際に生産調整政策を廃止するまで，石油連盟への復帰を拒否した。その時までに日本経済は「いざなぎ景気」に沸き，石油の需要は劇的に拡大していた。市場需要が拡大し始めると，政府の生産統制は不要になり，出光を含む石油企業は他社と容易に協力できるようになった。この年にはすでに，通産省の指導による標準価格システムも廃止されている。

しかし，1968 年度の下半期に日産 41 万 3000 バレルの能力を持つ製油所が操業を始めると，製油所を対象とする生産調整が再び実施された。石油製品に対する実際の需要は大きく拡大しなかったのである。そこで通産省は製油所に対して，石油連盟の需給委員会を通じて自省に「生産削減計画を報告する」よう要請した。関係企業は生産量の削減に同意した。各社の生産シェアの半分は販売シェアによって決定し，残りの半分は，販売全体のシェア，ガソリンのシェア，実際の生産シェア，製油能力のシェアのなかから 2 つの要素を選んで決定することになった。各社は自社のシェアが増えるように 2 つの要素を選ぶことができる。この通産省主導の生産調整システムは 72 年まで続いた[20]。

当初，通産省は，石油業法が規定している製油設備に対する統制を実施し

なかった。1962年度には，通産省はすでに建設中の製油所を許可している。そのなかには丸善石油の千葉製油所が含まれていたが，この施設の建設によって，代表的民族系企業の1つである同社は経営状態が不安定になった。その結果，通産省は「その事業を的確に遂行するに足りる経理的基礎および技術的能力があること」という石油業法の規定に従って法を適用しようとしなかったという批判が起きた。しかし，こうした批判があっても通産省の規制のあり方は基本的に変化せず，設備拡張を許可するのにやや慎重になっただけである。

FASの下では，通産省は製油設備と関連技術の輸入に不可欠な外貨資金を配分することで，製油所の拡張規模を統制していた。それに対して石油業法の下では，企業は通産省に建設許可を申請し，石油審議会がこの申請を審査する。審議会の審議が終わると，適切な計画に照らして通産相が許可を与える。しかしこの過程で重要な政策決定集団は，通産相や審議会のメンバーそのものでなく，通産官僚であった。

1963年には総合エネルギー部会が，低廉で安定した石油供給を確保するための提案を行った。低廉な石油供給を実現するためには，規模の経済によって製油と輸送のコストを節約し，また石油の流通システムを改善することを勧告している。合理化の具体的目標としては，主要石油製品の価格を1キロリットル当たり6000円以下に引き下げることが示された。石油の安定供給を達成するためには，外国産石油への依存増大によって脆弱性が拡大しているが，これをさまざまな手段を使って抑えるように勧告している。その手段としては，石油から原子力への長期的転換，石油の輸入地域の分散化，日系企業による石油の探鉱・開発の促進といったものをあげている。

一方，1963年度には通産省は初めて石油業法の規定を完全に実施している。1963〜1967年を対象に最初の供給5ヵ年計画が策定された。石油に対する予想需要を満たすために，総製油能力を1963年度末までに日産143万バレルに，1964年度末までに日産181万バレルに，そして65年度末までに日産210万バレルに拡大する必要があると予測された。すでに操業している製油所や建設中の製油所を改修しなければ，1964年末までに総製油能力は日産158万バレルに達する予定であった。予想需要を満たすために，通産省は製油所の建設許可を与えることを考えた。設備の平均稼働率が全能力の80%なら，1964

年度には日産68万バレル強の製油能力を追加する必要がある。しかし，新製油所の建設許可を求める申請は，合わせて日産83万バレルに達した。製油能力の上限は供給計画によって設定され，また製油所は政府の予測が許す以上に拡大することを計画していたので，製油会社の間では能力拡大をめぐって激しい競争が繰り広げられた[21]。

それに対して，通産官僚は建設許可をする際の条件をただちに策定し，石油審議会はこれを1963年5月に正式に承認した。その条件は，(1)新たな製油所と利用業界の結び付き，(2)用地確保の段階，(3)財政状態，(4)投資効果，(5)販売計画，(6)エネルギー政策の実施に対する貢献度，といったものである。

こうした条件を実際に用いる際，製油事業への新規参入は，日本の石油業界の国際競争力を強化し，大口の利用業界の合理化にも貢献しなければ，認めないことも決められた。こうした配慮が加えられたのは，過当競争が起きて石油供給計画の実施に影響が及ぶ可能性が高かったためである。そこで，上記の条件は石油業界の現状と秩序ある成長に役立つだけでなく，通産官僚が戦後常に関心を向けていた石油利用業界についても，特に考慮したものとなっていた。また，石油審議会の権限において，石油業界の発展の基本指針を決定したのが通産省であったことも注目すべきである。この指針の中核は，既存の製油所の拡張を防ぐことにあった。通産省は石油化学コンビナートの建設を奨励することを明らかにしていたのである[22]。これは規模の経済による合理化政策の1つである。

1964年度には石油審議会は設備の稼働率を90％に引き上げて，66年度に必要な総製油能力を日産210万バレルと予測した。すでに，その年までに日産200万バレルの製油設備が稼働する予定だったので，審議会は日産10万バレルの能力を追加することになっていた。しかし能力拡大の申請はその10倍に達し，製油能力のシェア拡大をめぐって争いが生じた[23]。

1965年4月には総合エネルギー部会が解散した。そしてそのかわりに総合エネルギー調査会が，産業構造審議会から独立した組織として設置された。エネルギー懇談会，総合エネルギー部会，石油審議会の委員を務めた5人が，再びこの新たな調査会のメンバーに任命された。前の組織に参加していた業界はほとんど，再び代表を送るように要請された。さらに，石油連盟，世界

石油会議，日本開発銀行（開銀）も委員を送るように求められた。こうして石油連盟は初めて，石油政策の諮問過程に正式にアクセスすることができるようになった。この調査会は有沢広巳が会長を務め，エネルギー産業の合理化とエネルギー供給の脆弱性の抑制を検討し続けた。

製油所の建設を許可する条件は，市場の状況や他の要素の変化に応じて，年度ごとに変化した。たとえば 1965 年には，石油審議会は日産 2000 バレル以上の製油能力を予定する申請を許可したが，これはこの審議会が規模の経済に必要な最低レベルと判断したものである[24]。しかし日本の製油能力が実際の必要を上回ると，石油審議会は製油所建設に対し，今後 4〜5 年間は操業を開始しないという新条件を追加した。コンビナートによる大気汚染が深刻になり，これが国民一般に知られるようになると，審議会は，低硫黄の石油を処理するだけでなく脱硫設備も含む建設計画を支持した。このように，1960 年代から 1970 年代初めまでの間，石油審議会は製油所建設を許可する条件を，環境と必要の変化に応じて時によって変更したのである[25]。

1966 年には通産省は一時的に生産量と価格の規制を控えたが，ガソリンスタンドの数と立地は規制し続けた。これは 1964 年 6 月，石油業界が「過当競争」に陥ったときに開始されたものである。この手法が導入されたのは，石油市場の秩序を回復し，精油施設の拡張，生産，価格に対する統制を行うためであった。しかし出光の石油連盟脱退が象徴するように，こうした一連の政策は石油市場を安定化させることができなかった。さらに，日本中でモータリゼーションが進むと[26]，ガソリンスタンドが同じ地域に集中しすぎていることで新たな「過当競争」の分野が生まれた。石油価格を安定させるためには，小売店での価格を規制することが不可欠となったのである。

通産省はガソリンスタンドの新規開店を慎重に監督し，競争関係にある店が隣接地域に集まらないようにした。同時に，通産省は民族系企業にわずかに多くの開店許可を与え，またこの際，民族系企業を優遇することにより外資系企業より多くの小売市場でのシェアを拡大することになった[27]。

しかしこの時期，石油市場での通産省の介入で最も目立つ結果となったのは，共同石油の設立である。共同石油は中小規模の民族系企業を統合したものである。通産官僚がこの措置を初めて真剣に検討したのは 1964 年のことで，このころ民族系石油企業の多くは競争の激化によって経営困難に陥っていた。

通産官僚の見方によると，日本企業が弱いのは外資系企業と比べて規模が小さいことと関連していた。一方，石油業界そのものも特別委員会を設置して石油市場を安定させる方策を議論していた。この委員会は石油連盟副会長の藤岡信吾が委員長を務め，1964年12月にいくつかの提案を行った。そのなかには，石油企業をいくつかのグループに統合し，グループ間調整を通じて過当競争の制御を容易にするという提案が含まれていた[28]。こうして，中小規模の国内石油企業を統合するという通産省の提案は，市場の安定を望む石油業界からほぼ支持されたのである。

1965年度に通産省は，大きな経営困難に陥っていた国内企業を統合することに決定した。この方策の背後には，(1)適切な価格と流通の秩序を確立し，(2)ひも付き原油に対してフリーハンドの原油の購入量を増やし，(3)エネルギー供給の安全性を高め，(4)国際協力を通じて国内企業を発展させるという目標があった[29]。この2つ目の目標と関連して通産省は，民族系企業の経営状態が悪化したのは，多国籍石油企業から固定価格で原油を購入するという条件で，多額の資本を借り入れたためであると見ていた。製油所の拡張と企業合理化に必要な資本を開銀を通じて貸し出せば，日本の消費者は国際競争力のある石油価格の恩恵を得られると，通産官僚は考えたのである。

3つ目の目的は，石油生産者と有利に交渉して輸入元を分散できるような，強力な民族系小売会社を作ることで，石油供給における脆弱性を小さくすることを目指している。しかし通産省は，既存の民族系石油企業には石油産業のすべての問題を解決できないと考えていた。そして，強力な民族系石油企業を作りながら，多国籍石油企業とも協力する必要があると認識していた。こうした見方は，大規模な国家石油企業を設立する第4の目的に組み込まれている。

こうした方策は1962年12月に石油審議会で提案されていた。この時石油審議会は，国家石油企業の設立を勧告する中間報告を発表していたのである。この問題は石油業法が国会で議論されたときに再び提起された。通産省の考え方はほぼこの提案通りであった。ただし新たな国家石油企業を一から作る代わりに，出光興産を除くすべての民族系企業を1つの大企業に統合して，フランスのＣＦＰ，イタリアのＥＮＩ，イギリスのブリティッシュ・ペトロリアムに相当する企業を日本に作ることが決められた。

その間，通産省は有沢を団長とする調査団をヨーロッパに派遣して，現地のエネルギー事情を調べた。1964年8月にこの調査団は，日本の石油業界を強化するために，石油の生産から精製，販売まで全分野を扱う統合石油企業を設立することを最終目標として，統合と合理化を進めることを提案した。有沢が座長を務める産業構造審議会の総合エネルギー部会もまた，このような勧告を行っている。

　通産省はこうした審議会と調査団の支持を得て，国内関係企業と交渉しながら，開銀が1965年度に40億円の特別融資を行うよう要請した。65年8月，日本鉱業，アジア石油，東亜石油の販売部門を統合して共同石油が設立された。通産省は当初，丸善石油と大協石油も含めたいと望んでいたが，両社は通産省主導の計画に参加しないことを決定した。両社は，経営状態の不安定な小企業と統合するよりも，独立を維持したほうが有利であると考えたのである[30]。通産省と3社の交渉は初期の段階で難航したが，石油審議会会長で経団連副会長の植村甲午郎が仲介の役を果たすようになると，最終的に意見の違いを解消して合併の条件で一致することができた。日本鉱業が資本の7分の3を，アジア石油と東亜石油がそれぞれ7分の2を提供することになった。新会社の社長には日本鉱業副社長・帝国石油社長の林一夫が選ばれた[31]。

　1966年には共同石油は流通部門の合理化を行い，販売部門の統合を完了した。後に，1964年設立の富士石油と1967年設立の鹿島石油が共同グループに参加する。共同グループは1960年代に，通産省の特別の配慮によって急速に成長した。第1にこの新企業は開銀から低利融資を受けている。融資総額は1966年度に60億円，1967年度に80億円，1968年度に11億円，1969年度に14億円に達した。第2に通産省は共同石油に対し，ガソリンスタンドの建設を他の企業より多く許可している。第3に通産省は同社の製油所拡張を支持した。通産省の介入によって共同石油の経営は強化され，日本石油と出光興産に次ぐ日本第3位の石油企業となった[32]。

　しかし表7-1に示すように，共同石油は製油能力のシェアを1965年の10.42％から1970年の18.52％に拡大したが，販売シェアはこれと同じ割合で伸びなかった。その結果，共同グループは次第に製油能力のシェアと販売シェアのギャップに悩まされるようになり，競争力が低下した。こうした事態が生じた理由の1つは，グループ内に調整と強いリーダーシップが欠けて

表 7-1：1965 年と 1970 年における製油能力と販売のシェア（％）

	1965 製油能力	1965 販売	1970 製油能力	1970 販売
日石グループ	21.19	19.4	19.39	19.5
東亜グループ	18.10	18.0	15.54	16.9
シェルグループ	13.71	12.7	11.26	12.4
三菱グループ	6.05	8.5	6.52	8.5
外資系合計	59.05	58.6	52.71	57.3
共同グループ	10.42	10.1	18.52	12.6
出光グループ	13.60	17.7	12.54	14.7
丸善石油	6.68	8.4	9.40	8.6
大協石油	5.59	4.8	3.87	4.7
その他	4.66	0.4	2.96	2.5
民族系合計	40.95	41.4	47.29	43.1

出典：『エネルギー』1983 年 9 月号，p. 87 および大協石油『大協石油４０年史』大協石油 1980 年，p. 225.

いたことにある。

　一方，通産省は共同グループを説得して，通産省出身者を社長として受け入れさせることに成功した。林一夫や小出栄一など，多くの元通産官僚が常にこの地位に就くことになる。その意味で共同グループは，重要な地位を通産省出身者に提供するかわりに通産省の厚遇を受けたと言えよう。

　しかし，通産省を退職した官僚を受け入れたのは共同石油だけでない。通産省は石油業法に基づく許可を行うなど，石油業界の重要分野を厳しく規制していたため，多くの石油企業は事業拡大などの申請で優遇してくれることを期待して，同省を退職する高官に進んで要職を提供した。1979 年 3 月には参議院予算委員会で，28 人の元通産官僚が石油業界に「転職」していることが明らかにされた。そのなかにはシェル石油やモービル石油のような外資系企業に行った者もあったが，多くは共同グループの取締役となっていた。さらに，政府の資金援助を受ける石油開発・探鉱会社に勤める者も多かった。当時の通産省の官房長だった藤原一郎は国会に対し，通産省からの転職者が多いのは石油業界の要請の結果であると説明している[33]。

しかしジャーナリストによる説明では,「要請」は業界でなく通産省から行われることが多いとされている[34]。多くの通産官僚は早期に退職しなければならないため,彼らの「第2のキャリア」の地位を保障するように,通産省から所轄業界に圧力が加えられる。この早期退職制度は,省内で力の階層構造を守るために不可欠である。通産官僚は同期生や後輩の部下として働かないというルールになっている。昇進可能な地位は限られているので,入省後時がたつほど,同期のうちで退職しなければならない人の数は増えていく。同期の出世頭が次官になるまでに,ほかは全員退職していなければならないのである。この慣行を維持するために,通産官僚は日本の他の官僚と同様,普通は実業界や特殊法人に第2のキャリアを見つける必要がある[35]。こうした慣行は一般に「天下り」として知られている。

通産省が工業発展のために石油を主要エネルギー源として利用することを促し,製油所をコンビナートの形で発展させる政策をとったことで,周辺地域に大気汚染を引き起こすことになった。大気汚染が大きな健康問題として政治化すると,通産省は徐々に,当初はしぶしぶ,石油業界が汚染レベルを低下させるように指導するようになった。公共の利益の擁護者として信頼を維持したければ,そうするほかなかったのである。

通産省は石油業界の国内活動を指導・規制するほか,1960年代後半からは海外での石油探鉱プロジェクトの推進にも携わっている。1962年に石油業法が成立した後,通産省にとって最も差し迫った課題は石油市場の安定であったので,日本企業による石油資源開発は当初真剣に試みられなかった。

上流部門に大きな問題があるとすれば,それは,日本企業が開発した外国産石油や国内産石油と,多国籍企業が開発・供給する安価な石油との価格差であった。通産省は,日本の製油会社が日本の生産会社から原油を購入するよう,仲介役を務めた。この役割のほかには,通産省は国内でも国外でも,純粋に日本が開発した石油を確保することを目的に,大がかりなプログラムに取りかかることはなかった。石油政策のこの分野で通産省の活動が見られなかったのは,石油が廉価で豊富に供給されていたためである。

とはいえ,通産官僚が石油探鉱の分野に関心を払わなかったわけではない。通産官僚は特殊法人を通じて海外での石油開発を促進する必要があると感じていた。たとえば,1964年度には石油供給安定基金,1965年度には海外原油

探鉱融資事業団，1966年度には原油公団の設立が検討されている。しかし通産省がこうした構想を具体化して総合エネルギー調査会に提案したのは，ようやく1967年度のことであった。本質において通産省の主張は，独自の原油供給源を確保する手段として，1985年度までに総石油必要量の30%を日本が開発した海外原油から確保するという長期的目標を持って，海外原油を開発することが重要である，というものであった。通産省はまた，この計画を実施するには，公的機関を設置して政府が強力な財政支援を行うことが重要であるとも主張している。これは，長期的にはこの計画から多くの利益が得られると予想されるが，海外での石油開発は非常にリスクが大きいばかりか，巨額の資金も必要なためであった。

総合エネルギー調査会は通産省の主張を支持し，1967年6月には石油開発公団法が国会を通過した。10月には石油開発公団が設立されている。その主要な役割は，民間部門に対して，海外における石油探鉱計画のための自己資本，融資，融資保証と，技術指導を提供することにある。後に石油開発公団は海外での天然ガス，オイルサンド，オイルシェールの開発プロジェクトも支援するようになり，1971年には日本の大陸棚での探鉱プロジェクトに資金を提供している[36]。

元通産次官で後にこの公団の総裁になった和田敏信は，世界の多国籍石油企業は豊かな経験と豊富な資金また高度な技術でもって探鉱活動をリードしてきたが，同公団は後で世界の探鉱事業に進出したため，多くの困難を克服しなければならなかったと述べている[37]。

さらに，日本が世界の舞台で公式に探鉱を開始した時には，第1級の鉱床のほとんどはすでに多国籍石油企業か産油国の支配下にあった。そのためこの分野では，日本政府による財政支援の直接的効果は実際には現れにくかった。

表7-2は，石油開発公団が支援した石油の輸入が日本の総原油輸入量に占める割合を示したものである。興味深いことに割合の点では，日本が開発した原油の輸入が最大の割合（14.3%）を占めたのは，公団が設立された前年の1966年度であった。1960年代と1970年代初めに石油の必要量が劇的に増加したことで，この割合は1972年には8.3%まで低下している。公団が支援した企業による原油の輸入量は，1968年から1972年の間，1700万キロリッ

表7-2:石油開発公団が支援した原油輸入が日本の輸入量に占める割合(%)

年度	1961	1966	1968	1969	1970	1971	1972
日本が開発した原油の輸入(%)	3.9	14.2	12.2	10.3	9.8	8.7	8.3
石油開発公団が支援した原油の輸入量(%)	-	-	-	10.0	9.5	8.2	7.6
日本の総原油輸入量(100万kl)	39	104	147	175	205	224	253

出典:石油公団『石油公団15年の歩み』石油公団,1983年,p. 18.

トルから1900万キロリットルに留まった。

　日本が開発した原油の輸入量は,公団が設立される以前にすでに1500万キロリットルから1800万キロリットルに達していたため,石油探鉱において政府のイニシアティブの効果を見いだすのは困難である。しかし,日本が開発した原油がこの国の総石油輸入量に占める割合は,公団の支援によってさらに低下するのが防げたと論じることも可能だろう。

4. 高度成長期における石油政策問題の性質

　貿易自由化の時期に日本の政府エリートが石油業界への介入を続けた理由の1つは,彼らが国内石油業界の発展に自由化がどう影響すると認識したかに関係している。外国から日本に対して貿易自由化の圧力が加わり,石油が自由に流入する可能性が生じると,日本の指導者の間では貿易自由化の影響をめぐって激しい議論が巻きおこった。池田勇人首相は1960年に首相に選ばれた後の最初の記者会見で,外交と国内政治問題一般については「低姿勢」を維持しながら,自由化そのものは目的でなく,貿易量を拡大するための手段であるという見方を示した。そして,貿易自由化によって日本が外貨を失っても,石油その他の資源の輸入を増やすことができれば問題でないと論じた[38]。ここで石油に触れていることからも分かるように,彼は資源を輸入に頼る日本にとってその確保が不可欠であることを知っていた。

　官僚にとって貿易自由化とは,産業活動を制御する最も重要で効果的な政

策の道具,つまりＦＡＳが廃止されることを意味した。通産省はＦＡＳによって,競合する業界や企業の間で希少な外貨を配分する権限を維持していたのである。製油設備の拡張や原油輸入量の増加には常に外貨が必要なため,ＦＡＳは国内石油業界の拡大を効果的に制御していた。そのため,貿易自由化が実施されれば日本における民族系・外資系石油企業の活動を監視・統制する重要な力を失うことになり,通産官僚は大きな懸念を抱いた。石油業界は他の業界がどれだけ廉価な燃料を得られるかを左右するので,通産省の産業戦略において極めて重要な産業部門であった。このように貿易自由化の時代には,日本政府の政策形成者の間で,石油イシューは重要度の高いものとして認識されていたのである。

　より具体的には,通産官僚が懸念していたのは,国内石油市場への新たな企業の参入,製油設備とその他関連設備への過剰投資,多国籍石油企業に刺激された原油販売の競争激化,石油製品の販売における価格競争,そしてその結果,日本の支配の下,国内外で生産される高価な石油の販売が困難になることであった。彼らは,世界規模で石油が過剰になっているため石油価格が低下し,短期的には貿易自由化は大きな利益となるが,長期的には企業間競争によって小規模な企業が少数の多国籍石油企業に併合され,やがて多国籍企業が独占状態を利用して石油価格を引き上げるだろうと考えていた。そして長期的に,石油貿易の自由化によって,効率の悪い日本の石炭産業が閉鎖に追い込まれるだけでなく,日本が国内外で石油の探鉱と開発を行うのが非常に難しくなるだろうと考えた。さらに,原油の輸入に対して石油製品の輸入が増加すれば,日本の下流部門の石油関連設備や石油化学業界の発展が妨げられるだろうと主張している[39]。次の節で明らかにするように,こうした見方は国会議員の間でも広く共有され,そのことは 1962 年に石油業法の制定が全会一致で支持されたことに表れている。

　1960 年代半ばになっても財界と政治家と官僚の間では,外国資本が日本経済を支配するようになるという懸念が広く抱かれていた[40]。これは通産官僚も例外でない。財界指導者のなかには,1965 年以降の資本の完全自由化は「第２の黒船」の到来を意味すると感じる者もいたと言われている[41]。こうした危機感に加え,世界規模で石油が供給過剰ななか,多国籍企業の間で石油販売の競争が激化し,日本の石油市場では「過当競争」が生じていたこと

から，通産官僚が国内石油市場への介入を合法化しようと熱心だったことは十分理解できることであった。

5．国家指導者のイデオロギーと信条

1960年から1971年の間に，池田勇人，佐藤栄作，そして田中角栄という3人の首相が政府を率いた。田中首相が石油政策過程に与えた影響はわずかであり，その信条とイデオロギーを検討する必要はない。彼が首相となったのは1972年7月のことであり，その年の末までエネルギー部門については以前の首相の政策をほぼ踏襲した。

池田首相（1960～1964年）は「自由競争」の原則を固く信じていた。しかしまた，今日世界のどこに行っても完全な自由競争を認める国はないのであり，国家は「自由競争」から生まれる「不公正」を是正するために徴税と社会福祉政策に頼る必要があるとも主張していた[42]。このように池田は，「自由市場システム」がうまく機能しないときには政府の介入が必要なことも認識していたのである。おそらくこの理由から，彼は石油業法の制定に反対せず，通産官僚がこれを提案したときには支持した。

池田首相は経済政策全般と，特に産業政策と財政政策に関心を持っていた。彼がこの分野で取ったイニシアティブのなかでは，10年間の「所得倍増計画」を提唱したことが最も知られている。彼は急速な経済成長と重工業の発展が続くと予想し，GNPを拡大することで日本は社会福祉制度を改善できると信じていることを明らかにした。実際，GNPで見ると日本経済の規模はほぼ4倍に拡大し，1960年代末までに1961年の水準の2倍にするという計画の2倍になったのである。石油政策の分野では，これによって石油の利用が劇的に増加することになる。しばしば言われているように，急速な経済成長は1つには，適度な価格の石油が供給され続けたことによって可能になった[43]。

1964年から1972年まで政府を率いた佐藤首相は，池田よりも介入に積極的であった。1962年に通産相の地位を去った後に行った講演では，次のような考えをもっていた。すなわち，日本経済を世界経済に組み込んでゆくのは非常に困難な仕事である。貿易の自由化，関税の軽減，外資および海外の技

術の移入などを促進しなければならない。もしこれらがチェックなしに進められたならば，今の資金構造から察すると日本の産業はすべて外国資本に征服されるであろう。我々は資金がほとんどなく，操業のためには借り入れねばならない。このような状況下で，外資が自由に日本市場に参入するのを許したならば大変な事態になりかねない。そこで時期尚早で急速な自由化から起こりかねない大変な事態を未然に防ぐために政治的な配慮が必要である [44]。

しかし現実には，佐藤と池田の間では経済政策にあまり違いがなかった。佐藤は公の場では「所得倍増計画」の悪影響を批判していたが，池田の政策をほぼ踏襲した。2人は政府の介入を認め，通産省に日々の石油政策問題を処理させた。したがって，この時代の石油をめぐる政策イニシアティブを理解するには，通産省幹部の信条とイデオロギーが最も重要である。

1960年代初めには，通産省の幹部は「重商主義的」ナショナリズムのなかで理解され，「欧米」に追い付くために国家介入を支持していた。その代表的人物が，キャリア官僚の最高位である通産次官となった佐橋滋である。しかし，貿易自由化が実施されると彼らは省内で次第に支持者と力を失い，海外勤務を経験して経済と国際関係の管理について柔軟な政策を取る官僚に交代した。そこで通産省の内部では，統制派ないし国内派と，国際派という，2つの有力な派閥が登場した。しかし両派のメンバーはすべて，「経済的に強い日本」を作ることに熱心なナショナリストであった。

両派の最大の違いはこの目標を達成する手段にある。国内派の多くはそれまで国内で重要な国内産業分野の監督に当たっていたのに対し，国際派の多くは国外で国際貿易を経験していた。前者は，上の目的を実現するために，通産省は国内産業部門を保護して成長を促すべきだと主張したが，後者は，日本が経済力を強化するための最良の道は，国際協力と貿易を促進することにあると主張した。通産省内での彼らの権力闘争は当時有名で，多くの記録が残っている。しかし統制派であれ国際派であれ，いずれも日本経済の安寧を気づかうナショナリストであった。両派の最大の違いは，前者が国家介入による経済拡張を主張し，後者が貿易自由化と輸出拡大による経済拡張を主張したことである。それでも国民経済に対する国家介入を支持した点では，両派の間にまったく相違がなかった。たとえば1962年には通産官僚は一致して，経済に介入する力をかつてない規模でもたらす，特定産業振興臨時措置

法の制定に向けて努力している[45]。

　石油政策の分野では，国際派が上昇することで，通産省は貿易自由化に適応するだろうと考えられた。しかし同時に，国内産業部門の発展に責任を負うポストに国内派が存在し続けることで，自由化は通産省の指導のもとに実施されるとも考えられた。国際派も，その目的は貿易の完全自由化ではなく，日本を経済大国にすることであったので，この政策に反対しなかった。このことから国際派の活動は，先に示した池田・佐藤両首相のイデオロギー指向とも一致することになった。このように，石油部門の業界活動に対する厳しい監督の背後には，石油経済の外国支配を防ぐために石油経済に対する国家介入が必要であるという，主要国家アクターの信条が存在したのである。もちろん，通産官僚の干渉主義は，国民経済の管理について国家のイニシアティブと指導を強調する，日本の有力な政治文化に深く根ざしていた。そして歴史的には，外国との競争や国外からの脅威に直面すると，主要国家アクターは結束する傾向にある。

6．政治力学

　本章の対象時期を通じて，通産省が石油政策過程の支配的アクターであった。これは1つには，政治指導者たちが日々の石油行政を官僚に任せ，石油業界の管轄権は通産省にあったためである。通産省の権限は当初，希少な外貨を配分する力（FAS）に基づき，自由化の後は石油業法を基礎としていた。このいずれも，通産省が原油の輸入量と製油設備の能力拡張に介入することを可能にするものであった。さらに石油業法によって通産省は，石油製品の価格と，小売店の数など流通面にも介入できるようになった。

　先に検討したように，通産省は国会で石油業法を成立させるために，政治運動のイニシアティブを取った。この法律に対して，財界の多くの勢力は強く反対したり留保を付けたりしたが，国会議員が全会一致で支持したために成立した。石油業法によって通産省は，石油市場に幅広く介入する法的基礎を得た。こうして通産省は貿易自由化の後も，石油業界に対する規制権限を維持することに成功したのである。また，日本の政治指導者たちは通産省に石油政策の運営を任せたので，同省は石油政策過程における影響力を高める

ことができた。

通産省内部では，1960年代に入ってまもなく国際派が国内派に取って代わった。国内派に有利な形で力が移行したことは，1963年7月に行われた幹部の人事異動に初めて表れており，この時，省内で最も重要な行政職である次官に国際派の今井善三が任命され，国内派のリーダーであった佐橋滋は特許庁長官となった。後に1964年10月から1966年4月まで佐橋が次官を務めたが，この通産官僚の最高位に国内派が任命されたのはこれが最後であった。その後，この地位は国際貿易と国際関係に通じた官僚に与えられるようになる。

通産官僚は，自分たちが国民経済にとって望ましいと考えることを基準に石油業法の規定を実施し，石油審議会と総合エネルギー部会を政策形成の手段として利用した。総合エネルギー部会は石油審議会より重要な役割を果たしたが，これはその本体である産業構造審議会が，通産省に設置された20以上の審議会のなかで中心的なものだったためである。国際経済が急速に変化するなか，主要業界の生産性と国際競争力を高めるために，技術革新と合理化によって産業構造の調整を行うことは，通産官僚のあいだで激しい議論の焦点となっていた。さらに，石油審議会は廉価で安定した石油供給の確保に関連した問題を議論していたが，総合エネルギー部会の任務にはさらに広範囲の問題が含まれていた。その中心的関心は，石炭や石油などのエネルギー業界を合理化し，他の主要業界の発展に必要な安価なエネルギーを供給することにあった。

しかしこうした審議会の役割は，独自の分析や勧告を行うのでなく，通産省の提案を検討することであった。通常，一般的な諮問過程のパターンは次のような形をとる。まず初めに，通産官僚は会合前に提案を起草する際，有力メンバーに諮問する。この諮問の目的は，重要メンバーの見解を取り入れて政策の方向を調整することにある。その結果，この過程で原案が修正されることもある。こうした調整を行った後で審議会が正式に開催され，通産官僚の説明を聞いて原案を承認する。提案の細部は先にほぼ決定されており，こうした会合は形式に過ぎないことが多い。石油審議会のメンバー数人によると，委員は時に修正を提案するが，普通は専門的な技術問題に限られる。そのため，政策の基本原則が疑問視されたり変更されたりすることはほとん

どない[46]。

　本章の対象時期には，通産省は日本の国家における石油政策形成の主役であり，自らの考えを実現するために審議会を巧みに利用した。論者のなかには，こうした審議会は通産省のイニシアティブと活動の弁護者に過ぎないと批判する者もいる。石油政策過程における通産省の優位は，外資系であれ民族系であれ，多くの石油企業が元通産官僚を取締役として迎え，行政官とのコミュニケーションのネットワークを強化しようとした事実に表れている[47]。通産官僚は干渉主義的な指向を持ち，多国籍企業が石油経済を支配する可能性と，石油企業間の「過当競争」の否定的影響について，深く懸念していた。と同時に，石油業法の成立によって彼らは規制権限を得ており，日本の国家は石油政策過程に介入して大きな影響力を行使することができた。

7．結　論

　日本の国家は，政治文化を支配するステイティズム的要素に支えられて，石油政策過程で大きな影響力を行使し，国外から貿易自由化を求める圧力が高まったときには，石油産業部門における「国家利益」を独自に判断した。資本の自由化，つまりＦＡＳの廃止の後も石油市場に介入する権限を維持するために，日本の国家は石油業法の制定に向けて大きな影響力を行使している。

　この法律の制定に際しては，財界の意見ははっきりと分かれた。この政策論争に参加した主要アクターは石油利用業界とエネルギー業界であった。しかし奇妙なことに，個人消費者の利益は代表されず，また，この法律が最も影響する業界である石油業界はまったく影響力を発揮しなかった。国会議員は通産省主導の運動による説得を受け入れ，この法律を全会一致で採択した。日本の国家のなかで最も有力なアクターは，石油業法を起草した通産省で，その目的は石油貿易の自由化が国民経済に与える影響を抑えることにあった。しかし通産省が全能だったわけではない。石油市場における通産省の規制活動を支えるには，何らかの法律が必要であった。したがって，通産省は石油業法を獲得するために多くの戦術を用い，この問題で通産省の立場に近い人々を調査団として外国に派遣したり，研究報告を発表して主要石油利用業

界の見解に対して自省の立場を擁護したり，政治家や財界関係者のあいだで根回しをしたりした。立法の最終結果について通産省には決定的な発言権はなかったが，財界と各業界が強く反対・批判していたにもかかわらず，国会は通産省の議論を受け入れてこの法律を全会一致で採択した。このように通産省は政策決定過程の支配的アクターであって，立法のイニシアティブを取り，法案を起草し，国会議員に立法の必要を納得させたのである。通産省は唯一最も強力なアクターであった。通産省のイニシアティブによって日本の国家は，多元的な政策過程のなかで自律性は中程度であっても，大きな影響を行使することができ，政策形成過程へのアクセスを制御することができた。このように，この立法過程において日本の国家は，「弱い国家」より「支配国家」に近い「外部浸透性が小さい中間国家」であった。

国家利益に関して最も考慮されたことは，健全な経済発展には廉価で安定した石油供給が不可欠である，という点であった。これを基礎に，通産省は何よりも，国民経済の中核とされる大規模石油利用業界を初めとして，消費者の利益を守ろうとした。安定した石油企業と強力な国内石油業界の形成が非常に重視されたのは，こうした関連であった。

通産省は，石油業界に対する権限を得て，政治指導者から石油経済の監督を任されると，石油業法をもとに，石油業界の利害とは大きく異なる視点から（つまり石油部門で活動する多国籍企業と日本企業の利益からかなり自律的に）石油部門の重要な活動分野を規制するようになった。そうした分野としては，原油の輸入，製油能力の拡張，生産量，価格，流通といったものがあげられる。通産省は，多国籍企業が支配するこの重要産業部門で，安定した市場と強力な民族系石油企業を作ることを望んでいた。石油の輸入量と配分は，製油能力と生産に対する通産省の行政指導によって制御された。

石油の開発の分野では，通産省は1967年まで政策を具体化させなかった。通産省が遅れて関与し始めてからも，はっきりした成果はあまり出ていない。このように通産省の活動は，石油業界の上流部門よりも国内の下流部門に大きな効果が見られた。石油業法全体の実施においては，通産省は制定過程で見られたほど完全な自律性を持っていなかったのである。たとえば，特に景気後退の時期には，石油会社に通産省主導の生産・価格カルテルを受け入れるよう説得しても大きな困難に直面した。石油業界は石油業法の制定に際し

てあまり影響力を発揮しなかったが，その実施過程では常に自分たちの見解と希望を表明している。1960年代を通じて，この法律の重要規定が実施されるときには，石油業界は通産省に異議を唱えたり，無視したり，妥協を余儀なくさせたりした。また，通産省はこの法律によって石油業界のほとんど全分野を規制する権限を得たが，石油の需給を予測して調整することにはしばしば失敗している。さらに，通産省は有力な国家石油企業の設立を強く望んだが，これも成功しなかった。経営基盤の弱い国内企業を統合して共同石油を設立することはできたが，エクソンの半分所有する日本石油がマーケットリーダーとして日本の業界を主導し，それに続く民族系の出光は常に通産省の権限に異議を示した。このように，広範な規制が行われる石油部門でも，企業－国家関係はダイナミックで，「全能の通産省」に対して民間部門が無力であることは全くなかった。企業の利益はしばしば石油業法の実施に影響したのである。

しかしこの法律の実施において，通産省は決して弱いアクターではなかった。この法律の規定の細部を詰める必要があるときには，通産省は石油審議会と総合エネルギー部会を利用して，慎重に重要な決定や政策形成を行った。こうした審議会へのアクセスは通産省が厳しく確認・統制し，この点で日本の国家は石油行政において比較的高い自律性を発揮した。たとえば日本の国家は，市場の状況変化に応じて，製油所の拡張を許可する条件を自由に変更している。長期的視点で見ると，石油部門の業界活動のほとんど全分野で介入に非常に積極的であった。このように，日本の国家は大きな影響力とある程度の自律性を発揮したのである。

大きな影響力とともに高度な自律性が伴わないのであれば，日本が強い国家の代表例とは言えない。それでも日本の国家は，石油業法の制定において全体として大きな影響力と中程度の自律性を発揮し，また，石油の輸入，生産，精製の規模や，価格，流通など，石油部門における業界活動の全重要分野に影響を与えたことから，本書のモデルで言う「虚弱国家」よりも「支配国家」に近い「中間国家」であったと結論できるだろう。

日本の国家がそのような力を持った要因としては，多くのものがあげられる。その1つは石油イシューの性質と関係していた。国家指導者たちは，多国籍企業の支配する日本の石油業界の発展に石油貿易の自由化がどう影響す

るか，また，多国籍石油企業が世界規模で生産過剰に陥っているときに，日本の石油企業と利用者に「過当競争」がどのような影響を与えるか，非常に懸念していた。国家内部の重要アクター，特に石油行政担当の通産官僚は，市場経済の下でも国家介入が必要であると考えていたので，日本の国家は貿易自由化と競争激化の時代に石油業法を制定・実施することで，石油市場に対して広範な介入を行った。さらに，この法律によって通産省は，政策過程へのアクセスを制限したり，石油部門における業界活動を厳しく規制したりすることが可能になり，また介入に積極的な傾向もあったため，通産官僚は石油政策過程において大きな影響力と大きな自律性を発揮している。もちろん，石油経済において国家が積極的な役割を果たすことは，日本の政治関係におけるステイティズム的要素によって幅広く支持されていた。このように，独立変数と媒介変数の組み合わせによって，日本の国家がこの時期に発揮した力の大きさがはっきりと説明できる。この変数とは，ステイティズム的な文化が支配的であること，国際的・国内的レベルの石油政策環境において資本の自由化を求める圧力が高まっていたこと，日本の国家指導者と，特に通産官僚の視点から見た，石油業界の成長に対する資本自由化の影響，国家指導者と通産官僚のイデオロギー的傾向，そして，石油政策過程において通産省が中心的アクターとなった政治力学である。

注

[1] アメリカと西ヨーロッパでは，石油需要に占める産業部門の割合はあまり高くない。モータリゼーションが急速に進み，家庭と職場で温水とセントラルヒーティングの利用が普及しているため，運輸部門と民間住宅部門が主要な利用者となっている。

[2] Mito, *Contending Perspectives on the Japanese 'Economic Miracle'* 前掲書。

[3] 岡部彰「エネルギー革命の視点」『エネルギー』No. 8 (August, 1983), p.73.

[4] 大協石油株式会社『大協石油40年史』大協石油株式会社，1980年，pp.201-212.

[5] Chitoshi Yanaga, *Big Business in Japanese Politics* (New Haven: Yale University Press, 1968).

[6] 有沢広巳とのインタビュー。エコノミスト編集部『戦後産業史への証言』毎日新聞社，1978年，pp.17-23.

[7] 詳しくは，エネルギー懇談会『石油政策にかんする中間報告』1961年12月22日を参照のこと。

[8] 大協石油，前掲書，p.208.

第7章　高度成長期日本における石油業法と市場介入　157

[9] 同上，pp.208-209 および岡部，前掲書，p.80.
[10] 岡部，前掲書，pp.79-80.
[11] 大協石油，前掲書，p.210.
[12] 前掲書，p.209 より引用。
[13] 前掲書，p.211.
[14] 通商産業省（通産省）『石油の現状』1971年，p.61.
[15] 通産省と石油業界の対立についてここで示した説明は，大協石油，前掲書，pp.212-213 に基づいている。
[16] 同上，p.214.
[17] 出光佐三とのインタビュー。エコノミスト編集部，前掲書，pp.52-53.
[18] 同上。
[19] 大協石油，前掲書，p.214.
[20] 平和経済計画会議独占白書委員会『国民の独占白書　石油』1981年版 御茶の水書房，1981年，pp.22-24.
[21] 平和経済計画会議，前掲書，pp.59-60.
[22] 「コンビナート」という言葉はロシア語起源の外来語で，産業複合体を意味する。石油コンビナートは，石油化学工場のような石油利用者の隣に製油所が設置されているものである。
[23] 同上，p.60.
[24] 石油審議会『石油政策設備の強化に関する方針』1965年3月1日。
[25] 大協石油，前掲書，pp.224-225 および日本石油株式会社（日石）『石油便覧』石油春秋社，1980年，pp.611-614.
[26] 自動車の数は，1960年の129万台から，1965年の614万台，1970年の1719万台へと増大した。岡部『エネルギー革命の進展２』前掲書，No.9, 1983年9月，p.90.
[27] 日石，前掲書，p.575.
[28] 石油連盟業界安定対策特別委員会『石油業界安定のための緊急措置』1964年12月11日。
[29] 大協石油，前掲書，pp.219-220.
[30] 同上，pp.220-223.
[31] 大協石油，前掲書，pp.223-224. 詳しくは，共同石油株式会社『共同石油株式会社の現状』共同石油株式会社，1983年6月，p.1 および pp.21-23 を参照のこと。
[32] 共同石油の発展に関しては，同上を参照のこと。
[33] 角間隆『ドキュメント通産省 Part 2 霞ヶ関の憂鬱』PHP, 1979年。
[34] たとえば，同上，p.160 を参照のこと。
[35] Chalmers Johnson, "The Reemployment of Retired Government Bureaucrats in Japanese Big Business," *Asian Survey* 14, 1974, pp.953-965. この時期の戦後日本の官僚制の研究としては，たとえば，Kubota Akira, *Higher Civil Servants in Postwar Japan* (Princeton: Princeton University Press,1969)を参照。特に通産省については，Chalmers Johnson, *MITI and the Japanese 'Miracle'* (Stanford: Stanford University Press, 1982) を参照のこと。
[36] Japan National Oil Corporation (JNOC), *Japan National Oil Corporation* (Tokyo: JNOC, 1983), p.2.
[37] 同上，p.1.
[38] 中島真「池田勇人」『現代の眼』1980年1月，pp.250-251.
[39] 通商産業省（通産省）『石油の現状』1962年，pp.187-191.

[40] 外国（アメリカ）が国民経済を支配するのではないかという懸念は，当時日本に限らず，フランスやカナダなど多くの先進工業諸国で，統治エリートの間に広まっていた。

[41] 渡辺昭夫「第二次佐藤内閣」小林茂・辻清明共編『日本の内閣史録』第一法規，1986年，第6巻，pp.155-156.

[42] 池田勇人『均衡財政』1963年，pp.74-76.

[43] 角間，前掲書。

[44] 佐藤栄作『繁栄の道』1963年，pp.74-76.

[45] 詳しくは，大山耕輔「新産業体制論と特定産業振興臨時措置法」通商産業政策史編纂委員会編『通商産業政策史 第10巻 第三期高度成長期(3)』通商産業調査会，1990年，pp.47-90 および Johnson, 前掲書および角間，前掲書を参照のこと。

[46] 1983年におこなった，石油審議会委員の数人とのインタビュー。また，杉本栄一『通商産業省』教育社，1979年，pp.138-142 も参照のこと。

[47] 角間，前掲書を参照。

第8章　石油危機とカナダ

1．はじめに

　1970年代初期に至るまでの戦後のほとんどの時期において，カナダ政府の指導者たちは，石油産業育成および石油政策といえば，比較的高値の国内産原油をいかに国内外でさばき，国内石油産業を育成するか，ということに重きを置いていた。彼らは，石油の生産と，輸出や国内の売り上げが多ければ多いほど，それが貿易収益の黒字を増やし，アルバータ州や他の州の石油発掘と開発を刺激し，収支のバランスの見通しと，アルバータ州の経済の成長と，またカナダにとっての将来の石油の供給とがよくなると信じていた。こうした見解は石油生産業者によって強力に提唱され，政策に大きな影響を与えていた。産業界は，売上高を伸ばし，規模の経済を成立させることで，投資の早急な回収を望んでいたのである。同時にカナダ政府の指導者たちは，国家石油政策（ＮＯＰ）が策定されると，アメリカへのカナダ産原油とガスの輸出の振興のために最小限の干渉を石油市場で行っただけであった。カナダ政府，州政府，石油業界の関係は友好的であり，ほとんど政治問題化することはなかった[1]。

　しかしながら，第6章で考察したようにカナダの石油政策は，1973年の石油危機の接近とともに変化した。1970年代初頭において，世界の石油価格の上昇とともに，国内の生産量に比べての国内石油とガスの新規発見埋蔵量の低下という兆候があらわになってきた。このような石油環境の変化に遭遇し，カナダの指導者たちは石油を含めエネルギー問題を懸念しはじめた。そして1973年10月，アラブ石油輸出国機構（ＯＡＰＥＣ）は突然，親イスラエル

諸国に対する石油禁輸とそれに続く石油価格の大幅値上げを強行した。安価な石油の潤沢な供給の時代は終わり，供給の不安定をともなう高価な石油時代が始まった。国際的，国内的な石油政策を取り巻く状況の変化と石油危機にカナダ政府はいかに対応したのであろうか。政策過程において連邦政府はいかに影響力を発揮し，自律的であったのであろうか。そしてそれはなぜだったのだろうか。本章の目的はこれらを解明することである。

2．石油危機とカナダの対応

カナダ政府指導者たちは，1973年の石油危機の以前から，変化しつつあった国際，国内の石油政策状況の衝撃を緩和するための手段を講じつつあった。とはいえ，このことは，彼らが石油危機を予測する見事な洞察力を持ち合わせていたということではない。一般的に，石油価格の値上がりへの対応と，カナダにおける石油とガスの新規発見油田の低下への対策としてアクションがとられていた。同時に，アメリカとカナダ両市場におけるカナダ産石油，ガスの需要は増加していた。

まもなく，カナダの指導者たちは，石油とガスの新規発見の割合が，消費の増加に追いつかないことに気づいた。カナダのエネルギー源の消耗をくいとめる一つの方法は，輸出の削減であった。したがって，1947年のレデュックでの大油田の発見以降初めて，連邦政府は，州政府や産業界への事前の相談なしに，1973年3月に原油輸出の規制を決めた。これらの原油輸出禁止の規制に対応して，石油業界が，製品輸出に切り替えたため，6月には禁輸項目がほとんどの石油製品にまで広げられた。多国籍石油企業（MOCs）によって代表されていた石油業者一同は，連邦政府のこの一方的措置に衝撃を受けた。

石油供給が将来不足することが明らかになった1972年，連邦政府は，MOCsが繰り返し提出してきた楽観的な数字に欺かれたとして，MOCsの見通しに非常に批判的になった。政府の石油政策決定における唯一の決定的情報源はMOCsだったのである。産業界の保証にもかかわらず，石油とガスの近い将来の供給不足が避けられそうもなくなったとき，産業界の信頼は大きく低下した。1973年1月9日，インペリアル・オイル社がウエスタン社の

石油を1バレルあたり20カナダセント値上げし，ガルフやブリティッシュ・ペトロリアムなどの他のメジャー会社がすぐにそれに続いたとき，状況はさらに悪化した。MOCsはガソリン小売業者に対してガスの供給を止めると脅し，1973年3月に連邦政府がアメリカへの原油輸出の統制を発表したとき，原油の代わりに精製製品を輸出した。

このことは，アメリカ市場への石油製品の流出を止めるような，さらなる手だてを政府がとらない限りは，多くの独立系のスタンドは閉鎖に追い込まれる可能性を意味した。これらの独立系小売業者の不安に対処するため，1973年6月7日，オンタリオ州はエネルギー計画を発表した。計画を紹介するにあたって，オンタリオ州の保守派首相ウィリアム・デイヴィスはカナダ石油業界の価格，輸出の両政策に疑問を示した。同月，連邦政府は輸出管理を精製石油製品にも拡大した。

これらの行為は，変化しつつある政策環境に照らして，政府によって一元的に始められたものであるから，エネルギー政策過程における国家の影響力と自律性は大きかったと言わざるをえないであろう。政府は産業界から全く独立した独自のデータベースを持ってはいなかったが，1973年までにはエネルギー状況を総括的に検証する分析能力を伸ばしていたのである。

強化された政策分析能力は，1973年6月の『カナダのためのエネルギー政策：第一段階』(*An Energy Policy for Canada: Phase I*) の出版において示されている。エネルギー鉱山資源省（EMR）の調査は，NOPの維持，国営石油会社の設立，石油業界における高い外資割合，国際石油価格と国内価格の連結などを含む重要な政策課題を論じている。この調査はまた，石油危機が劇的に政策環境を変化させた後においても，その後の政策の考察と発展への有用な基礎知識を提供した。

1973年9月，国際的な石油状況が悪化するなかで，トルドー首相は石油の価格抑制プログラムと州間パイプラインをケベック州まで延ばすという政府の意図を発表した。パイプラインの延長はそれまでの慣行からの大幅な変更であった。実際，それは1960，70年代のカナダのエネルギー政策の柱であったNOPの廃止を意味した。EMRの当時の副大臣であるジャック・オースティンは後に政府の動機を次のように説明している。

　カナダ東部を国際石油供給の不安から守るために，1日あたり30万バレ

ルの能力のパイプラインが，サーニアからモントリオールまで建設されなければならないと考えた。結局のところ，東部市場の脆弱さの解消のすべてに役立ったわけではないが，大いなる助けにはなった。

彼は，「このパイプライン決定は商業的になされたものではなく，国家政策の結果としてなされたのであり，費用は連邦政府によって保障された」[2]と強調した。この言葉が示すように，政策過程における国家の高度な影響力と自律性が，連邦政府の強力な意思に反映されている。

オースティンによれば，価格抑制プログラムを発表するにあたって，連邦政府は以下のような重要な決定をなした。

カナダ東部の消費者は国際価格から可能な限り保護されるべきであり，そのことはカナダ全国一律の価格制度の実施によってなされるであろうことが決定された。

産業界を含むカナダの消費者向けの石油価格は，カナダの経済成長に決定的役割を有すものであり，外国のグループにより決定されるのではなく，カナダ人によって設定されることが決定された[3]。

結果として，この一元的連邦行為により「分断状態にあった市場制度が放棄された」。これはまた，カナダにおける石油価格の政府の直接管理の始まりであった。

価格抑制プログラムは原油と精製油の両方を対象としており，1974年1月31日から1バレル当たり4カナダドルとされた。しかしながらアルバータ州政府はカナダの石油に対して世界価格レベルを要求し，価格抑制プログラムを「オタワによるこそこそした一律的統制の始まりの一つだ」[4]とみなした。厳しく長い交渉の後，両レベル（連邦と州）の政府は，世界価格よりは低いが，かなりそれに近いカナダ石油の価格設定に合意した。

1973年の石油価格凍結発表の10日後，エネルギー大臣ドナルド・マクドナルドは，政府は原油輸出1バレルにつき40セントの課税をすることを明らかにした。その後，輸出税は，11月1日には1ドル90セント，1974年1月1日には2ドル20セント，2月1日には6ドル40セントとされた。1973年3月に導入された石油輸出に対する上乗せは，いまや輸出税として確立された。こうした税収の増加は，石油輸入コストの上昇とカナダ石油の輸出収益との均衡を図ろうとする国家指導者の努力の結果であった。

アラブの石油禁輸によるエネルギー状況の悪化への対応として，カナダ政府は上記の手段に加えていくつかの新しい手段を導入した。1973年11月，連邦首相は連邦・州合同エネルギー会議を開催するという連邦政府の計画を発表した。また1973年12月6日には国有石油会社の設立を発表した。これらの政策は両方ともEMRによる最初のエネルギー報告書[5]に基づいている。同じく12月に，エネルギー供給配置理事会（An Energy Supplies Allocation Board）を設置する法案が下院に提出され，翌年の1月に議会を通過した。また1973年10月からすでに実施されていた石油輸出税の法案も通過した。このように，連邦政府は，石油取り引き，価格設定，販売，そして配送政策の分野に初めて大幅に市場介入するようになった。国家介入の突出した例として，1974年1月1日から実施された石油輸入補償プログラム（The Oil Import Compensation Program）がある。これは輸送費と製品の品質による他は，市場の法則に反して人為的に「カナダ国内に単一原油価格を提供する」ことを意図したものであった[6]。

1974年1月に閣僚会議が開催された。その後の会議で，石油危機以後の時期のカナダの石油価格が決定された。1978年半ばまでには，国内価格は世界価格の約80％の水準であった。イラン革命による1979年の第2次オイルショックの後は，カナダ国内価格は国際水準よりもはるかに低いものとなった[7]。カナダ政府による価格設定は本章が対象としている期間を通じて継続された。これは混合経済においてはめずらしい，長期的広範囲にわたる政府による価格管理の例である。したがって，価格抑制政策においてもまた，カナダにおける強化された国家介入という新しい時代を裏付けるものであった。石油経済における国家の影響力と自律性は前例をみない高さにあった。

また，1974年の総選挙でトルドー首相は過半数を確保し，彼の下で連邦政府は石油経済における中央政府の市場管理の役割を一層強化した。1975年4月，石油行政法（The Petroleum Administration Act）が成立した。これにより，石油とガスの価格設定において連邦と州の各政府が合意に達しないときは，連邦政府が最終権利を有することが合法化された。そして，1976年，連邦政府は国有石油会社ペトロカナダ社を設立し，後には同社の活動を拡大するのである。

オースティン副大臣によれば，ペトロカナダ社の設立には多くの要因があ

り，そこには国家資源の基礎的情報に関する政府の知識の不十分さ，石油ガス産業の経営に関する政府の知識の欠如，地域発展のてことしてのペトロカナダ社の潜在性などが含まれる。オースティンは次のような事実も強調している。

　我々は，政府参加の企業を有することは，政府が課税率や収入を確定する際に，政策決定者に対して明らかによりよい現実的なベースを与えるであろうと思ったのです。企業にとっての公正な価格，カナダの消費者にとっての公正な価格は何かということが，参加することによって初めて理解できたのです。

　油砂，重油，そして北極資源や沿岸資源の輸送等に必要な技術の開発が必要であると強く感じており，こうした技術はカナダ国内で開発されるべきだと考えたわけです。だからやがてはこれらの技術は……単に多国籍企業によってそこでの利益と収益としてとられるのではなく，技術輸出ができ，カナダ社会のためになるのです。カナダでの石油とガスの重要性に比して，カナダ人自身による研究はほとんどなされておりません。国家国営石油会社はカナダの研究開発の中心となり，カナダ産業界の活動と技術のスピンオフの可能性を示したいと思ったのです。（目的の1つは）国有企業が活発に活動しているような，あるいは市場で優位に立っている国々と政府間取引に関連していました。ＯＰＥＣ諸国やほとんどの工業国は国営会社を持っているかあるいはそれが優位にあるのでした。国有企業は生産国と消費国との供給の安全保障を強め，効果的な貿易関係を樹立する手段として両者の関係に影響を与えうると我々は考えましたし，私は今でもそう信じております。より決定的要因，恐らくは決定的要因そのものというのは，私企業というのは商業的見返りが約束される程度にしかリスクを負わず，リスク負担における商業上の割引要因（commercial discount factor）を外れることはないとみたのです[8]。

このように国の指導者たちは，高リスクの産業活動を拡張するために国有会社が要請されていると考えたのであった。つまり，ペトロカナダ社は「産業界の活動を調べる窓」として，またカナダの技術開発と資源供給のために高リスクを負担しながら，カナダと他の石油生産諸国の国有会社間の直接取引を通じて石油供給の保障を高めるという目的のために設立されたのである。

ひとたび設立されると，ペトロカナダ社は国民全体の支持を集めた。このような人気の理由は，国家のこのような決定のもとにある公共，国家利益に対する配慮にある。この国営会社の設立は社会からの要請ではなく国家内構造に由来するものであり，ペトロカナダ社を政策実施するための梃子として，外資の支配する石油市場におけるカナダ自身の存在を徐々に高めることの重要性を国民に説得したのは政府であったということは大切なことである。換言すれば，ペトロカナダ社に対する国民の態度は，トルドー内閣主導により形成されたのであった。

　1978年には，石油会社に財務その他の基本的データを公開することを要請する石油企業体監視法（Petroleum Corporations Monitoring Act）の成立にともなって，石油監視庁（Petroleum Monitoring Agency）が設置された。このように，ペトロカナダ社に加えてこの組織の設立により，石油業界の動向を監視する連邦政府の能力が強化されたのである。

　1970年代の半ばまで，連邦政府はパンアークティック・オイル社のような石油掘削会社の株の一部を保有してはいたものの，石油探査と開発の奨励のための主要な政策手段は特別優遇税プログラムや掘削の特権制度であった。しかし，1976年のペトロカナダ社の設立によって，連邦政府は，石油探査と開発に直接関与するようになった。これは，資源開発が連邦政府の権限である北部国境地域や沿岸地域において，特にそうである。ペトロカナダ社を通して，オタワ政府は1976年にノバスコシア大陸棚やセーブル島地域に4000万ドルを投入し石油生産に直接関わるようになった。

　一方これとは逆に代表的多国籍石油企業であるシェルとモービルの2社はこのような事業から撤退し始めていた。しかしながらペトロカナダは深圧域に巨大なガス井戸を発見し，ノバスコシアを天然ガス輸出地域とする新たな可能性を見いだした。ペトロカナダ社の参加によるニューファンドランド沖合いの掘削で，グランドバンクでのヒエルニアO-15井戸の発見となった。ペトロカナダ社は1976年にアトランティック・リッチフィールドカナダ社を買収し，その数年後にはパシフィック・ペトロリアム社を買収した。これら一連の買収により，国有会社は企業活動の「上流」と「下流」を統合した。1980年までにペトロカナダ社は大きく成長し，カナダにおける石油とガスの6番目の生産規模を保持し，資産評価は40億ドルを超えるようになった。と

同時にこのことは，カナダ政府が石油市場においてあらゆる側面の活動に直接関与するようになったことを意味する[9]。

1979年5月から1980年2月の間は，ジョー・クラークを党首とする進歩保守党政権に代わった。新政府は，国有企業を自由党主導の下での経済における政府による過度の市場介入の主要な例とみなし，ペトロカナダ社の民営化を図った。しかしながら，カナダ国民は一般的にこれに反対であった[10]。また1979年12月の予算には国民に不満を抱かせる事項がいくつか盛り込まれていた。特に，不評であったのは過剰利益税導入の提案，エネルギー税，なかでもガソリン税の1ガロンあたり18セントの値上げなどであった。

ガソリン税の値上げは，部分的には1979年の東京での先進7ヵ国サミットにおけるクラーク首相の合意（1980年の1日当たりの輸入石油量の目標を15万バレルとする）を順守するために，石油消費レベルの低減を意図したものであった[11]。結果として，保守党は急速に国民の支持を失い，翌年の選挙では再選に失敗し，トルドー自由党政権が返り咲くことになった[12]。

短い政権期間に，進歩保守党政府は，アルバータ州と，石油価格設定と収入の共有についての交渉を始めた。アルバータ州政府はピーター・ロッキード州首相の下で，高価格による州への高収入を主張した。連邦政府は，石油業界からより多くの税を引きだすことと，アルバータ州の経済と政治力を抑え込むことの両方をもくろんだ。結果的に，アルバータ州政府も進歩保守党に率いられてはいたが，合意に達することができなかった。加えて，連邦政府の動きは，石油生産地域と石油業界から警戒をもって受けとめられた。

カナダの2つのレベルの政府がそれぞれに石油収入を増やそうと苦心しているとき，石油価格の上昇がもたらす収入増加における産業界の取り分は相対的に低下した。一般的に言えば，トルドーの自由党政府は，石油価格と輸出の管理を通じてまた石油収入を増加させ，これをもとに痛手を受けた人々への収益の再分配をすることによって，国民，特に消費者を石油不足と価格の上昇から保護しようとした。たとえば，1974年1月の終わりに開かれた連邦・州合同エネルギー会議において，トルドー首相は，連邦政府は州政府と私企業の両者の正当な利益を認めるものではあるが，連邦政府は「カナダの消費者の利益を保護する決意をしている」と強調した。同時に次のように述べた。

消費者をいっそう保護するために,将来の供給を確保するのに必要な値上げは,十分な期間をかけて,きちんとした方法で実行すべきであると信じる。また,今日の状況においては,国内に資源を有しない他の不運な国々に課せられているような,高価な値段をカナダ国民は支払う必要はないと信じる[13]。

　自由党政権であれ進歩保守党政権であれ,連邦政府は積極的に政府の経済的レントに占める自分の持ち前を増やそうとしたことは間違いない。たとえば 1980 年には,トルドー政府は,短命だったジョー・クラークの進歩保守党政府以上に,生産地域や企業に対して石油収入の連邦の取り前を一層拡大しようとした。1980 年の選挙の後にトルドーが権力に返り咲いた時も同様であった。ブルース・ドーンとリチャード・フィッドは次のような見積もりをしている。

　　(1979 年の保守党と 1980 年の自由党との) それぞれの予算に織り込まれた正確な賃貸権収入の占有率は議論の余地があるが,自由党の予算は産業界と州との犠牲の上で,保守党の予算が意味するところの占有率に比較して,大幅に連邦政府の取り分を増やす提案であったと言える。自由党の予算の下では課税方式により連邦―州―産業界の分け前配分は 24－43－33 となるとされた。しかしながらアルバータ州は,1979 年 12 月のクロスビー進歩保守党蔵相の予算の下での数値によれば,割合は 19－44－37 であり,彼らの持ち前は (これ) よりも少ないと主張した。保守党よりも広い範囲で,明らかに自由党は石油・ガス生産業者と対決する決意ができており,ある意味ではカナダ西部の石油生産地域ともそうであり,それはカナダ中央部の有権者のためのみではなく連邦政府自体の収入の必要性からきているのであった[14]。

しかしながら 1979 年の連邦・州・産業界のそれぞれの実際の取り分の割合は順に 8.8%,50.5%,40.7%であった。したがって上記新予算に目指すこれらの数字はクラーク進歩保守党政権であれトルドー自由党政権であれ,連邦政府の新たな政策がいかに劇的な変化を求めているかを立証している。石油収入の増加というこの連邦政府の決意は,2 人の指導者のもとでのエネルギー政策の継続性の主要な特徴であった。

　事実,1980 年 2 月に自由党が権力に復帰して後,新トルドー政府の第 1 回

予算の一部として 1980 年 10 月に国家エネルギープログラム (NEP) を導入して，石油経済における連邦政府の役割をいっそう強化したのであった。トルドー首相はマーク・ラロンドをエネルギー鉱山資源省 (EMR) 大臣に任命したが，ラロンドは，自由党が野党であった時代の，エネルギー政策の主要なスポークスマンであった。そのうえ，彼はトルドーが最も信頼する友人であり，総理府 (PMO) の長官であった。彼はNEPの巻頭言において，次のような表現によってその3大指針を表明した。

　供給の保障と世界石油市場からの絶対的独立によって，カナダ国民が自らエネルギーの将来の管理を掌握する基礎を確立する。

　すべてのカナダ国民に対してエネルギー産業一般，特に石油産業への真の参加の機会を与え，産業拡大の恩恵を共有する機会を与える。

　どこに居住していようとも居住地にかかわらずすべてのカナダ国民の公正という要求を満たす石油価格設定と収入の共有の制度を打ち立てる[15]。

第1の指針に関しては，連邦政府は 1990 年までに石油自給を達成することを目指した。第2の目標は，石油部門を含むエネルギー産業の外資支配を削減し，カナダ人会社による所有率と管理を同年までに 50％レベルまで上昇させることであった。第3の目標は，カナダ独自の石油価格体系を据え，富とリスクの均衡のとれた分配を行うために，石油収入の連邦政府の取り分を増やすことであった。トルドーはこれらの考えを支持した。実際彼は，1980 年 1 月にハリファックスで表明した選挙公約において，あとの2つの目的についてすでに触れていたのである。結局のところ，NEPはエネルギー全般，特に石油産業における一層の市場介入を進めるという連邦政府の決意を代表するものであった。

　ドームペトロリアム社のようないくつかの主要なカナダの会社は例外であったが，生産州も石油業界も，連邦政府の一方的な行為には否定的に反応した。事実，MOCsのなかには石油掘削の設備をアメリカへ移動し，ワシントンに対してカナダが新政策を取りやめるよう圧力をかけることにより，彼らの不満を表明するところもあった[16]。

　NEPに盛り込まれた基本的考えは，前政府の下でのEMRに端を発し，1980 年の選挙までに，高級官僚たちと自由党の政治指導者たちとの非公式の接触を通して，自由党の政策決定組織に引き継がれたのであった。NEPの

基本原則は特にラロンド大臣の興味を引き，やがて完全に秘密裡に新予算の一部として導入された。また連邦政府はその政策形成過程において生産州にも石油業界にも一切の相談をしなかった[17]。したがって，ＮＥＰの展開において，自由党の支持がなかったならばその能力を発揮することは困難であったかもしれないが，中央政府の影響力と自律性は非常に高かったと言える。

　ＮＥＰ決定の独立性とは対照的に，アラスカ・ハイウェイ・パイプラインの建設に関しては，トルドー内閣はアルバータ州と産業界全体の利益に都合のよい決定をくだした。1980 年 7 月，アルバータ州からアメリカ市場へ輸出するに必要な当パイプラインの南部での事前建設を許可するとともに，このパイプラインによるガスの輸出を認可した。パイプラインは後に，アラスカ高速道路沿いにアラスカおよびカナダ北部のガス採取地帯へ延長されることになっていた。別の選択肢であったマッケンジー・デルタ渓谷パイプラインに比べて，こちらのルートは環境的にも政治的にも問題の少ない地域にまたがっていた。マッケンジー・パイプラインはＭＯＣｓの管理下にあるカナディアン・アークティック・ガスグループにより提案されていたが，アラスカ・ハイウェイ・ルートはアルバータ州が管理するアルバータ・ガストランクラインにより提案された。アラスカ・ハイウェイ・パイプラインは認可されたが，それはトルドー首相により委任されたバーガー調査による，10 年間のモラトリアム勧告を無視したものであった。このケースでは，連邦政府は，石油収入の共有に長い間反対していたアルバータ州を支持したのであった。このように，パイプライン建設においては，オタワの連邦政府とアルバータ州はどちらかといえば結託し，連邦政府はアルバータ州が管理する会社による政策案を支持した。

　これまでの分析で明らかなように，1973 年から 1980 年の間の，特にトルドーに率いられた自由党政府の下で，カナダ国家は石油産業の活動の中での重要な領域に広範囲に介入することとなった。また，石油政策決定過程における国家の影響と自律性は非常に高くなった。この時期のカナダ国家は「支配的国家」に近かった。次節では，その理由を考慮したい。

3．石油政策問題の性質

　カナダの指導者たちは，石油政策を取り巻く状況の変化をいかに理解し，またこの認識がどのように国の石油政策に影響を与えたのであろうか。
　1970年代の初期に世界の石油価格が上昇するに際して，カナダはほかの国々同様安価な石油の供給を受けていたため，政策過程における石油問題の重要度も上昇した。特に，カナダ東部は輸入石油に頼っていたため世界の石油価格の上昇には敏感であった。このため，カナダの政治家たちは，これまでになく石油問題に注意を向けることを余儀なくされた。たとえば，1973年11月22日に国際石油環境の劇的な変化に応えてトルドー首相が，テレビ中継で全国民へ向けた演説で，「安くて有り余るほどのエネルギーの時代は終わった」と述べるとともに次のように指摘した。

> 1970年代の急速な変化は新しい政策を必要としています。外国の供給会社を通しての石油入手の可能性への疑問，輸入石油のあきれるばかりの値上がり，そして我が国の第一の石油顧客であるアメリカから高まっている新エネルギーへの要求などが，変化の最も重要な点です。

とはいえ，彼はこうした変化は国境地域の資源開発にとって大きなチャンスをもたらすと考えていた。これは，日本のように，この状況を経済的安全にとっての深刻な脅威と受け止めていた石油輸入国と比べて，対照的であった。首相は続けて次のように述べている。

> エネルギーセキュリティの低下や価格の値上がりと需要の高まりという組み合わせは，広大なアルバータ州の油砂や北極圏と大西洋大陸棚のような相対的にコストがかかり遠距離にあるエネルギー資源にとって，すばらしい新規開発の機会をもたらすものです[18]。

トルドーは石油をめぐる状況が，短期的には「エネルギーセキュリティの低下や価格の値上がりと需要の高まり」という大問題であるとともに，そして長期的には経済への絶好の開発の機会を提供するという両面をよく理解した。このときトルドーは言及しなかったが，もう一つの短期的問題は，カナダがどれほど石油を備蓄すべきか予測し決定する厳密な方法がなかったことである。

1974年初頭にオタワで開催されたエネルギーに関する首相会議で，石油問題の性格をトルドーは次のような言葉で再定義した。

　　1929年の世界的な大恐慌以来，（石油危機ほどに）これほど短期に，これほどの規模で起こった経済的出来事はない。我が国のあちらこちらでカナダ国民の生活や財産にこれほど劇的な差を産んだ出来事はない。こうした結果を起こるがままにし，仕方のない災害としてあらゆるカナダ人が放置するならば，我々は共同体であることを止めてしまうことになる。我々は，カナダにいるすべての人々にとってより平等な生活状態となるように創り上げてきた機構そのものの崩壊を見ることになるであろう。しかし，そうはならないのである。なぜならば，我々の国民生活の基本目標を固く守ることを決意しているからである。その目標は，われらの緊急にしてまた引き続き継続されるであろうエネルギー問題の解決の基礎になければならない。

何にもまして，首相は，石油危機がカナダの政治的経済的システムの統合と州間の富の配分に与える意味合いを懸念しているようであった。価格設定と収入の共有が，連邦制度と経済構造に与える重大な影響を，トルドーは次のように説明した。

　　州政府はその所有する資源からそれ相当の収入を受け取るべきであり，その資源が限られており，州政府が将来のさらなる資源開発に莫大な費用を投じる必要があるときには特にそうであるということに，我々は皆，同意するであろう。しかし，ある州が他の州の人口割合と比較して，たとえば3倍も4倍もの支出を可能にするような収入を継続的に受け取ることが理にかなっているだろうか。こうした問題は，我々の連邦制度の中枢部にかかわっており，我々が出す答えは，良かれ悪しかれ，我が国の経済構造と国民全員によき生活をもたらす我々の能力を大きく左右するように私には思える[19]。

このように，トルドー首相の見解は，カナダ連邦制の統合と強化，そして政府の収入増という彼のいつもの関心に色づけられていた。後で見るように，トルドーの懸念は，石油生産州と消費州との間の経済格差の拡大を心配していたEMRの主要な官僚たちも共有していた[20]。

　エネルギー問題の重要性が高まったため，連邦政府はいくつかの主要なエ

ネルギー政策のレビューを行ったりまた委任したりした。1976年4月，EMR内部の調査報告書である『カナダのエネルギー戦略：自給のための政策』が刊行された。この調査において，当時のEMR担当大臣のアリステアー・ギレスピーは1970年代半ばのエネルギー問題を，供給の不安定，高値そして高リスクの掘削活動拡大の必要という表現で定義した[21]。1978年，ジェームズ・E.ガンダーとフレッド・W.ベレアは『カナダ国民のエネルギーの将来』をEMRに代わって検証した。1980年には，より包括的なエネルギープログラムが『国家エネルギープログラム』（NEP）によって示された。NEPが，極秘の新予算の一部として提出されたという事実は，石油問題の重要性の高さを示唆している。『国家エネルギープログラム』の冒頭で，マーク・ラロンドEMR大臣は次のように強調している。

> エネルギー（に関する）決定は，カナダにおける活動のほとんどすべての領域，あらゆるカナダ国民の財産，そして，我が国のこれから先何年にもわたる経済社会構造に影響を与える。それは連邦自体にとって大きな，ポジティブな意味を持つのである[22]。

かつ，報告書の第一文で，「世界のエネルギー問題とは，石油の入手可能性と価格のことである」と宣言している。

カナダにおいては，石油生産のほとんどはアルバータ州と，それよりやや少ないがマニトバ州とブリティッシュ・コロンビア州に集中し，主要消費地はオンタリオ州とケベック州に集中している。生産州，産業界，連邦政府の3者間における相対的な経済力の強弱を決定するため，価格設定と石油収入の配分とが徐々に大きな政治問題となった。3者それぞれが，石油収入の取り分を増やすか維持することを望んだ。したがって，石油政策の基本的問題は，「不安定，高価，高需要」のみならず，変わりつつある政策環境の中で石油マネーをいかに分配するかという問題も含んだ。

カナダの連邦政府の指導者たちにとって，分配問題を解決することを困難にしている多くの要因があった。第1に，国際レベルでの石油価格の値上がりと結びついた供給の不足は，石油とガスの憲法上の所有者であった石油生産州のバーゲニング・パワーを高めた。さらに，アルバータ州首相ピーター・ロッキードは非常に強い個性とそして政治的にも強いリーダーシップを有しており，州の石油収入の取り分を増やすために，彼の前任者よりも強力に

交渉を行った[23]。

　全体としての石油収入は連邦，州ともに急速に増加しているにもかかわらず，その結果現れたのは外から見るとやや奇妙なカナダ国内の闘争であった。とはいえ，石油への高まる需要と新規確認石油埋蔵量の低下というギャップの中で，生産州は石油は枯渇する資源であることから，まったくなくなってしまう前に州経済の多様化と発展のために資金を調達しようとしたのであった。一方，連邦政府は，供給の確保と石油価格の上昇を懸念しており，特に輸入石油に依存しているオタワ渓谷の東部地域を気にしていた。オンタリオ州とケベック州の支持が連邦政府の力関係を決定することから，連邦政府は石油価格設定に干渉せざるをえなかった。したがって，安価に生産される国内石油とその輸出に課税することで，輸入石油のコストを助成しようとしたのである。石油輸入助成プログラム，モントリオールまでのパイプライン延長，石油の世界価格レベル以下での単一価格制度，このすべてが連邦政府の見解を反映していた。

　収入の配分をめぐる問題が連邦・州エネルギー会議においての交渉の密度を高め，両政府間での合意の成立をより困難にしたことは疑いない。収入の相対的取り分が生産地域と消費地域，産業界と連邦政府全体との微妙なパワーの均衡に大きく影響したのである。加えて，世界石油価格の上昇は連邦政府に収支バランスの問題をもたらし，輸入石油に依存している地域への憂慮を高めさせた。これらの理由により，ジョー・クラークの下での保守党政権でさえも，アルバータ州の同じ保守政権と合意に達することは極端に困難であった。石油政策の問題のこのような性格は，エネルギー分野における連邦政府の行動と，州及び石油業界との関係に深遠な影響を与えた。

4．指導者たちのイデオロギーと信条

　石油経済の変化に対応して，連邦政府は市場に大きく介入した。政府の反応は国家の指導者たちのイデオロギーと信条にも影響されていたかもしれない。保守党と自由党のリーダーたちの間にイデオロギー上の違いがあったのであるから，これが政策決定に何らかの意味を持っていたとすれば，政策内容や手段にその影響を見いだすことができるはずである。

トルドー首相のイデオロギー傾向と信条のありかたは，すでに検証されている [24]。他の多くのカナダの政治リーダー同様に，彼も民主的価値を信じ，基本的人権，社会的正義と秩序を信じている。しかしながら彼は，必要とあらば，こうした社会的価値の実現を確実なものとするために，中央政府が中心的な役割を果たすべきであると確信していた。「国家の機能とは」社会経済的システムと文化における「その国の市民の発展を保障する法秩序の確立と維持を確かなものにすることである」と彼は言う [25]。彼はまた，「自由市場」システムは多くの社会的問題を生んだので，経済過程における国家の介入は不可欠であると考えていた [26]。そしてまた，「経済成長と国家の富のより公正な配分は，正義に基づく社会造りにとって基本的なことである」との信念であった [27]。したがって，彼の信条にしたがえば，より平等な石油収入の配分を保障しカナダの統一を推進するために，連邦政府が石油経済に介入することは不可欠なことなのであった。さらにトルドーは，「近代の政府は単に反応するだけではいけない」のであり，「世論の形成をリードし，ことが起こる前に確かな方向性を与え，目的を追求する行動をしなければならない」と述べている [28]。このように，彼は，国家は国民をリードし，ガイドすべきであり，州間や国民の間での公正な経済配分に寄与するのであれば，経済の統制をすべきであると信じていた。トルドーは，国家統制主義者と市場干渉主義者の両面を持っていた。

　エネルギー問題の重要性が高まっていることを考慮して，トルドーはエネルギー政策グループの要の地位に優秀な人材を配置した。さらに彼らは，石油政策一般において才能ある人たちを連れてきた。ピーター・フォスターによれば，たとえばオースティンは「EMRにおいて自分の下に，続く10年間のカナダの石油政策に支配的な影響力を発揮した小規模の緻密なチームをつくり」始めた [29]。このチームには，ウィルバート・ホッパー，イアン・スチュアート，ジョーエル・ベルなどがいた。ホッパーは地質学者で，経営管理の研修を受けており，外国における石油会社の活動に詳しかった。スチュアートはオックスフォード出身の経済の専門家だった。ベルはハーバードで法律と経済を修め，カナダで有名な『グレイ・レポート』で外資系企業によるカナダ支配の問題の調査を担当した [30]。

　この頭脳集団は，次官と緊密に作業をしながら，徐々にEMRにおける石

油その他のエネルギー政策決定組織の核を形成していった。その結果，エネルギー省の主要な関心は以前の技術的調査とデータ収集から政策分析へと移っていった。特に，オースティンのチームは，石油産業のカナダでの開発への障害として，外資系の支配の割合が高いことを憂慮していたので，石油産業における外資系所有問題が，エネルギー報告書や政策の演説などで取り上げられるようになった[31]。

1970年代の前半にEMR大臣をつとめたJ. J. グリーンもドナルド・マクドナルドも，共に市場経済主義を支持してはいたが，政府の政策は社会に反応し，社会の風潮と必要を反映すべきであると信じていた。両者ともに，カナダの社会経済における外国支配への反発というナショナリスト的感情の高まりを認めていたので，経済一般，なかでも外国支配が顕著であった石油産業をカナダ人がもっと支配すべきであるという国民の希望を受け入れた。こうしてこの2人の大臣は，大衆の変化しつつあるムードに巧みに対応しているようにみえた，高給官僚によって進められた政策を支持したのであった[32]。政治指導者と彼の下で仕事をした政府の官僚が，「統合された強いカナダ」という構想と，国家は政治経済において中心的な役割を果たすべきであるという信念に導かれて，石油政策の方向を変えさせていたのである。結果として，石油経済における国家の関与は，トルドー時代に一貫して深まりかつ広がった。

ジョー・クラーク党首の下で1979年に政権に就いた進歩保守党政権は，国家の介入は少ないほど経済効率がよいと考え，市場における国家介入を低めようとした。首相自身が，最小限の政府による市場介入により自由企業体の効率と活力が増大すると信じていた。彼は，ペトロカナダ社を経済活動における過度の政府介入の第1の例とみなした。1974年にペトロカナダ社設立をめぐる法案が下院で議論されていたとき，彼は次のように述べて反対している。

> （この法案は）何の理由もなく，間違いなく，我が国のパブリックセクターとプライベートセクターとの関係を変えようとしている。石油掘削業界の環境を変えようとしており，その関係を悪い方へ変えようとしている。政府は国内で何かが起こっているとみるや行動を起こしたがるが，それは調停者としてでもなく，調整者でもなく，連邦政府と州政府が機

能してきた伝統的な線に沿ってもいなく，統率者としてである。権力（増強）を望んでいるのである。連邦政府は州政府の権限分野に立ち入り，結果にかまわずプライベートセクターに踏みこむことにより，その影響力と活動の範囲を拡大する準備をしているのである。コストがいかなるものであろうと，連邦政府自体の権力と影響力を拡張することに気を奪われている。これこそが，今夜いま我々の目の前に，この法案が置かれている真の理由なのである[33]。

彼は，政府は対立を調停するためにあるのであって，経済を統制するためではないと強く信じていた。彼は政府による市場への介入を嫌っており，経済活動でのリベラリズムを強く支持していた。実際クラークは，株式公開によりペトロカナダの民営化を間もなく示唆した。

クラークの経済政策の助言者であったジェームズ・ギリーズは同様のイデオロギー傾向を特徴とし，首相のイニシアティブを強力に支持した[34]。ブルース・ドーンとグレン・トーナーは進歩保守党全体としてのイデオロギー上の特徴を次のように述べる。「野党時代に，保守党のエネルギー政策は，影の内閣で主要なポストにあった者たちによって形成されていった。彼らは，経済における政府介入への深い不信感という保守の要素を代表する傾向にあった」[35]。すなわち，彼らの支配的な信念とは，カナダ政治文化の「ビジネス・リベラリズム」を代表し，そのような見解を抱いている人々が保守政権の政策過程において幅を利かせていたのであった。

保守派が政権を取るや否や，国民経済における国家の役割に関する自由党とのイデオロギー的相違が，前任のトルドー内閣の下で設立された国有石油会社への厳しい攻撃として顕著になった。確かに進歩保守党の党員の中にも，石油市場におけるペトロカナダ社の存在に反対でない者がいた。しかし，彼らの声は強くはなかった[36]。1970年代半ばに主流であった党の「タカ派」は，この国有会社の石油業界での継続操業に対する国民の間での幅広い支持にもかかわらず，民営化しようとした。この問題は，前述したように新たな石油税と価格対策の法案とともに，1980年の選挙での敗北の決定的な要因となった[37]。

それでもなお，自由党政権と保守党政権との2つの政権の間にはイデオロギー的に継続性の強い要素もあった。すなわち，エネルギーと財務に従事す

る主要な官僚たちの間に浸透していた市場干渉主義型及び集権主義的イデオロギーである。事実，こうしたイデオロギー的傾向は，保守政権の間に影響力のある官僚が財務省からEMRへ移動することになってさらに強まった。EMRの主要な官僚には，1978年4月に副大臣として財務省から移動してきたマーシャル・コーエン，コーエンが財務省からEMRへ，総括的エネルギー政策策定と実施のための担当の副大臣次席として連れてきたエド・クラーク，1979年の終わりにコーエンと代わったイアン・スチュアートらがいた[38]。

コーエンやクラーク，スチュアートのようなEMRの高級官僚たちは，連邦政府はカナダの各州の間の経済格差の減少とカナダ連邦における国全体の衡平を推進することを目標とすべきであると信じていた。トルドー首相のように，彼らも，石油収入の増加と石油業界の統制とによって，連邦政府は石油市場において積極的役割を果たすべきであるという見解を持っていた。保守党が政権を担当することになった期間中も，彼らのエネルギー政策への影響力は決して小さくはなかった。たとえば，EMR大臣であったレイ・ハイナツィンはペトロカナダ社を維持する必要について説得され，1979年の夏に，閣議で次のように説明している。

> もし我々が目標を達成したいのであれば，連邦政府エネルギー政策の直接の代理が必要であろうと私は考える。（税や規制の）政府が使える手段は，使えないか，もはや限度一杯まで使われているかである。穏当な形でのペトロカナダ社の保有は重要である[39]。

後に，この一群の高級官僚たちが，連邦政府の財源としての取り分を増大させ，ペトロカナダ社を石油産業に対する国家管理を広げる政策的手段として使ってエネルギー政策における連邦政府の役割を増大させることになるNEB(国家石油委員会)を企画した。

NEP(国家エネルギープログラム)の礎石である集権主義と市場干渉主義の傾向は，トルドーのイデオロギー傾向と一致していたばかりでなく，マーク・ラロンドのイデオロギーを正確に反映していた。ラロンドは急進的カトリックの社会哲学に影響を受けており，国家は正義に満ちた社会政治秩序を推進すべきであり，この目的のためには必要とあらば経済や市場にも介入すべきであると信じていた。彼は，石油価格設定と石油産業の外国所有の問題は，カナダの連邦主義の維持と生き残りに深遠な意味を持つと考えていた。

ラロンドは，石油経済の誤作動を政府の介入によって防ぐことを決意していた。トルドーの側近の一人として，彼のＮＥＰへの支持は，再選した首相のお墨付きを得た。

　自由党と保守党との指導者間における優勢なイデオロギー的相違がペトロカナダ社に関する石油政策の大変更をもたらした。にもかかわらず，クラーク内閣は実際にはほとんど何もできなかった。それは，内閣があまりにも短命であったことと，おそらく，集権的で市場干渉主義的な連邦政府の役割を強く信じる自由党時代と同じ高級官僚に政策上依存したためでもあった。イデオロギーを検討してみると，連邦政府官僚機構は，自由党，保守党両方の政権の下での連続性の強力な要素を提供したといえる。しかし彼らのイデオロギーがどれほど石油政策に影響を与えたかという問題は，政治指導者たちがどれほど官僚の助言に従ったかにかかっている。次はこの問題の検討に入ろう。

5．政治的なダイナミクス

　1973年から1980年までの間での最も顕著な政治的展開は，産業界のカナダ連邦の石油政策への影響力の大幅な低下である。また石油生産州と連邦政府との鋭い利害の対立の発生である。全体としては，生産州の方が連邦政府より石油収入は上回ってはいたものの，国家の構造において連邦政府当局は，権力を増大させた。連邦国家内では，エネルギー政策の開発と調整の主要な省としてのEMRの台頭が目立った。そのエネルギー政策の高い分析能力は，前述したいくつかの主な政策調査に示されている。この時期の石油政策の進展に対して，どの範囲まで，そしてどのように，権力関係の変化が影響していたのであろうか。

　連邦政府は石油資源開発事業や販売市場に介入しようとしたが，州や石油業界との交渉は困難を極めた。カナダ連邦の指導者たちの持っているイデオロギーゆえにまた彼らの国家観ゆえに，急騰する石油価格と石油不足が与えるであろう消費州への影響を無視できなかったことは，十分理解できる。石油のさらなる高価格への移行を求める強い圧力が，生産州と業界からあったのである。

1970年代の中央政府の構造のなかで，ＥＭＲの台頭は，エネルギー問題の優先度の急上昇と新しい人事，およびトルドー首相の強力なリーダーシップによってもたらされた。特に1970年代の前半，ＥＭＲは，連邦と州の諮問会議制度や国有石油会社の設立に加えて，ＥＭＲ大臣がリードする連邦・州エネルギー会議を開催するなどいくつかの重要な政策を提案・実施することでエネルギー政策過程における影響力を拡大した。

ペトロカナダ社の設立をめぐる動きに関しては，国営石油会社の設立を強く望んだ新民主党（The New Democratic Party，ＮＤＰ）の自由党政府に対する強い圧力などカナダ連邦内での政治的要因を強調する批評家もいる。一方，官僚をこうした政策のイニシアティブの重要な決定要因とする分析者もいる。フランシス・ブレーガとグレン・トナーは，それを「国有石油会社はＥＭＲの統制をエネルギー分野へと拡張することができ，また同省の影響力を拡張することができる」というＥＭＲの官僚たちの間での認識が増大した結果であると論じている[40]。同様に，ネリー・パットは次のように指摘する。

> 国有石油会社の概念の最も強力な主張者は，政府内，なかでもその統制を石油業界へ拡げようと企てていたエネルギー省において目立った。巨大で永続する官僚制度は，予測性と安定性を切望する。結果を決定することができないという1973年末の国際的石油供給の危機に対峙し，また政治的影響力にあまりにも抵抗した多国籍企業への影響力を持たなかったので，カナダの連邦官僚たちは，不確定性を減少し，石油業界への統制の知識を増やすことに努めた。ペトロカナダ社は（業界への情報収集の窓口）として設立された。それは，実際に起こったことは何であり，なぜなのかを証拠立てる官僚的道具である[41]。

それでもなお，官僚帝国の拡大は，主要動機というよりはむしろ結果である。国有企業の設立の主要因は，カナダ政府の指導者たちやＥＭＲのオースティンを含む重要な高級官僚たちの関心が，石油とガスの需要と供給および石油ガス業界の活動についての政府内の知識と情報の向上，オイル・セキュリティの確保，そしてやや劣るが，この重要な工業分野における外国支配を減少させることにあった，という事実に関係している。彼らは，国境地域の石油とガスの掘削とタール砂の開発を刺激し，石油業界におけるカナダ人による産業支配を増し「産業界を分析するための窓口」を獲得するために，国有

の石油会社の設立に熱心であった。また，同様の理由で石油監視庁を1978年に設立することで，政府はデータ収集能力を高めたのであった。ペトロカナダ社の設立が「国家の行動それ自体，特に，官僚統制の領域の拡大による外部からの脅威と不安定性への対応という行政部の傾向」[42]に関係していないことはないが，実際には連邦政府が以上のような理由とともにそれを実行するに不可欠の能力があったため設立されたと言える。すなわちEMRの理念は，鍵を握る政治的アクターによって支持されたからであり，また当省そのものが影響力を保持したため実行に移されたのである。この意味で，国の指導者たちと官僚とのイデオロギー的性格に加えて，国家における政治的なダイナミクスが，ペトロカナダ社の設立を含めた多くの重要な政策を政府が主導することを可能としたのであった。

EMRの台頭は，財務省，外務・北部及びインディアン担当省，そして国家エネルギー理事会などの連邦政府の他の重要なアクターたちの警戒を呼び起こした[43]。それでも徐々に，EMRは連邦政府の他の諸機関の抵抗を克服し，エネルギー政策の調整の中心となっていった。このことは一部にはエネルギーがカナダにとっての中心的課題となった結果であり，また一部には，トルドー首相がEMRのトップに，有能で影響力のある長老の側近政治家を任命したことにもよる。トルドーは，強力な政治指導の下におかれたとき，専門的に訓練された官僚は，国民のために合理的な政策勧告をなすことができると信じていた。自分の側近をEMRの一連の責任者に任命してからは，トルドーはこうした官僚たちによる分析，説明そして政策に大きく依存した。首相のこうした態度は，彼の在任期間中，EMR官僚の政策決定過程での影響力の増加に貢献した。

石油収入の配分問題は財務省によってなされていたので，石油政策決定における同省の影響力もまた大きくなった。エネルギー問題の重要性の高まりのために，そしてEMRがエネルギー政策全般に責任をもっていたために，財務省から重要官僚が幾人かEMRへ移動した。これは，1980年の政府予算の一部としてNEPが提案されたことにみられるように，EMRと財務省との間で，エネルギー政策における財政的なことがらの見事な調整をもたらした。

保守党の政権担当は短期であったため，国家の官僚機構への保守のインパ

クトはほとんどなかった。クラーク首相はハリー・ニアー，ポール・カーリー，パット・ハウ等を含む新しい人材をインペリアル・オイル社からEMRへ連れてきたが，トルドー時代に任命された多くの高級官僚はそのままの役職に残り，EMRのコーエン，クラーク，スチュアートらの重要な官僚は，石油業界への国家の介入を提唱し続けた。彼らは重大な決定や重要なデータ分析の提供に相当の影響力を持っていた。こうした官僚の努力と，国民の強い支持と，時間的な制約のせいで，ペトロカナダ社は維持され，またさらにその活動は結局拡大したのであった。

省内の中心的な官僚たちは，州間の経済格差を低減させカナダ連邦を弱体化させないために保守党政権はアルバータ州との交渉においては強い態度に出るべきだとクラーク保守党首相とレイ・ハイナツィンとを説得した。その結果，保守党の指導者たちと自由党系の実務者たちとは，いまや連邦内での人口比において不均衡となっているアルバータ州の経済権力と政治権力を制限しようとしたのであった。彼らはまた，石油業界からより多くの税を取ることの必要性についても強い確信をもっていた。EMR官僚の大きな影響力は自由党と保守党の両方の政権の下でも継続した。このため政権が自由党から保守党に代わっても，連邦政府の石油収入の取り分を増やすという姿勢に変化は見られなかった。

前に述べたように1980年2月に自由党が政権に復帰したとき，NEPに示されている基本的考えを生んだのは，EMRのこれらの官僚たちであった。それはトルドーの復活政権に提出された1980年10月の予算の一部として提出された。彼らの考えは，自由党の指導者たちとそのアシスタントと高級官僚との非公式な接触を通して，1980年選挙キャンペーンの始まりの時期に，すでに自由党の政策形成機関へ伝えられていた。

国家内部での政治的ダイナミクスつまり，政治指導者に支えられ信頼されたEMR高級官僚と財務省からの移動組の影響力は，石油危機以後のカナダ連邦政府の石油政策上のイニシアティブおよび石油生産企業と生産州との連邦政府との石油収入の配分問題に対する連邦政府の強気の姿勢を説明する決定的な要因であった。

6. 結 論

　1973年から1980年の間に，自由党政権の下でカナダ連邦政府は石油市場で大幅な介入を行い，いくつかの厳しい措置を導入した。そうした措置とは，石油価格の制約，輸出課税を組み合わせた高額輸入石油の補償制度と輸出管理，モントリオールまでのパイプラインの延長，そしてアラスカハイウェイパイプラインの建設と，自由党政権下でのペトロカナダ社の設立・拡張などである。1979年に発足した保守党政府も同じような政策をとった。後者の明白な例外は，ペトロカナダ社を民営化することによって石油市場における国家の存在を低下させる政策であった。しかし同政権は短命であったためこのもくろみは不成功に終わった。自由党と進歩保守党とのこの主要な相違にもかかわらず，カナダ政府は概して，様々な政策や措置の展開において相当な影響力と自律性をもっていた。

　要約すると，カナダ政府は，石油価格問題について（連邦と州という）2つの政府間で幅広く交渉しなければならなかったものの，「支配的国家」に近かった。カナダ政府はなぜ石油業界に対して独自に広範囲に介入したのであろうか。

　これまでの分析から，カナダ政府の指導者たちは政策環境の変化を十分に認識しており，自らのエネルギー状況の評価に基づいて，合理的計算をしたということがわかる。その強力な証拠は，1973年10月の石油危機以前，同年初頭にとられた一連の行為と，危機以後に導入された新しい政策主導に見いだすことができる。危機以前の措置は，世界の石油価格の上昇，国内の石油とガスの確認埋蔵量の低下と，そのための供給の不安定などの政策環境の変化への対応であった。危機以後の政府の行為は，劇的な石油価格の上昇の影響や，外国からの供給の中断と世界石油レジームの変化が，カナダ経済と連邦制度へ与えるインパクトを最小限化するものであった。

　石油政策の問題は，連邦政府のみならず石油とガスの生産業者，生産州，そしてその消費者にいたるすべての社会的アクターの中心的利益関係に深く影響を与えた。特に，基本的な問題が価格設定と石油価格上昇による増益収入の配分にあったので，2つのレベルの政府間と他のアクターたちの間で論

争を巻き起こし，政治過程は様々な競合するアクター間のバーゲニング（取引）という特徴を持った。

　しかしながら，連邦政府の行為はしばしば一方的に決定され，過去においては石油政策の形成に大きな影響力を振るった石油業界を含んだ他の諸アクターに，たいした諮問もされなかった。石油とガスの価格設定は，主に2つのレベルの政府間の交渉で決定された。非政府のアクターたちは，石油政策の進展と実施には直接的にはあまり影響力をもたなかった。連邦政府は，時として選挙対策の様相も帯びながら，産業界や他の社会的アクターからは独立的に，相当な影響力を振るった。換言すれば，政府政策への社会的アクターの圧力は，国家の指導者たちが彼らに特別の注意を払った場合のみ，間接的に働いた。さまざまな社会的利益の中で，リーダーの注意は消費者と生産州と消費州との間での石油収入の配分に向けられ，その関心は，政策環境の特質と認識に深く影響されていた。

　連邦政府はなぜこれほど広範囲な介入を選択し，政策過程においての影響力と自律性を有することができたのであろうか。これは自由党指導者たちと政府の高級官僚との，集権的で市場干渉主義的な信条とイデオロギーが主な要因であった。特に，トルドー首相下での連邦政府は，石油市場に大幅な介入を行ったが，それは部分的にはイデオロギー上の信念のためであり，また一部には，カナダ経済と連邦制度の機能に対する石油経済のもつ意味の深刻さのゆえでもあった。

　逆に，クラーク保守党政権は，国有会社への世論の圧倒的支持にもかかわらず，ペトロカナダ社を民営化することで，国家の市場における存在を減少させようとした。保守の考えの中心は「ビジネス・リベラリズム」によって支えられており，彼らの観点によれば，政府の介入は経済の活力の源である民間のイニシアティブを大きく削ぐものとみなした。すなわち，短命であった保守党政権のペトロカナダ社の民営化という決意は，イデオロギー的に最もうまく説明されうる。

　その試みが失敗したのは，政策が国民の支持を得なかったことと関連して，保守政権が短命に終わったことにある。このことは，民主制の政府は新しい政策を主導する能力と自律性を持つが，有権者の反対にあえば短期間しかもたないということを示している。長期的には，政府の行為は広く有権者によ

ってチェックされており，政策過程における影響力も自律性も，多大ではあるが完全でも絶対でもない。その意味で，政府によってまず決定され，その後に，幅広い国民の支持を得たということで，トルドー政権によるペトロカナダ社の設立は興味深い。この場合は，相当な程度に，政府が国民の態度を形成していったと言えるであろう。

　それと同時に，自由党と保守党の国有会社に対する異なる態度は，ステイティズム理論・アプローチの大きな弱点の1つを表している。それは，政治的なリーダーシップと，国家内におけるパワーの構造の変化がもたらす効果を概念化しなければこのアプローチはうまく稼動しないということである。ステイティズムによる解釈にとって決定的に重要なのは，公共の利益という概念である。しかし，その定義や実態は，指導者たちが交代した場合，特に正反対の統治イデオロギーや信条を有している者が政権を担当した場合には，変わってくる。

　最後に，国家内の構造の政治的ダイナミクスが国家の行動に与える影響を認識しなければならない。自由党と保守党の指導者の間では，ペトロカナダ社の役割について異なった見方をしていたが，これはイデオロギー的相違によるものであった。にもかかわらず，両党とも連邦政府の石油収入の増加を図り，この石油政策の重要な分野における政策の継続を図った。これは社会経済システムにおける国家の役割を強く市場干渉主義，集権主義的に捉えていたEMRの高級官僚の影響が多大であったためである。政権が変わったにもかかわらず彼らは同じ役職にとどまり，また彼らの強力な説得の結果，新たな政権の政治的指導者も連邦政府の石油収入を増加させるために激しい交渉を州政府や石油生産者と展開したのである。

注

[1] 唯一の例外は，1966年のガスパイプライン論争である。トランスカナダ社は，カナダ東部で増加していた需要に応えるためにアメリカとの国境に新しいパイプラインを建設することを提案した。これについては，John McDougall, *Fuels and the National Policy*, 前掲書を参照のこと。

[2] Jack Austin, "An Overview of Canadian Energy Policy in the '70's and the Role of Petro Canada (Address by Senator Jack Austin, QC, to 'Options 80')," held at the Hotel Nova

Scotian, Halifax, Nova Scotia, November, 5, 1979, pp.11-12.
[3] 同上，pp.10-11.
[4] G.Bruce Doern and Glen Toner, *The Politics of Energy*, 前掲書，p.92.
[5] Energy, Mines and Resources Canada (EMR), *An Energy Policy for Canada - Phase 1* (Ottawa: Information Canada, 1979).
[6] EMR, *An Energy Strategy for Canada: Policies for Self-Reliance* (Ottawa: Minister of Supply and Services Canada, 1979), p.153.
[7] Doern and Toner, 前掲書，pp.92-92 および pp.176-177.
[8] Austin, 前掲書，pp.15-20.
[9] ペトロカナダ社の発展については，Larry Pratt, "Petro-Canada," in Allan Tupper and G.Bruce Doern (eds.), *Public Corporations and Public Policy in Canada* (Montréal: Institute for Research on Public Policy, 1981); Pratt, "Petro-Canada: Tool for Energy Security or Instrument of Economic Development," in G.Bruce Doern (ed.), *How Ottawa Spends Your Tax Dollars: National Policy and Economic Development 1982* (Toronto: Lorimer, 1982); John Erick Fossum, *Oil, the State, and Federalism; The Rise and Demise of Petro-Canada as a Statist Impulse* (Toronto:University of Toronto Press, 1997) 等を参照のこと。
[10] 1978年のギャロップ調査によれば，調査対象者の48%がペトロカナダ社の株式売却に反対，22%が支持，30%が無回答であった。平原諸州においては，半数以上(53%) が反対したギャロップ報告書，1979年8月11日号。カルガリー・ヘラルド社の8月半ばの調査によれば，「解答者の80%は国有会社の株式の民間への売却は好ましい」としているが，ペトロカナダ社の存続については，石油生産資本の81%が支持している。Jeffrey Simpson, *Discipline of Power: The Conservative Interlude and the Liberal Restoration* (Toronto: Personal Library, 1980), p.162.
[11] 東京サミットは，イラン革命によって起こった石油供給の断絶と値上げに翻弄された。
[12] Doern and Toner, 前掲書，pp.102-106.
[13] Prime Minister's Office, *Opening Statement of the Prime Minister of Canada at First Ministers' Conference on Energy* (Ottawa, the Office of the Prime Minister, January, 22, 1974).
[14] G.Bruce Doern and Richard W.Phidd, *Canadian Public Policy: Ideas, Structure, Process* (Toronto: Methhuen, 1983), pp.92-93.
[15] EMR, *The National Energy Program* (Ottawa: Minister of Supply and Services Canada, 1980), p.2.
[16] 産業界とアメリカとの反応の詳細については，Doern and Toner, 前掲書を参照のこと。また，Stephen Clarkson, *Canada and the Reagan Challenge* (Toronto: James Lorimer for Canadian Institute for Economic Policy, 1982), pp.55-82 も参照のこと。
[17] 1985年4月1日，トロント大学で開催されたカナダ公共政策セミナーにおける筆者の質問に対するマーク・ラロンド元大蔵大臣による口頭での返答。
[18] Pierre Trudeau, *Notes for the Prime Minister's Statement on National TV, November 22, 1973* (Ottawa: Office of the Prime Minister, 1973).
[19] The Office of the Prime Minister, *Opening Statement of the Prime Minister of Canada at First Ministers' Conference on* Energy, p.7.
[20] EMR, *An Energy Strategy for Canada*, 前掲書，pp.31-41.
[21] 同上，pp.iii-iv.
[22] EMR, *The National Energy Program*, 前掲書，p.1.
[23] 詳細については，Larry Pratt, *The Tar Sands: Syncrude and the Politics of Oil* (Edmonton:Hurtig, 1976) また，Larry Pratt & John Richards, *Prairie Capitalism: Power and*

Influence in the New West (Toronto: McClelland and Stewart, 1979) を参照のこと。
²⁴ 以下を参照のこと。水戸考道「トルドー首相と対日・対太平洋関係の展開」日本国際政治学会編『国際政治』第79号, 1985年所収。Geroge Radwanski, *Trudeau* (Toronto: Macmillan of Canada, 1978); and Bruce Thordarson, *Trudeau and Foreign Policy: A Study in Decision-making* (Toronto: Oxford University Press, 1972).
²⁵ Pierre E.Trudeau, *Federalim and the French Canadians* (Toronto: Macmillan of Canada, 1968), p.21.
²⁶ 同上, p.79.
²⁷ 同上, p.82.
²⁸ 同上, p.96.
²⁹ Peter Foster, *The Sorcerer's Apprentices: Canada's Super-Bureaucrats and the Energy Mess* (Toronto: Collings, 1982), p.61.
³⁰ 『グレイ報告書』の評価に関しては, Canadian Forum, *A Citizen's Guide to the Gray Report* (Toronto: New Press, 1971) を参照のこと。
³¹ たとえば, EMR, *Excerpts of an Address by Jack Austin, Deputy Minister of the Department of Energy, Mines and Resources to Toronto Branch, Canadian Institute of Mining and Metallurgy at the Toronto Board of Trade* (Ottawa: EMR, March, 25, 1971).
³² たとえば, 以下を参照のこと。EMR, *Text of an Address by the Honourable J.J.Greene, Minister of Energy, Mines and Resources, Canada to Canadian Club, Ottawa* (Ottawa:EMR, June 7, 1970); and EMR, *Notes for an Address by the Hon. Donald S.Macdonald, Minister of Energy, Mines and Resources in the Debate on the Speech from the Throne* (Ottawa: EMR, February, 24, 1972).
³³ Simpson, 前掲書, p.161.
³⁴ 詳細は以下を参照のこと。Doren and Toner, 前掲書, p.47 および pp.147-154, Foster, 前掲書, Simpson, 前掲書および Geoffrey Stevens, "The Petrocan Two-Step," *The Globe and Mail* 1980年1月2日, あるいは Gilles, *Where Business Fails* (Montreal: Institute for Research on Public Policy, 1981).
³⁵ Doern and Toner, 前掲書, p.103.
³⁶ Simpson, 前掲書, p.163.
³⁷ この問題の詳細については, Foster, 前掲書および Simpson, 前掲書を参照のこと。
³⁸ フォスターによれば, コーエンは税の専門家であり, 州政府と連邦政府の間での価格設定交渉の鍵を握る交渉者であった。彼は豊富な知識を有しており, 石油価格設定の問題に関心を持っていた。クラークは「ネオマルキスト経済学者」であり,「オタワの反経済活動, 市場干渉主義バイアスの典型のなかでの鍵となる実力者」とみなされていた。最後にスチュアートは「政府の治癒力の強固なる信奉者」であった。詳細は, Foster, 前掲書, pp.73-78.
³⁹ Simpson による引用。前掲書, p.166.
⁴⁰ Bregha and Toner, 前掲書。
⁴¹ Pratt, "Petro-Canada," in Tupper and Doern (eds.), 前掲書, p.107.
⁴² 同上。
⁴³ EMRの勢力の拡張に関しては, 次を参照のこと。G. Bruce Doern, "Energy, Mines and Resources, the Energy Ministry and the National Energy Program," in Doern (ed.), *How Ottawa Spends Your Tax Dollars: Federal Priorities 1981* (Toronto: James Lorimer, 1981) および Doern and Toner, 前掲書。

第9章 石油危機と日本

1. はじめに

　国際危機に対する国家の対応は，国家の能力を調べるうえで最適な事例の一つである。これによって，国家機構と指導者が危機に際して適切に機能するか，またその機能が賢明なものであるかが明らかになるからだ。この章では，石油危機の管理と危機後の政策決定における国家の影響力と自立性の点から，日本の国家の能力と性格を検討する。

　石油危機は1973年10月中旬，ＯＡＰＥＣが石油生産の削減を発表したことで始まった。当初は，イスラエルが1967年の第3次中東戦争以来占領しているアラブ領から完全撤退し，パレスチナ人のすべての権利を回復するまで，毎月5％の生産削減を行うという計画だった。またＯＡＰＥＣの会合では，イスラエルを支持するアメリカとオランダに対して輸出を停止するが，友好国には以前と同量の輸出を続けると決定している。

　日本の政府と財界の指導者たちは当初，石油供給の問題に無関心だった。日本では深刻な石油不足が起こると懸念する者は少なく，多くは今度の中東戦争も1967年と同様に短期間で終結すると楽観していた。アラブ諸国がイスラエルに対して長期間固く結束し，世界にアラブの大義を支持させるための政治的な武器として石油を利用するとは，予期しなかったのである。

　こうした日本の楽観的予測は，まもなく10月末の石油ショックによって覆された。多国籍石油企業（ＭＯＣｓ）が日本の石油企業に，10％から30％の供給削減を通告するようになったのである。日本の石油企業の懸念は10月29日に開かれた石油連盟の元売り会議で表明され，通産省に具体的な消費抑

制策を取るよう要請することが決定された。この時点で、政治指導者と政府当局は、適切な政策を立案するために情報収集を開始している[1]。

　11月5日にOAPECは、石油生産をさらに9月の水準の75％まで削減し、12月にはまた5％の削減を行うことを決定した。11月9日には9電力会社の社長が会合を開き、産業部門における電力消費の10％削減を目的としたキャンペーンを始めることを決定している。

　日本政府の内部では、11月16日に石油対策推進本部が設置され、田中角栄首相が議長に就任した。同時に政府は、エネルギー消費の10％削減キャンペーンを開始し、またいくつかの節約策を勧告して、公共施設の室温を20度以下に制限したり、日曜日のガソリンスタンドの営業や自動車利用を自粛したりすることなどを求めた。政府のこうした最初の行動にはなんら目新しいものがなく、大部分は民間のイニシアティブを公認したものだった。

　しかしこれは、政府に関心がなかったということではない。事実、日本の国家指導者たちはすでに3つの大きな問題に取り組んでいた。1つは、いかにして外国からできるだけ多くの石油を入手するか、という問題だった。第2の問題は、乏しい石油をどのように国内消費者に配分するかというもので、それと密接に関連して、第3に、石油製品の価格設定をめぐる問題があった。国家指導者はまず、外交ルートを通じてできる限り多くの石油を入手することに専念した。次に彼らは配分問題の解決を目指し、最後に価格に取り組んだ。

　この章は3つの部分からなっている。最初の部分では、1973年の危機に対する日本の対応を、この3つの問題の順番で検討する。2つ目の部分では、危機の後における政府の石油政策の展開について論じる。

　第4章と第5章では、日本の政治文化における国家統制主義の要素と、環境的要因（本書のモデルの独立変数）を明らかにしたが、第3の部分では、石油問題の重要性が認識されたことによる影響、国家指導者のイデオロギーと信条体系、そして政策の発展をめぐる指導者間の政治力学を検討する。この章の最後では、1970年代の石油政策過程における日本の国家の影響と自律性について、明らかになったことを指摘して結論とする。

2. 石油危機に対する日本の対応

　石油の輸入量を増やすために，企業の指導者，とくに財界の資源部門に属する指導者たちは，すでに石油危機の1年前から，政府が新たな行動をとるように主張していた。この部門の指導者には，経団連エネルギー委員会委員長の松根宗一，日本興業銀行相談役の中山素平，石油開発公団総裁の山里広記そして他のさまざまな海外石油開発会社の取締役会長たちがいた。こうした人々は地位のある財界指導者であり，田中角栄首相や中曽根康弘通産相，通産省高官といった，国家指導者たちと密接なつながりがあった[2]。

　こうした財界指導者たちは，通産省のさまざまな審議会の指導的メンバーとして政府のために活動しており，その見解は通産官僚の間で支配的な意見に影響されるばかりか，そうした意見を反映してもいた。財界指導者たちの懸念は『経団連月報』の1972年12月号によく表れている。そこでは3つの提起がなされていた。それは，(1)直接取引を通じて日本の石油安全保障を強化するために，産油国の経済と産業の発展に技術的・財政的支援を行うこと，(2)多くの産油国が望むように，製油所を消費地でなく生産地に建設すること，(3)中東に対する日本の外交政策を再検討すること，であった。また，国際石油市場が売り手市場になろうとしていることも認識されている。その主張によると，外国産の重要資源・物資の確保はますます困難になっており，日本は供給確保のために，アラブ諸国のような資源産出国とのつながりを積極的に強化し，その必要に十分応えるべきだ，とされている。この報告ではさらに，政府に新たなエネルギー担当官庁を設置して，情報収集と政策調整の能力を強化することを提案している。

　経団連は「資源部門」のイニシアティブに基づいて，政府当局の理解を得るために一連の協議を開始した。こうした協議の結果，1973年7月に出された報告書では，資源外交の重要性が一層強調され，産油国の経済発展プロジェクトに日本が積極的に参加する必要があり，そのために国内で政府と財界が調整を行う必要があることが確認されている[3]。

　通産省はこの共同勧告にただちに応じた。まず1973年7月には資源エネルギー庁が設置された。通産省はまた，石油危機の前から産油国との関係強化

を主張していた。そして石油危機が進展すると，通産省は日本の対中東政策全体の再検討を要求した。

それでも，通産省のこうした動きは，官僚自身が自分たちだけの力で決定したものなのか，それとも財界の要望によって直接生じた結果なのかは，明らかでない。しかし次の理由から，この動きは通産省と財界の協力によって生まれたと考えるのが妥当であると思われる。第1に，先に見たように，財界と通産省はすでに密接に協力していた。第2に，通産省の内部では，両角良彦事務次官ら主流派の官僚が，早くから，エネルギーの管理や汚染の規制といった新たな問題によりよく対処するために，通産省の機構改革を行う必要を検討していた。通産省はそれまで業界別の縦割り構造となっていたが，こうした問題に対処するには省内で部局間調整が必要である。その結果，通産省は，資源エネルギー庁や環境立地局のような新組織を設置しただけでなく，いくつかの局を新たな局（基礎産業局，機械情報産業局，生活産業局など）に再編成することで，省自身を大きく改組したのである。

両角自身，長年にわたって資源供給の問題に懸念を抱いており，たとえば，積極的な資源外交を先頭に立って主張していた。両角は次官の地位から退いた後も，田中首相に対し，多方面に向けた資源外交を展開するよう提言している。在職中には，1973年4月末から3月初めにかけての中曽根通産相の中東訪問を強く支持した。この時，現地の日本公館は，アラブ・イスラエル紛争が近い将来に激化する可能性は低いと報告していた。

この訪問に関して同様に重要なのは，中曽根通産相もまた，中東で新たな展開が起こる兆しを感じ，訪問の必要があると判断したことだった。このように，主要政治指導者の1人が訪問の必要を認め，首相の承認を求めたのである。田中首相は首相就任以前に通産相を務めており，通産省の見解に通じていた。加えて，当時次官だった両角が，田中内閣の中曽根通産相の下でもその職に留まっていた。その結果，首相は通産省のイニシアティブを積極的に受け入れたのだ[4]。

この中東訪問の結果，通産相は，資源産出国との関係を緊密化する必要を確信し，帰国後直ちに資源外交を公式に提唱した。通産相の提言は，日本にとって，直接の政府間関係を発展させることが不可欠だというものだった。通産官僚はこうした提言を歓迎したが，これは，通産省が政策実施におい

て大幅に役割を増すことを意味していたからだ。石油をめぐる状況とそれに関連した問題について，通産官僚の見解は，この年9月に発表された『第1回エネルギー白書』に要約されている。白書の中で，今まで多国籍石油企業によって機能していた石油供給制度は崩壊して，今後多国籍石油企業とともに産油国が石油供給の鍵を握ることが明らかになったと指摘している[5]。またこの白書では，「1960年代の受動的な国際対応」を否定して，「能動的な国際協力」を基礎とする積極的な資源外交を提唱している[6]。また，日本は石油需要量の3割を自主開発の供給源を通じて確保することが重要だと主張している。

　アラブ諸国が日本への石油供給を削減したことが明らかになると，通産省は省内に研究会を設置し，石油不足が発生した場合に日本経済にどのような影響があるかを検討した。あいにく海外の新たな動向について情報が非常に不足しており，この研究会では明確な結論を導き出すことができなかった。

　この研究会のなかでは，新たな石油市況が日本経済に与える影響をめぐって意見が分かれた。たとえば資源エネルギー庁の山形栄治長官は，石油危機の影響を控えめに予測した。反対に山下英明通産次官はきわめて悲観的な予想を示している。しかし通産省は全省をあげて，経済への影響を抑えるように努め，対中東政策の変更を求めた[7]。通産省は次第に親アラブの姿勢を表明する以外，アラブ諸国の対日姿勢を変える方法はないと確信したのである。

　外務省は通産省と異なり，積極的な資源外交の要求を受け入れようとしなかった。それは，外務省は戦後を通じてそれまで常に，アメリカとの友好関係の維持を重視してきたためである。資源外交に向けた提言は，日本がアラブ諸国と密接な外交関係を築き，ワシントンの要求に逆らうことを意味するものだった。

　石油危機が進展すると，外務次官は政策検討のために情報収集を行う研究会を設置したが，外務省には十分な情報も専門家も欠いていることが明らかになった。外務省はイランとインドネシアに対日石油供給量の増加を依頼した。そして，石油をめぐる中東の新動向について直接情報を得るために，この地域に使節団を派遣することを決定した。

　しかし中曽根通産相はこの方針に反対した。通産相は，日本政府がその立場を明らかにしない限り，使節団を派遣してもほとんど効果がないと信じて

いたのだ。そのため，非公式の使節団を派遣して，アラブ諸国が日本を「友好国」とみなす最低条件を確認することになった。この使節団は3人のアラブ専門家から構成されていた。田村元・駐サウジアラビア大使，水野惣平アラビア石油社長と，対中東関係を担当した元外交官の森本太郎である。

この間，ほとんどのヨーロッパ諸国は，アラブの主張を支持することで危機に即座に対処した。日本の指導者と外務官僚は，11月14～15日に東京を訪れるヘンリー・キッシンジャー米国務長官と会見した後で，自分たちの立場を明らかにすることに決めた。彼らが期待したのは，日本がイスラエル・アラブ紛争について親米的姿勢を維持するように国務長官が望むのなら，アメリカの立場を明らかにするだけでなく，日本への石油供給を保証するか，少なくとも日本の石油事情を改善するために何らかの具体的提案をするだろう，ということだった。

11月14日にキッシンジャー長官が大平外相と会見している頃，経団連は重要な会合を開いて，アラブ諸国に対する日本の立場についてコンセンサスを作ろうとした。参加者のなかには，土光敏夫のような経団連のトップリーダーが含まれていた。この会合にはエネルギー専門家が招かれて批判的評価を行う者がいたが，それは，石油連盟の石田副会長，資源エネルギー庁の熊谷石油部長，日本エネルギー経済研究所（通産省のエネルギー政策担当シンクタンク）の脇坂所長，通産省の山下次官の4人だった。日本経済は重大な影響を受けているという専門家の証言に，財界の指導者たちは納得し，その晩，親アラブ的姿勢への政策変更を田中首相に「直訴」するに至った。首相の答えは，状況が重大なことは理解しており，さらに検討を進めるというものだった。首相は翌日にキッシンジャー長官とインガソル米国大使と会見することになっており，財界人の提言を日本の唯一最終的な立場として受け入れるのでなく，いくつかのオプションを残しておくことに決めていたのだ[8]。

この2日間に行われたアメリカ代表との会見は，概して生産的なものではなかった。キッシンジャー長官は石油供給について何ら具体的な約束はせず，ただ，石油禁輸はまもなく終わるだろうという見通しを繰り返すだけだった。『読売新聞』によると，長官は日本がアラブ諸国に対する既存の姿勢を維持するように要求することさえなく，日本は独自に行動するように述べたのである[9]。

まもなく，対アラブ政策の変更を求める圧力が政府の内外で高まってきた。中曽根通産相だけでなく，大平正芳や三木武夫など，他の多くの自民党指導者も親アラブ的姿勢に対する支持を表明した[10]。財界指導者に加えてすべての野党も，そうした政策変更を要求した。同時に公式・非公式の情報収集からも，国家指導者と官僚たちは政策変更の必要を次第に確信するようになった。外相はいくらか躊躇しただけで，政策変更に同意した。

11月22日，二階堂進官房長官は「新アラブ政策」を発表し，戦争の終結とパレスチナ人の権利の承認を呼びかけた。この政策はとくに，イスラエルが第3次中東戦争以来占領しているすべての領域から撤退すべきことを強調し，現在の状況が続くなら，日本は政策を再検討せざるを得なくなると警告している。この警告は明らかに首相が加えたもので，中曽根通産相がこうした威嚇が必要なことを説得した結果だった。この警告については，通産官僚も財界指導者たちも支持していた。

新アラブ政策が発表されて8日後の11月30日，日本の国家指導者たちは，三木武夫副総理兼環境庁長官を中東に派遣し，日本の新たな姿勢に対する理解と支持を求めることを決定した。副総理の訪問は成功に終わった。副総理は，サウジアラビアのファイサル国王やエジプトのサダト大統領ら，中東の指導者たちの歓迎を受け，その帰国5日後の12月25日，OAPECは，加盟国が日本を友好国と見なし，必要な石油を供給するとの決定を発表した。それからひと月のうちに，サウジアラビアのヤマニ石油相が訪日している。両国の結び付きは外交のレベルで強化され，また民間部門の経済協力によってもその動きは促された[11]。

資源外交に向けてのイニシアティブは財界が取ったように見えるが，政府のなかにも資源外交を提唱する者はいた。通産相と通産官僚は，しばらく前から産油国との関係緊密化を力説していたし，危機が発生してからは，親アラブの姿勢をとって産油国との結び付きを強めるように，政府内の他の主要アクターを次第に説得していった。当時，石油外交をめぐる政治においては，財界の関係者と政府内の指導的人物の両方が，新政策の有効性を政府全体に訴えていたのである。政府全体がこうした人々の要求に応えたのは，新政策によって日本の石油供給の安全が高まり，公共の利益全体のためにもなると，政府内のすべての主要アクターが認識したときのことだった。

政府がこうした決定を下したとき，戦術的に政策決定を遅らせたことに表れているように，政府にはいくらか自律性があった。さらに，政府は明らかに財界から強い圧力を受けていた。本章の事例では，政府と財界は偶然利害が一致していた。政府全体が政策変更の有効性について合意すれば，首相が提案したように政府発表に威嚇的な言葉を加えることなど，政策の内容は決定することができた。この過程において政府は，財界の利害から完全に自由なわけでも，そうした利益が完全に浸透しているわけでもなかった。それよりは，政府は石油外交を生み出して実施するなかで，控えめな影響力と自律性を発揮したと言える。

外国からの石油供給の問題とは対照的に，国内での石油配分の問題については，初期段階における政府の行動は問題解決にほとんど役立たなかった。それどころか，政府の対応が遅れたために，石油やその他の生活必需品が不足するという懸念が増大している。11月18日には，トイレットペーパー，洗剤，砂糖，塩，シャンプーといった商品を買い貯めするために，主婦が早朝からスーパーマーケットの前に並んでいると報じられた。商品の棚はたちまち空になってしまった。後に行われた調査によると，こうした商品が不足したのは，消費者がパニックに陥って突然需要が増大したためだと指摘されている。実際には在庫量は正常で，消費者はみな普段どおりに商品を買うことができたはずだという[12]。

無用のパニックがさらに起こるのを防ぐために，通産省は石油市場に介入し，行政指導を通じて消費量を抑えようと試みた。まず11月27日の閣議の後，中曽根通産相は，18リットル入り缶灯油の上限価格を380円に定めることを発表した。この上限は，灯油価格を420円から430円の間で凍結するという通産官僚の提案よりも低いものだった。このように上限が設定されたのは，明らかに政治指導者が危機に対処しており，消費者の側に立っているということを示そうとする象徴的な行動だった[13]。このように消費者の自然発生的な行動が，政府の決定にいくらかの影響を与えたのである。そしてこうした影響は，12月17日に通産省が家庭用プロパンガスの価格凍結を行ったことにも再び表れている。

その間，通産省は2つの法律の起草を開始していた。1つは国民生活安定緊急措置法，もう1つは石油需給適正化法である。前者は，異常なインフレ

を防ぐために国家統制を行う権限を与えるものだった。これによって，急激に値上がりしている物資について，国が「標準価格」を設定し，企業にこの価格を維持するように求めることが可能になるのだ。標準価格に従わない者に対しては，その名前を公表し，販売価格と標準価格の差額を返還させるという制裁を科する。第2の法案は，政府に石油の供給，生産，販売の計画を作成し修正する権限を与えるものだった。政府はまた，石油や他の製品を配分することが可能になり，政府の命令に従わない者は罰せられる。処罰には課徴金だけでなく懲役刑も含まれ，これは日本の経済法規としては異例のことだった。

しかし，この2つの法律の制定は，いくつかの理由から遅れた。第1に，法案が公表された2日後の11月24日，愛知揆一蔵相が急死した。そのため首相は，政府の他の課題を検討する以前に，内閣改造を行う必要があった。第2に，有効な資源外交を実施して十分な量の石油を確保することのほうが，もっと緊急を要する課題だった。

第3に，いずれの法律も経済の官僚的統制を拡大し，市場における国家権力を確実に増大させるものであるため，保守政治家と財界指導者の双方から強い反発が生じた。たとえば，11月30日の石油対策推進本部の会議では，自民党の椎名悦三郎副総裁が懸念を表明し，国家統制がひとたび開始されると，戦時中に植木鉢にまで統制を及ぼしたように，さらに統制が必要になるだろうと論じている[14]。椎名はかつて，戦時中の国家統制を主張した代表的人物だったので，この法律を提案した通産省の高官や，首相自身を含む数人の参加者は，その意見を慎重に考慮した。その結果彼らは，当初提案された措置を緩和し，石油製品の割り当てといった強硬な措置は避けることに応じた[15]。

立法が遅れたもう1つ重要な要因は，通産省と公正取引委員会の間の官僚的対抗関係だった。公取委の主要な役割は，企業間のカルテル形成と独占的行為を防止することにある。公取委では伝統的に，通産省と対抗関係にある大蔵省からの出向者が職員となっていた。1960年代には，日本の産業の国際競争力を強化するために，通産省の主導によって，不況時に主要企業の選択的カルテル形成と合併を進める計画が実施されており，公取委はこれを受け入れさせられて調査権限が弱まった。通産省の活動によって，公取委は大企

業から公共の利益を守るという権限と威信が低下し，不満を抱いていたのだ。石油と他の製品の値上がりは，公取委が失われた権威と権限を回復する機会となった。そして，通産省が推す法律が，石油と他の製品の不足と価格上昇を解決するためにカルテル形成を合法化するものだと知ると，公取委は立法に反対した。

公取委は自己の権限を強化するため，11月の最後の週に，石油産業などの行為に対して数回の強制検査を行い，物価上昇に不満を示していた国民から幅広い支持を得た。その結果，公取委は政府内で重視されるようになり，その後は石油価格をめぐる政治のなかで主要な政治勢力となる。

通産省と公取委の対立を鎮めるには，首相自身が間に入って仲裁する必要があった。石油産業は長年にわたって公取委の標的となっていた。たとえば1972年には34回の勧告がおこなわれ，73年には灯油販売をめぐる違法カルテルに対して8回の勧告が発せられている。ツルミ・ヨシは，公取委と通産省の対立の解決が図られた政治過程を，次のように説明している。

> 1974年夏には参議院選挙が予定されており，野党連合に参院の多数を奪われることを懸念するようになった田中首相は，公取委が国民から得た支持を無視できないことを知っていた。11月30日，通産省，総理府，自民党，公取委の間で妥協が成立し，カルテルを承認する明文規定は草案から削除された。同時に，通産省と公取委の間で「非公式の覚書」が交わされ，ある種のカルテル行為は公取委の審判の対象とならないことが確認された。これは日本の伝統的な妥協方法で，表向きは一方に勝利を与えながら，相手にも要求の実を得られるようにするものである[16]。

一方，12月5日の通産省の報告によると，石油消費の削減を目指した政府の施策はあまり成果を生んでいなかった。12月初めまでに，5％の削減しか達成できなかったのだ[17]。12月11日の閣議は，削減率を20％に引き上げることで合意した。これほど徹底的な消費削減は実際には必要なかったのだが，新法の国会通過を強く望む通産省は石油供給量の予測を誇張して示しており，そのデータを基に削減率が設定されたのである。この点について，ツルミは次のように書いている。

> 実際のところ，1973年12月に日本は，通産省が日本向けに供給されると公式に確認していた量より，220万トン以上も多くの石油を受け取っ

ていたのである。220万トンとはマンモスタンカー10隻分の量に相当する。大蔵省の税関は毎週，日本の石油企業や商社が通産省から，実際の原油供給量だけでなく海外での購入量も報告するように「命じられている」恐れがあると報告していた。そのため，12月に日本の港に到着予定の原油の量を，通産省が知らなかったとは思われない[18]。

ツルミの結論は，通産省にとって，自分たちの起草した法案を国会が審議している間は，石油不足に対する国民の懸念を解消しないのが好都合だった，というものだ。また同様の理由から，通産省は「マスメディアが石油不足や内外石油企業の悪行といったテーマをさらに採り上げるよう奨励した」。通産省は石油産業をスケープゴートとして利用したのだ。山下次官は，石油企業が「諸悪の根元」だとさえ言っている[19]。

それにもかかわらず，多国籍石油企業は石油消費の増加率に基づく予想需要量に応じて消費国に石油を配分し，日本の消費は約17％増加していたので，日本に対する供給量は前年を3.4％下回っただけだった。対照的に，この方式を用いた結果，アメリカへの石油供給量は16.4％，西ヨーロッパへの供給量は8.7％削減された。実のところ，1973年には多国籍石油企業は日本に対し，72年より多くの石油と石油製品を供給したのである[20]。そのため日本は，全ＯＥＣＤ諸国のなかで，ＯＡＰＥＣによる石油の生産・供給削減の影響が最も小さかった。

しかし，政府による石油需要予測はものによって大きく異なっており，石油の不足量とその経済に対する影響を正確に判断するのは誰にも難しかった。通産省の見積では16％から20％の削減と予測されていたが，このように悲観的な予測がされたのは，2法案の制定に努めていたことと関係あるのかもしれない。この法案は結局，12月22日に成立した。

灯油やガス，その他の石油関連物資はいくらか不足することがあったが，通産省の地域監視センターに報告され，同省の出先機関によってうまく処理された。つまり，日本政府は，物資が不足したときでも，石油配分政策をうまく実施したのである。政府は社会のさまざまな勢力から圧力を受けたが，欠乏をめぐる問題を解決することができた。その際，日本政府は一定の穏やかな影響力を行使し，石油の配分に影響する重要決定を行うに際して一定の自律性を発揮した。新たな法律が成立し，通産省がさらに徹底的な手段を取

る権限を得たことで，石油政策の性質は価格設定の問題に移行した。

石油価格の設定はきわめて複雑な問題だった。それは，通常の製品と違って，製品そのものが企業間で差別化されていなかったからだ。どの石油製品を他の製品より高い値段で売るかは，規定のルールや基準で決められていたわけではなかった。全体の価格構造によって，石油会社が輸入，精製，流通のコストを負担し，いくらか利ざやと投資を確保できれば，その価格は適切と見なされた。これはつまり，場合によって，たとえば灯油や重油よりもガソリンのほうが，1リットルあたりの値段が高くなることを意味するのだった。

価格設定はさまざまな形で，石油利用者の利害に直接影響する。さらに，原油価格が絶えず上昇することで根本的な不安定が生じ，事情は一層複雑化した。そのため価格設定の問題は，誰が価格上昇分を大きく負担し，それをどれだけ即座に負担するかという問題とつながっていた。

1973年には，日本の石油会社はいっせいに，国際価格の上昇に応じて石油製品の価格を5回引き上げている。1月，2月，8月，10月，そして最後に，重油製品は11月中旬，軽油製品は12月1日に，値上げが実施された。石油会社はこの間，全体として異常なまでの利益を上げ，社員はこの年，ボーナスが約7万円前後上積みされた。ある消費者団体の推計によると，石油会社の超過利潤はおよそ6000億円弱だった。ただし石油会社は，実際の超過利潤はこの数字の半分だったと主張している[21]。

正確な数字がいくらであれ，日本の消費者が石油危機で苦しむなか，石油産業が大きな利益を上げたことは否定できない。その結果，消費者は石油産業の行為に強く抗議し，政府が自分たちの利益を守るように圧力を加えた。政府の官僚と指導者たちは当初，石油市場への介入に否定的だったが，12月22日，通産省はようやく，家庭用の灯油とプロパンガスの標準価格を設定することを決めた。この決定は新たな法律に基づき，1月中旬から発効した。12月末には，通産省は小売段階であらゆる石油製品の価格凍結を開始し，その実施を監督した。消費者の圧力が強まるなか，ほとんどの小売業者は，通産省が設定した灯油とプロパンガスの標準価格を遵守している[22]。

しかし，通産省が価格凍結を開始した12月末には，石油の公示価格は2倍以上に上昇して11.651ドルとなっていた。消費者団体は標準価格は高すぎる

と主張し続けた。日本は友好国であると宣言されていたのだが，政府はそれでも石油価格の上昇を認めて，海外から十分な供給が確保できるようにしなければならなかった。

　石油価格設定の政策過程には，きわめて多様なアクターが影響を及ぼそうとした。石油価格の上昇やそれと関連した問題に，どのように対処すべきか，財界でも意見が対立した。多くの企業が石油価格の問題に対して，違った認識と利害を持っていたからである。たとえば経団連会長の植村甲午郎は，企業は自制して，必要があればカルテル形成して石油価格の上昇に対処すべきだと唱えた。経済同友会代表幹事の木川田一隆は，緊急時には社会的責任のために営業の自由を制限する必要があり，企業自身ができる限り石油価格の上昇分を吸収するべきだと主張している [23]。しかしこうした相違はあっても，政府の介入は好ましくないという点で，財界指導者たちの見解は一致していた。

　消費者団体は，灯油とプロパンガスの価格ができるだけ低くなるように望んでいた。さらに，農家や公衆浴場の経営者，個人タクシーの運転手，その他主要な石油利用者たちは，関係省庁に圧力を加えて自分たちの意見が政府の政策のレベルで考慮されるように努めた。その結果，石油価格設定をめぐる政治過程は，さまざまな利益集団やその関係省庁の間で，激しい交渉が行われることになったのだ。

　しかし，政府指導者たちは財界指導者たちと見解が異なっていた。たとえば，田中首相と中曽根通産相はともに，企業活動が公共の利益を脅かすのなら政府が経済に介入する可能性があると述べている。最終的には，12月中旬，通産相が業界団体に対し，値上げ抑制を公約する声明を発表するように要請した [24]。中曽根通産相は，選挙民の望むような経済状態を確保するように配慮していたのだ。1月10日，財界指導者たちは，大いに躊躇して通産相の圧力を受けた後，不本意ながら，可能な限り値上げを控えるという共同声明を発表した。

　2月4日，首相と自民党の指導者は物価会議を組織し，財界・産業界の指導者の参加を求めた。首相はこの会議における演説で，政府は財界が自制しない限り価格決定に介入し，約2ヵ月間物価を低い水準で維持することを明らかにした。

1974年2月5日に公取委は，石油連盟と元売り12社が，1973年の石油危機に関連して組織された生産・価格設定・ガソリン販売における3つのカルテルを破棄するように勧告した。石油会社はこの勧告を受け入れ，自分たちの行為を弁護するために裁判に訴えることはなかった。その理由は，石油産業は大きな圧力を受け，国際的な石油事情を利用して超過利益を上げる「諸悪の根元」と批判されていたことにある。そのため石油産業は，公取委の主張に異議を申し立てれば，市民の反発をさらに買い，すでに悪くなっているイメージを一層悪化させることになると考えた。石油会社は，原油輸入のための支払いの増大に合わせて，石油価格をさらに引き上げることを予定しており，そのためには市民の理解が必要だったのだ。日本では，他の多くの石油消費国と同様，石油価格の設定は高度に政治的な問題となっていった[25]。

　一方，1月末までに通産官僚は，石油輸入価格の上昇が石油産業の業績に与える影響について懸念を抱くようになっていた。何よりも国内企業の経営状態が悪化していた。国内企業は，多国籍石油企業の子会社より高い価格で石油を購入せざるを得ないが，値上げが抑制されている点では同じ立場にあった。

　2月中旬までに，日本の石油製品の卸売価格は，ヨーロッパでの価格よりも4割以上低くなっていた[26]。とくに家庭暖房用の石油とガスの価格は凍結されており，日本の消費者は石油輸入に依存する主要国のなかで一番，石油価格の上昇から保護されていた。こうした事実にもかかわらず，日本の消費者団体は，石油会社が石油危機の初期に空前の利益を得たことから，石油産業によって搾取されていると感じていた。そして1974年の初頭になっても，政府の介入は自分たちの利益とは逆に作用していると批判している[27]。

　日本は結局，外国産の石油にほとんど完全に依存しており，その価格は急速に上昇しているので，低価格をいつまでも維持できないことは明らかだった。石油価格を低すぎる水準で維持すれば，石油会社は倒産し，多国籍石油企業は日本市場から撤退するかもしれない。そうすれば，日本の消費者は一滴の石油も手に入れられなくなるだろう。そのため，通産省が石油価格の引き上げを認めざるを得なくなるのは，時間の問題だった。問題は，どれだけ値上げするか，またとくにどの製品を値上げするかということだった。多数の元通産官僚が多くの石油会社の役員として働いているため，通産省は石油

企業の経営状態が一般に悪化していることを知っており，またそうした会社の支払能力を維持することには省の利害が関わっていた。同時に，消費者団体は石油連盟本部で値上げに抗議し，国会では議員たちが石油会社の価格設定を批判した[28]。自民党の政治家のなかには，初夏に行われる参議院選挙で，価格引き上げが自分たちの支持率にどれだけ影響するか懸念するものもいた。さらに，新年度予算はまだ国会で審議中だった。このように，通産省と石油業界が置かれた政治環境は，どんな行動を取るにもきわめて困難なものだった。

通産官僚の間でも，どれだけの値上げが必要かをめぐって立場が分かれていた。たとえば，エネルギーを利用する主要産業の安定維持を任務とする産業政策局と基礎産業局は，大幅値上げには不満だった。他方で，石油産業の安定に携わる資源エネルギー庁の官僚たちは，ヨーロッパの卸売価格の上昇分と同じく，全油種平均1Klあたり1万円以上の値上げが必要だと考えた[29]。省内で一致していたのは，石油価格を引き上げる必要があり，新法に基づく価格統制よりも行政指導が好ましい，という点だけだった。

2月21日より，中曽根通産相や山下次官，熊谷資源エネルギー庁石油部長を含む通産省の指導層は，自民党指導層と正式な協議を開始した。しかし，先にあげた理由から，自民党の政治家は石油価格の引き上げに躊躇していた。田中首相は品目を選んで値上げする案を支持し，家庭用の石油とガスの価格引き上げを望まなかった。自民党の二階堂官房長官は，自民党が価格政策の作成にわずかでも介入するようになることに反対した。

主要政府機関も，通産省のイニシアティブに抵抗した。なかでも経済企画庁の物価局は価格凍結を主張し，行政指導を用いることに反対している。経済企画庁は大蔵省と密接な関係にあった。通産省は政府が石油産業に対して特別財政支援を行うことを提唱していたため，大蔵省と日本銀行はともに通産省の計画に反対し，石油会社は余剰流動資産を売却することで財政負担に耐えられるだろうと論じた[30]。

価格政策を作り上げる過程では，通産省が中心的な役割を果たし続けた。3月の初めに通産相は，低価格を維持していると日本への石油供給が削減される恐れがあると，懸念を示すようになった。低価格の下では日本市場の魅力が失われ，出荷量が減ることになるというのである[31]。その証拠として通

産相は，2月の石油輸入量が当初の計画より8％減少していることに触れた。事実，多国籍石油企業の子会社は，日本市場の長期見通しに対して親会社が懸念を抱いていると述べ，外資系企業も民族系企業も価格引き上げを強く求めている[32]。

　3月5日までに首相やその他の政府指導者たちは，選挙に影響があるとしても，石油会社の生存を維持し，石油供給を確保するために，価格引き上げはやむを得ないと確信するようになった。さらに，通産省が他の関係省庁の支持を確保できれば，値上げは可能になるだろう。政府指導者たちはまた，基礎物資に影響がおよぶのを抑えるために，何らかの手段を講じなければならないと感じた。値上げには担当官庁の事前許可が必要となる品目のリストに，所轄下の産業の必需品を入れるよう，さまざまな省庁が通産省産業政策局に要求し始めた。これらは53品目にのぼり，家庭用・産業用基礎物資が幅広く含まれている。このように，非国家アクターは自分たちの意見を押しつけたが，それが可能になったのも，国家機構を通じてであり，政府全体が価格引き上げの必要性に同意したためだった。

　他方，通産省は内閣から石油価格引き上げの計画を3種類作成するよう要請された。全油種平均1Klあたり，1つは平均8000円，第2は9000円，第3は1万円引き上げる計画である。通産省は引き上げ額の大きい計画を主張したが，3月8日，首相と7人の閣僚が会合を開き，引き上げ額の小さい計画に決定した[33]。3月16日には，石油対策推進本部と閣議での議論のあと，新たな価格システムが公表されるとともに，他の基礎物資の価格上昇を抑制するための事前承認制も発表された。

　この政府決定は，家庭用灯油の価格を1Klあたり1万2900円に凍結するものだった。その他ほとんどの製品の価格は，1973年の水準より62％から65％ほど引き上げられた。例外はA重油とディーゼル軽油で，この2種は54％しか値上げされなかった。自民党の指導層は，財界を別として最大の支持層である漁民と農民の間で，人気が下がることを懸念したのだ。このように，石油価格は概して政治的配慮をもとに決定され，この政府の判断には社会的利益も，間接的にだが大きな影響をおよぼしている。

　3月の中旬までに公取委の高橋委員長は，通産官僚と自民党指導層から，国家の緊急事態を理由に，通産省の行政指導を認めるよう圧力を受けるよう

になった。しかしこれに先立つ2月19日、高橋委員長は石油業界のカルテル行為を東京高等検察庁に告発することを決定していた。公取委が実際にカルテル事件を検察に委ねたのは、これが初めてである。公取委によるこの予想外の動きによって、勧告の受け入れで問題が解決したと考えていた石油産業は困惑した。高橋委員長は記者会見で、石油産業は1973年に最低5つのカルテルを組織し、過去にはさらに多くのカルテル行為があった最悪の業界であり、公取委は「一罰百戒」としてこの問題を検察に告発する決定をした、と述べた。石油連盟会長の密田博孝は公取委の動きに対し、自分は真実を語り、過去のすべての記録を提出するつもりだと話している。石油業界は、自分たちの行為は通産省の行政指導に従っただけであり、正当性を立証できると確信していた。

　3ヵ月にわたる捜査の後、1994年5月、高等検察庁は生産と価格のカルテルの件を裁判に持ち込むことを決定した。起訴されたのは石油連盟と元売り12社、そしてその幹部であった。企業が外資系か民族系かは、カルテルの構成とほとんど関係がなかった。起訴された石油会社のなかには、多国籍石油企業も、日石や出光興産のような日本企業も入っている。

　裁判は6年以上におよんだ。論点は、生産と価格のカルテルが、石油産業が主張するように、実際に通産省の指導によるものだったかという問題に集中した。石油業界と通産省の両方から、証人が呼ばれ、証拠が集められた。東京高等裁判所は1980年9月26日に判決を下し、石油業界の生産・価格カルテルは違法であったとしている。価格カルテルに対して、元売り2社は1250万円から250万円の罰金を科せられ、14人の幹部は4ヵ月から10ヵ月の懲役を言い渡された。

　しかし裁判所は、生産カルテルに関わった者には刑罰を適用しなかった。その理由の1つにあげられたのは、通産省はこの種のカルテル行為を直接指導していなかったが、事実上要請しており、公取委も以前はそれに対して何の対応もしていなかったということだった。したがって、裁判所の見解によると、被告は犯罪となることを十分認識しないまま生産カルテルを組織したのであった。さらに審理のなかで、石油業界の生産目標は、高価格と利ざやを確保するために、しばしば通産省が示した数字より低く設定されていたことが明らかになった。そのため裁判所は、政府と石油業界の利害は一致して

いなかったという見方を支持している。国による指導の目的は，石油業界の健全な発展を維持しながら，経済に必要な石油の供給を十分確保することにあった。それに対して石油業界の利益は，利潤最大化の観点から狭く定義されていたのだ。

1974年3月に発表された通産省の行政指導による新価格システムは，数か月後には廃止された。基礎物資の値上げの事前承認制も，まもなく緩和されている。1974年8月30日，政府は国家緊急事態の期間は終わったと発表した。1年も経たないうちに，通産省は家庭用の灯油とプロパンガスの卸売価格に対する行政指導を廃止した。

一方，政策作成者たちは，石油の需要が減ることによって，石油からの税収が減少することにも懸念を示していた。たとえば1974会計年度には，ガソリンの消費は前年度と比べて10%減少すると予測されていた。ガソリン税は道路の建設と維持に使われる主な財源であるので，政府はすべての建設計画の資金を確保するために，ガソリン税を10%（1Klあたり2万8700円）から20%（同3万4500円）引き上げることを決定した。また，ガソリン税は1976年3月に廃止される予定だったが，この税は交通網整備の主な財源であるため，政府はこれを維持することも決めた。石油連盟その他の石油業界団体は，後者の動きに反対する全国集会を開催し，約3000人が参加したが，効果はなかった。ガソリン税に軽油引取税も加えられ，建設省の提案によってそれぞれ25%と3%引き上げられた。その後，1979年6月にも，この2つの税は引き上げられている。その結果，ガソリン税は1Klあたり4万3100円から5万3800円に上昇した。

石油価格の設定において日本政府は強力な介入を行ったが，実際の石油価格決定に与えた影響には政治的配慮が加わっており，この事実は政府の自律性が限られていたことを意味する。しかし，ひとたび政府内の重要アクターが価格引き上げの必要に合意すると，価格上昇を抑制し政府決定を実施するために行った介入が，効果的だったことが顕著になる。政府は値上げの上限を設定することで価格を管理したのである。さらに，石油価格に大きく影響する増税を決定する際，政府はかなりの影響力と自律性を発揮した。つまり，価格設定における政府の自律性はある程度制約されていたが，全体としては，政治過程のなかで政府はかなり大きな影響力を持っていたのだ。この点から，

価格設定の問題領域では，日本は「外部の影響が弱い国家」に近かったと言えるだろう。同時に，日本の石油企業と多国籍石油企業の両方が公取委によって裁判にかけられたことは，石油企業の間でミクロ経済的行動に違いがないことを示している。国籍に関係なく，石油企業の行動は法に抵触したのだ。

3. 日本政府と石油危機後のエネルギー政策の展開

1970年代中期までに，ガソリン小売店では3つの問題が発生していた。第1は，石油危機のあとでガソリンの需要が減っているにもかかわらず，店舗の数は増加していることである。第2に，石油製品の供給過剰のために，新しい店舗は安売りをしようとした結果，ガソリンスタンドの経営状態が悪化していた。第3の問題は「過当競争」とガソリン税の高さから生じた。競争のために，ガソリンスタンドのなかには，税率が低くて安い灯油をガソリンに混ぜる店が出てきたのである。こうした問題に対処するため，通産省はガソリン販売営業法を提案した。その目的としてあげられたのは，健全なガソリン販売業界を育成し，ガソリンの品質維持と節約を確保し，新規店舗の登録制と活動規制によって，ガソリンの供給を安定させて消費者の利益を保護することであった。この法案は好意をもって迎えられ，1976年12月に国会を通過した。

日本企業が1970年代中期の高価格の石油に適応すると，政策上の検討事項は，石油価格設定の問題からエネルギー政策一般の問題に移った。たとえば，通産相の諮問機関である総合エネルギー調査会は1975年8月に中間報告を提出している。この報告は，豊富な供給，低廉，供給の安定という要求を等しく重視するのは，もはやほとんど不可能であることを認め，政府が政策を検討する際には供給の安全を最優先すべきだとしている。この目的を達成するには，石油への依存を減らし，エネルギー資源を多様化し，石油を安定確保し，省エネルギーを奨励し，代替エネルギー源の研究開発を進めることが重要であると強調した[34]。

同じく8月には，通産省は，日本の石油産業の将来をめぐる政策の再定義も行っている。通産省は，原油の確保上「選択の自由」を得られるように，日本の石油会社が精製と販売という下流部門のみならず探索と採掘という上

流通部門の活動を強化し，業務の総合的統合を一層進める必要があると強調した。通産省の主張によると，両部門を備える総合的石油会社は日本における外資系と民族系の石油企業の適切な共存のために不可欠なのだ。そしてその目的のために，日本の石油企業は石油の輸入，備蓄，輸送，精製において規模の経済を達成できるよう，協力すべきだと提唱している[35]。

1975年12月，有沢広巳率いるコンビナートと製油所に関する通産省の研究会が，報告を提出した。この報告では，日本で石油精製の経営が成り立つようにするため，石油業界の経営者が悪化する状況に前向きに対応するよう勧めていた。そして製油業者と石油利用産業が協力することの重要性が強調され，とくに，製品供給に関する価格システム，支払条件，契約条件を改善し，また中・長期の需要予測を製油業者と利用者の間で再検討することが提案されている。こうした政策をとっても経営状態が改善しなければ，製油業者は元売り業者との協力の可能性を探り，他の石油企業との統合を進めるべきだと述べられている[36]。

通産省は，日本の石油企業が多国籍企業との競争力を高めるよう，企業統合を促した。たとえば，1975年12月，総合エネルギー調査会の石油部会は，日本の石油企業は石油を確保して製品を販売する能力を強化するために，少数の会社に合併すべきだと提案している。同じく12月，エネルギー問題に関係する閣僚からなる，総合エネルギー対策特別閣議が組織された。この閣議は，先にあげた通産省やその諮問機関の提言にしたがって，「総合エネルギー政策の基本方針」を採択した。1977年2月，この閣僚級グループは「総合エネルギー対策推進閣僚会議」と改称され，定期的に会合を開くようになった。

エネルギー政策をめぐる議論は，政府の外でも行われた。たとえば1976年12月には，中山素平を委員長に，総合エネルギー問題を議論する委員会が設けられた。まもなく，この委員会には代表的な財界・業界団体が加わり，非政府レベルで日本のエネルギー戦略を議論するグループが設置された。ここには，経団連や，日本原子力産業会議，石油連盟，電気事業連合会，日本石炭協会，日本ガス協会が参加している。このグループは議論ののち，政府に政策提言を行った。提言で強調されたのは，石油備蓄に対する政府の援助を増やすことや，石油から得られる税収を，道路や橋のような産業インフラよりも，石油関連の問題を緩和するために利用すること，発電所の用地確保を

促進すること，原子力政策を推進すること，そして液化天然ガス（LNG）の利用を促すことである[37]。

石油連盟はまた，小出栄一を議長に独自の審議会も設置している。この審議会は，エネルギーの供給は経済発展の必須条件であり，政府は可能な限りあらゆる手段を講じて供給確保を助けるべきだと提言した。この目的のために政府は，民間企業の能力を超える石油備蓄に十分な資金を投じるべきだとしている。また，政府は税負担を公平に配分し，石油業界に対する政策を再検討すべきであるとも強調している。政策の再検討とはつまり，価格設定を含む業界の活動に対する政府介入を減らし，安全規則と資本投資に対する規制措置を緩和することを目指したのである[38]。

一方，通産省が総合エネルギー対策推進本部を設置し，内閣が前述の関係閣僚会議を再編しただけでなく，自民党もまた資源とエネルギーに関する調査委員会を組織した。政府全体の石油政策は，総合エネルギー調査会の石油部会による，1978年10月の報告にまとめられた。この報告は以下の対策の実施に努める必要があることを強調している。(1)原油の確保，(2)日本企業による石油探鉱の推進，(3)石油代替品の利用拡大，(4)石油利用の効率化の促進，(5)合理的な価格設定システムの構築，(6)企業統合と規模の経済による石油部門の産業構造強化，(7)備蓄と行政ネットワーク・行政手続の強化による，供給停止時の影響の極小化，という対策である[39]。

石油連盟の提言とは対照的に，通産省は全体として，石油経済の運営において公的セクターの役割を拡大するような政策を作り出している。この傾向は政策実施の段階で明白となった。たとえば通産省は，1977年4月から2年間にわたって，石油の探鉱と備蓄の計画により多くの政府資金を投じるために，石油関税を引き上げることを提案した。通産省はまた，同じ目的から，1978年に新たな石油税を導入しようとした。

通産省主導によるこの2つの政策は，石油業界から強く反対されたが，内閣と国会によって採択された。通産省は，日本企業による海外での石油探鉱や，石油供給国の分散化，石油から他のエネルギー源への分散化，石油の備蓄と節約を奨励した。たとえば1975年1月，日本はソ連と，サハリン沖大陸棚の開発をめぐって，石油・ガス探鉱基本条約に調印している。石油公団を通じた石油探鉱への政府支出は，1973年の610億円から1980年の7230億円

へと増加した[40]。中東産石油に対する日本の依存は大きいままであるが，全輸入量に占めるこの地域の割合は，1973年の80%から1980年の70%へと低下した。全エネルギー供給量に占める石油の割合は，1973年度の78%から，1980年代初めには65%以下に低下している。1975年4月の石油備蓄法の制定以来，通産省は石油の備蓄量を増加させ，1973年の57日分から1980年には100日分となった。

石油の節約は主に民間主導で実施されたが，政府もこれを奨励し，きわめて大きな成果が出ている。1973年から1978年の間に，実質GNPは22%拡大したが，原油の輸入量と石油の総消費量はそれぞれ6%と4%減少した。その結果，エネルギー消費の対GNP原単位は年に4.6%減少したのである[41]。これはまた，日本の民間セクターが，企業も消費者も，1970年代中期までに高価な石油に適応したことを意味する。通産省は自らエネルギーの消費削減を実践することで，省エネルギーを促す空気を作るのに一役買った。たとえば，役所内の室温と照明を調整したり，職員が自家用車でなく公共交通機関を利用するよう奨励したりしたのだ。通産省はまた「省エネルック」なるものを導入した。これは夏に半袖の背広を着るという新スタイルだったが，政府官僚その他勤労者の趣味を変えるに至らず，流行とはならなかった。

通産省はまた，地熱，太陽エネルギー，風力，海洋温度差といった新たなエネルギー源の開発・利用をめぐる政策目標を，「サンシャイン計画」と「ムーンライト計画」という名の長期計画として設定した。通産省の総合エネルギー調査会の需給部会が発表した見通しでは，こうした新エネルギー源から供給されるエネルギーが一次エネルギー総供給に占める割合は，1990年には4.8%，1995年には7.1%になると予測された[42]。新エネルギーの商業化を加速するため，政府は通産省のイニシアティブによって，1980年に石油代替エネルギー法を成立させた。さらに同年10月1日には，この法律に基づく特殊法人として新エネルギー総合開発機構（NEDO）が設立され，当初6ヵ月間に176億円の予算が当てられた[43]。こうして通産省は，日本のエネルギー事情を管理するなかで，政府の役割を拡大したのである。

代替エネルギー源の開発を目的とした1980年の法律は，1979年の第2次石油危機に対する，日本の対応の一環であった。第2次石油危機はイラン革命による突然の石油供給不足から生じたが，日本の対応は，1979年2月14

日，テヘランでアメリカ大使館人質事件が発生したことで困難なものとなった。この人質事件に抗議してアメリカ政府がイランに対する経済制裁を発動したため，日本は最大の同盟国の要請に応じて同様の措置を取ったのである。

イラン革命の影響で，エクソン，ガルフ，ブリティッシュ・ペトロリアムといった多国籍石油企業は日本に対する石油供給の削減を発表し，いくつかの日本商社は石油輸入計画を達成するのが大変困難になった。イランの新政権は日本の経済制裁に反発し，石油の価格設定に関して日本企業に対する態度を硬化させた。新政権から石油を購入するために日本企業は高値で取り引きせざるを得ず，また，主要石油消費国がこうした商社の行為を批判すると，通産省が介入して日本企業がイランとの取引を自制するように求めた。

いくつかの商社がこうした行動をとったものの，第2次石油危機に対する日本の反応は，全体として1973年の時よりも平静で，消費者や政府にパニックが起こることはなかった。1979年12月，カラカスのOPEC会議で石油価格が1バレル30ドルの水準に引き上げられた時でさえ，日本国民は対応する準備ができていた。日本とドイツの貿易業者はロッテルダムのスポット市場で高値で取り引きすることをいとわず，そのためサウジアラビアのヤマニ石油相から，こうした業者は世界の石油価格を引き上げて，低価格を維持しようとするサウジの努力を台無しにしていると批判された。しかし日本の商社は，この危機とガルフ及びブリティッシュ・ペトロリアム両社の日本市場撤退によって生じた石油不足を解消するために，必要な石油をスポット市場で買い付ける必要があった。日本政府は，産油国との政府間取引の拡大を試みながら，石油輸入の中心的役割は民間企業が果たすようにしている。

政府は産油国との結び付きを強化する取り組みの一環として，産油国と日本企業の合弁事業を支援した。たとえば，三井グループとイラン政府が1972年に設立したイラン化学開発（ICDC）が1979年に財政難に陥ったとき，通産省は，三井の財政負担を政府が肩代わりすることになるという批判にもかかわらず，これを国家プロジェクトとして扱うことを主張している。政府はぎりぎりの時点で，海外経済協力基金を通じた資本参加によって200億円を提供することに合意し，ICDCを救済したのである。政府はさらに，日本輸出入銀行を通じてこのプロジェクトに800億円を融資した。また通産省と経団連は共同で，ICDCへの参加者を増やし，投資リスクを分散させて

いる。

　それにもかかわらず，ペルシア湾岸のバンダルホメイニにあるこのプロジェクトの施設が1980年にイラクの爆撃を数回受け，三井の財政負担が増加すると，このプロジェクトをめぐる利害が政府と財界の間で異なっていることが明らかになった。イラン政府が三井に追加投資を求めると，三井物産の八尋俊邦会長は，日本政府がさらに財政援助を行わなければ三井はこのプロジェクトから撤退すると述べている。それに対して田中六助通産相は，三井は自己中心的すぎると批判した。この批判から，日本政府がこのプロジェクトを支援したのは財界の圧力のためでなく，独自の理由のためであることが明らかだ。政府指導層は，日本への石油供給量が第2位のイランと長期的関係を維持することに関心があったのだ。

　日本が十分な石油供給を確保しようとして困難に直面した例は，これだけではない。日ソ合同の石油・ガス探鉱プロジェクトもまた，1979年末のソ連のアフガニスタン侵攻に対する経済制裁によって減速した。日本の石油・ガス探鉱技術はアメリカからの技術移転に依存したため，このプロジェクトに関して日本はアメリカの圧力に応じるほかなかった。日本は自前の石油探鉱技術を欠いていたのである。こうしたイランとソ連の事例から，日本が死活的なエネルギー政策の領域で供給の安定を確保しようと努力しても，外国の政治情勢がいかに大きな影響をおよぼすか，そして日本が国外の資源にいかに依存しているかが明らかだ。日本政府はこの事実を消し去ることはできず，その結果，国内の石油政策形成でいかに大きな自律性を発揮できても，脆弱なままだったのである。

4．石油問題の特質

　1973年10月の石油危機によって，石油政策というイシューの性質は大きく変化した。低廉な石油が豊富に供給された時代は終わり，石油が高価で不足する時代が始まったのである。日本は，低廉な石油の安定供給を確保するという石油政策を放棄せざるをなくなった。妥当な価格の石油が入手できるかどうかでなく，経済に必要な石油をいかなるコストを払ってでも確保できるかどうかが，いまや死活問題となったのだ。新たな国際情勢の下では，低

廉な石油と豊富な供給に依存した政策を取ろうとしても，新たな状況と矛盾するばかりか，まったく不可能になった。

日本がＯＡＰＥＣ諸国から友好国と見なされないことが分かると，日本の政府内外の指導者たちは，1973 年の第 4 四半期に石油輸入が 2 割から 3 割削減されることを恐れ，十分な石油供給を他から確保する方法を探らざるを得なかった。国家アクターと社会アクターは，国際石油市場における日本の輸入シェアを拡大するという点で，利害が一致していた。そのため，産油国との関係密接化が有利ということで政府の主要アクターが合意すると，政府と財界の指導者たちは固く結束して石油外交を推進した。しかし国内の問題の中心は，利用者の間で縮小するパイをどう分配するか，そしてその価格はいくらにするか，という点にあった。

石油政策は危機の後もきわめて重要なイシューと見なされ続けたが，日本の歴代首相はほかにも多くの問題に煩わされた。たとえば，1974 年 12 月から 1976 年 12 月まで首相を務めた三木武夫は，前任者の田中角栄がロッキード事件の渦中に辞任したため，自民党政権のイメージ改善を重視した（田中は，ロッキード社が全日空にトライスター機を売り込むのを手助けして賄賂を受け取り，逮捕された）。田中の辞任によって，政治は「カネで汚れたゲーム」であるという印象が強く焼き付けられていた。そのため三木首相の最大の任務は，こうした否定的イメージをぬぐい去ることにあった。しかし三木はエネルギー政策にも関心を示し，有沢広巳や向坊隆のようなエネルギー専門家が率いる研究会にしばしば出席している[44]。さらに三木首相は，独占禁止法の改正と日中平和条約の締結に多大なエネルギーを割いた（ただし，三木の首相在任中にはこれらの課題は解決に至らなかった）[45]。

三木に続いて，福田赳夫，大平正芳，鈴木善幸が首相の座に着き，全員がエネルギー政策の問題に関心を向けた。たとえば 1976 年 12 月に就任した福田首相は，1977 年 1 月と 2 月，国会開会時の施政方針演説でエネルギー事情に対する懸念を表明している[46]。1978 年 9 月には，福田は日本の首相として初めて中東を訪問した[47]。

大平首相（1978～1980年）率いる政府の下では，エネルギー使用合理化法が成立した。大平首相が主催した1979年6月の東京サミットでは，エネルギー問題が議題の中心となった。先進 7 ヵ国は，イラン革命による石油供給減に

対応して，石油の消費水準を引き下げ，具体的目標も設定することで合意した。大平首相はまた，1979年8月の第88国会開会にあたってエネルギー問題に対する懸念を表明している[48]。大平が首相在任中に訪問した国にはオーストラリア，カナダ，メキシコが入っており，いずれも日本経済にとって重要なエネルギーと資源の供給国であった。大平の在任中には通産省主導の石油代替エネルギー法が成立し，首相の急死の後には後継の鈴木首相（1980年7月就任）によって，この法律に基づく新エネルギー総合開発機構が設置された。こうした動きは，日本の首相がエネルギー問題に大きな関心を持っていたことを示している。

5．政府指導者のイデオロギーと信条体系

　石油外交の推進，石油の価格設定と配分の問題，石油関連税の再分配の問題，そして石油以外のエネルギー源への分散化は，いずれも市場の力にまかせることが可能だった。しかし日本政府は石油経済に強力な介入をおこなった。国家介入の主要な決定要因の1つは，政府指導者たちのイデオロギー傾向と信条に関係し，社会の守護者として強力な国家を重視する政治文化によって強化されていた。

　しかし日本政府の指導者たちは，1973年に危機が始まったとき，新たな石油情勢の持つ意味を理解するのに時間がかかった。第1に，国際状況について必要な情報がすぐに手に入らず，中東に関する情報収集のメカニズムも用意されていなかった。そのため官僚たちは，たとえば，日本はＯＡＰＥＣ諸国から友好国と見なされるのかどうか判断できなかった。彼らがようやく判断できたのは，10月末に多国籍石油企業が供給削減を行ったときのことである。日本が友好国と見なされていないと分かると，政府の官僚と政治家たちは必要な石油を確保するため，アラブ諸国の認識を変える行動をとる必要があることで一致した。彼らは，この目的を達成するには積極的に外交を利用するのが有効であると信じ，財界と密接に協議しながら一連の行動を開始した。財界は以前から「資源外交」を提唱しており，産油国との関係強化のために政府が決定的役割を果たすことを支持した。

　国内での石油管理の領域では，この問題に対する政府のアプローチについ

て，政府内に2つの異なる見解が存在した。1つはソフトなアプローチを主張するもので，市場システムが石油製品の効率的な配分や公正な価格設定に失敗した時に，行政指導に基づく柔軟な政府介入を用いることを強調していた。この見解は通産官僚と自民党指導層の間で支配的だった。経団連幹部の主流派を含む，石油利用業界の指導者たちは，さらにソフトなアプローチを主張し，影響を受ける業界の自己制御を強調していた。もう1つの，政府内の「ハード」な見解は，独占禁止法などの法律と，企業の行為に対するその適用を，強化するよう主張した。この見解は公取委が支持していた。消費者団体と経済同友会の改革志向の財界指導者たちも，この見解を支えていた。

このようなアプローチの違いはあったが，通産省と公取委がともに，国内石油市場に問題があり経済運営になんらかの国家介入を行う必要があると考えていたことは注目に値する。両者の違いは，企業が適切に機能できないとき，石油の欠乏，配分，価格設定をめぐる問題を解決するにはどのような手段が最も効果的か，という点についての見解にあった。たとえば通産省の両角良彦次官は「混合経済」を提唱している。両角は完全な自由経済システムを維持するのは不可能と信じ，それを根拠に，日本では政府は関係企業の参加を求めてそのイニシアティブを尊重すべきだが，企業の見解や行動を統一できないときは政府が判断を下さなければならないと主張した[49]。彼は自分を国際主義者と見なしており，国際主義者とは国際協力の枠組みのなかで国益を守る手段を探る者であると論じた[50]。政府の役割と「国際主義」に関する両角の見解は，この時期に主要な役割を演じた通産省の主流派官僚を代表していた。

政治指導者たちもまた，必要があれば政府は経済に介入すべきだと考えた。たとえば田中首相は，ベストセラーになった『日本列島改造論』のなかで，日本社会を再編するために国家権力を大規模に利用することを主張している。実際，田中首相と中曽根通産相はともに，社会における国家の役割について，国家統制主義的な見解を持っていた。一方で2人は，公共の利益が害されない限り企業活動の自律性を保証していた。しかし他方で，必要と思われれば，国家が社会経済プロセスに関与する可能性があると述べている。事実，1973年12月中旬に通産相は財界団体に対し，価格引き上げの自粛を公約する声明を発表するように要請している。通産相は，企業は自律性を持つべきだが，

一時的には「社会のバランス」に従属しなければならないという見解を示した。通産相は自分のアプローチを，「日本独自の信頼関係に基づいた新自由主義」と名付けている。

1970年代の通産省の高官を含めた日本の政府指導者たちは，こうした国家観に反対したと思われない。たとえば三木首相は第97国会の施政方針演説で，国際社会と国内社会に関する有機体的見解を示している。すなわち今日は国際協調の時代でありすべての人間が宇宙船地球号という同じ運命を共有している。国益の保護は外交の根本的目標ではあるが，我々は短期的な利益でもって狭い見方をしてはいけない。個人の権利と自由は社会の和合との関連で実現されるべきである。

福田首相は慎重に，急速な経済成長よりもバランスの取れた成長を主張していたが，彼もまた有機体的国家観を抱いていた。1975年12月25日，首相指名の翌日に行われた最初の記者会見では，資源の限られた荒波の時代に船（日本）を沈めることはしないと語っている。首相は自分の役割を「日本丸」の航海士になぞらえた。日本の多くの指導者たちは，この種の政治レトリックに好意的な反応を示したが，それは彼らもこうした見解を支持し，国は社会の統一と調和のために管理，調整，問題解決を行うべきだと広く信じていたためである。そのためには，石油輸入量の拡大，石油の配分・価格設定・節約，石油供給国の分散化，代替エネルギー源の開発，石油の探鉱と備蓄の拡大など，石油経済の管理について公的セクターが主導的役割を果たす必要があった。

この点で例外と言えるのが大平首相で，相手が反体制的でも反自民であっても，建設的批判は歓迎する自由主義者だった。自由主義者の大平は「小さな政府」と「市場経済」の価値を信じ，政府が基礎的条件を市場の力にまかせれば経済は独りでにうまくいくと，よく語った。しかし大平はただのイデオロギー的な市場経済の支持者ではなく，日本の長期的将来を深く懸念するナショナリストだった。そして，国家指導者は国民と協力して「国益」を守らなければならないと主張した。「国益」の保護という観点から，彼は政府の介入を許容したのである。

6．政治力学

　石油不足と石油価格の高騰が国民全体に影響し始めると，多くの社会アクターが恐れや不満や懸念を声高に表明するようになり，保革を問わずどんな政治家も，これを無視しては地位を維持することができなくなった。多くの野党政治家は石油問題を利用し，保守政府は危機的状況への対応能力を欠いていると批判することで得点を稼ごうとした。先に触れたように，国内で最大の問題は，石油供給のパイが縮小するなかで，これをどのように配分し，大幅なコスト増の負担を誰が引き受けるかということだった。欠乏と配分をめぐる政治のなかでは，誰に優先的に石油を割り当て，誰が価格上昇のコストを支払うか，コンセンサスを作るのはきわめて難しかった。その結果，この困難な時期には，多元的な政治過程が日本の政治状況を支配した。政府が石油と石油関連物資への課税を強めようとしたときにも，同様の政治プロセスが支配的となっている。この時，石油業界のあらゆる勢力が，税率の引き上げに反対した。

　エネルギーをめぐる政治の中心の1つが国会で，国会は石油に関する政策論争において，とくに石油業界と石油行政の行為を調査することで重要な役割を果たしている。消費者団体の支援を受けた野党は，政府が石油市場に介入するように圧力をかけた。

　田中首相に続く3人の首相はみな，自民党の派閥間の微妙な勢力バランスによって政権に就いており，党内での勢力の維持に細心の注意を払う必要があった。福田首相と大平首相はとくに，政権を維持するために多大なエネルギーを費やした。その結果，石油政策のイシューは主に通産省が処理し，その任務は，石油輸入への依存が高いために生じる脆弱性を緩和することにあった。

　通産省のなかでは，1973年7月に資源エネルギー庁が設置されている。通産省の鉱山石炭局，公益事業局，大臣官房総合エネルギー政策課はこの新機関に統合された。資源エネルギー庁に異動した官僚の大部分はエネルギーと直接関係ない部門の出身だったため，エネルギー問題についてほとんど経験がなかった。さらに悪いことに，1973年9月25日，最初のエネルギー白書

が誇らしげに発表されたとき、鉱山石炭局から異動した官僚が関係者から賄賂を受け取っていたことが公になっている。この官僚は辞任を余儀なくされ、ほかにも多くの官僚が再び他の省庁に異動させられた。その結果、石油危機が日本を襲ったとき、資源エネルギー庁にはエネルギーの専門家がほとんどいなかった。そのため通産省の資源確保の動きは、「財界資源派」と呼ばれる財界指導者のグループが見せた対応に遅れをとったのである。

国際的な舞台では、通産省は財界資源派と密接に協力し、次第に資源外交を主導するようになった。外務省も経済外交の調整に招かれたが、真の原動力は通産省だった。とくに、アメリカと長く維持してきた関係を犠牲にして、中東諸国との関係密接化を進めることになると、外務省は新たな動きを起こすのに時間がかかった。さらに、外務省は中東の問題には疎く、必要な情報を提供できないことが明らかになった。その結果、石油政策のイシューが国会で政治化し、石油業界のカルテル行為と通産省との協力関係が調査と批判の対象となったが、この時期を通じて石油をめぐる政策形成の中心は通産省とその審議会が握っていた。

エネルギー政策の形成における通産省の優位は、これまでに検討した例の多くをみると明らかである。対中東政策をめぐって外務省に勝利し、石油価格設定に関して公取委に事実上勝利し、石油政策をめぐる法律の大部分（運輸省が推進した石油税の引き上げを除く）は通産省が発案したものだった。さらに通産省は、福田首相が計画したエネルギー省の設置を食い止めることに成功した。通産省は、何千もの官僚が何らかの形でエネルギー政策の形成に携わっており、エネルギー省を設置するには通産省を解体しなければならないと反論したのである。石油政策のイシューが政治化の度合いを強め、官僚機構内の対立が強まったにもかかわらず、石油政策の形成は政府の中心的機関がしっかり担当していた。

通産省のなかで、審議会は国と財界を媒介する役割を果たし続けたが、その第一の機能は通産省の意見を実現する手段であった。通産官僚は審議会の委員を任命することで、政策形成過程へのアクセスを支配し続けた。以前に審議会の委員を務めた人が、1970年代に再び委員になっている。石油政策の形成において通産省が優位に立ち、政策形成者と審議会委員が変わらなかったことから、1970年代の政府の政策は、通産省のイニシアティブと行動の多

くに表れているように介入主義的な傾向を反映し続けた。

7．結　論

　大幅な石油価格の上昇と供給不足に対応して，日本の政府指導者たちは石油外交を開始し，国外での探鉱活動の推進を試み，政府が石油やその他の基本物資の価格を設定したり，石油の配分や市場での行為を規制したりできるよう，新法を成立させようとした。政府指導者たちはまた，石油の備蓄，エネルギーの節約，新エネルギー源の開発も奨励している。日本には総合的な民族系石油会社が存在しなかったが，石油公団は海外での石油探鉱，政府間の石油取引，そして石油備蓄プログラムを実施する，公共政策の主要な手段として機能した。1974年に政府は，新たな法律に基づいて価格の上限を設定し，石油会社の価格設定や流通，また市場での行為を厳しく監視した。公取委と検察庁は，生産・価格カルテルを形成したとして石油業界を提訴した。このように，日本政府は石油部門の産業活動の重要な領域に関与し，石油をめぐる政策過程の重要な領域ではだいたいにおいて，穏和なものから高度なものまで，影響力と自律性を発揮したのである。

　こうした領域における国の関与は，日本の政治文化にある国家統制主義的な要素によって支えられ，また石油市場の変化とも関係していた。日本の首相と通産官僚はみな同様に，石油事情に関心を示している。国の関与はまた，政府官僚を含む政府指導者たちが関与主義のイデオロギー傾向を持ち，自分たちの支持基盤の多数を占める石油消費者の利益に応えようとしたことから生じた。さらに，国家目標の達成にはどのアプローチが最善かという点で官僚機構内で対立が生じたこともあり，石油政策のイシューは政治化の度合いを強め相違が拡大したが，日本政府は大きな影響力を発揮し，社会の圧力に対していくらか自律性を保った。これは政策の形成と実施において通産省が支配的な役割を演じ続け，重要な法律や決定の作成へのアクセスを管理したためである。

注

[1] 石油連盟『戦後石油産業史』石油連盟，1985年，pp.234-236. エネルギージャーナリストの会『石油と戦った日本経済』電力新報社，1983年，pp.31-34.
[2] 資源派の背景については，柳田「狼がやってきた日」『文芸春秋』1978年8月，p.109 および加納明弘・高野一共著『内幕 日本を操ってきた権力の裏面史』学陽書房，1976年，pp.104-113 を参照のこと。
[3] 『経団連週報』1973年7月19日。
[4] 加納・高野共著，前掲書。
[5] *Japan Petroleum and Energy Yearbook*, 1978, p.C24.
[6] 前掲書，p.C41.
[7] 実際，新設された石油部の初代部長は，11月に過労死を遂げている。
[8] 『経団連週報』1973年7月19日。
[9] 柳田，前掲書，p.129.
[10] この点について詳しくは，『朝日新聞』1973年11月11日および『日本経済新聞』1973年11月16日を参照のこと。
[11] 日本の石油外交はまた，長年かけて築かれたアメリカとの同盟を傷つけることなしに，当初の目的を達成している。
[12] 野村総合研究所『エネルギー危機管理の体系的分析』野村総合研究所，1979年。
[13] 中曽根康弘『海図の無き航海』日本経済新聞社，1975年およびエネルギージャーナリストの会，前掲書，pp.38-40 あるいは柳田，前掲書，p.142.
[14] エネルギージャーナリストの会，前掲書，p.38.
[15] 前掲書。
[16] Yoshi Tsurumi, "Japan," in Vernon (ed.), *The Oil Crisis* (New York: W.W. Norton, 1976), p.122.
[17] エネルギージャーナリストの会，前掲書，p.35.
[18] Tsurumi, 前掲書，p.123.
[19] 『日本経済新聞』1973年12月4日あるいはエネルギージャーナリストの会，前掲書，pp.44-46.
[20] 石油連盟によると，1973年度の実際の石油輸入量は1972年度の水準を6.2％下回っただけであった。石油連盟，前掲書，pp.253-254 を参照のこと。
[21] 『日本経済新聞』1974年1月13日あるいは石油連盟，前掲書，p.254 または国民生活センター『物不足騒ぎ』国民生活センター，1975年，p.94.
[22] 国民生活センター，前掲書，pp.185-186.
[23] 詳しくは Martha Ann Caldwell, 前掲書，pp.396-397 を参照のこと。
[24] *Japan Economic Journal* (January 1, 1974).
[25] たとえば，Vernon, 前掲書および Richard H.K. Vietor, *Energy Policy in America Since 1945: A Study in Business-Government Relations* (Cambridge: Cambridge University Press, 1985) を参照のこと。
[26] 『通産ジャーナル』1974年4月，p.16.
[27] 『エコノミスト』1974年1月7日。
[28] 詳しくは Caldwell, 前掲書，pp.371-460 を参照のこと。
[29] 『朝日新聞』1974年3月16日あるいは柳田，前掲書，p.286.
[30] 『毎日新聞』1974年2月22日および『朝日新聞』1974年2月13日。
[31] 『日本経済新聞』1974年3月4日および『読売新聞』1974年3月5日。

³² 『朝日新聞』1974年3月7日および『毎日新聞』1974年3月5日。
³³ 柳田, 前掲書, p.292.
³⁴ 石油連盟, 前掲書, p.266.
³⁵ 同上, p.267.
³⁶ 同上, pp.267-268.
³⁷ 同上, p.268.
³⁸ 同上, pp.269-270.
³⁹ 同上, pp.270-272.
⁴⁰ Japan National Oil Corporation (JNOC), *Japan National Oil Corporation* (Tokyo: JNOC, 1983), p.44.
⁴¹ Yujiro Eguchi, "Japanese Energy Policy," *International Affairs*, Vol. 56, No. 2 (Spring, 1980), p.274.
⁴² The Agency of Industrial Science and Technology (AIST), Ministry of International Trade and Industry, *Accelerated Promotion of the Sunshine Project* (Tokyo: MITI, November, 1979).
⁴³ 中村敬一郎『三木政権747日』行政問題研究所, 1981年。
⁴⁴ 田中善次郎「三木内閣」林茂および辻清明編『日本内閣史録』第一法規, 1986年。
⁴⁵ 内閣制度100年史編集委員会『内閣制度100年史：上巻』大蔵省印刷局, 1985年, p.520 および p.524.
⁴⁶ 同上。
⁴⁷ 同上, p.527.
⁴⁸ 同上, p.530.
⁴⁹ エネルギージャーナリストの会, 前掲書, p.17.
⁵⁰ 角間, 前掲書, p.52.

第10章 結　論

1．はじめに

　本書では，国際比較政治経済体制を分析する主要理論の批判的考察と新たな研究戦略の開発を行うとともに，これに基づいて日本とカナダの政治経済体制の特徴を理解するために，両国における石油市場への国家介入の事例研究を行った。

　理論的考察の部分では，まず政治経済体制を分析する主要理論を概観するとともに，特に各理論における国家権力と自律性に関する対立的見解を批判的に分析した。こうすることにより，国際政治経済体制論における政府と企業や市場（あるいは多国籍企業を代表とする非国家アクター）の相対的な力をめぐって議論が戦わされている原因を探った。

　また逆にこうした理論の批判的分析を基礎に，政府と企業の関係や，政策過程における国家の影響力と自律性をもとに様々な政治経済体制における国家の理念型を創出した。この理論的研究の一大課題は各政治経済体制における国家の影響力と自律性を左右する主要な要因を分析するために，新たな研究戦略を打ち出すことであった。

　実証的事例研究では，新たな研究戦略に基づく分析枠組みを使って，カナダと日本という２つの政治経済体制における石油業界に対する政府による規制と石油市場介入の歴史的比較を行った。こうすることにより，両国における企業と政府との関係の特徴を明らかにしようと試みた。さらにこの研究では，日本やカナダのように覇権国でない先進工業国の政府が自国に進出した多国籍企業をどのように認識しどのように対応してきたのか，またこのよう

な受け入れ政府は多国籍企業の自国への進出から最大の利益を得るためにどのような規制を行っているか検討した。また逆に，多国籍企業の視点から見ると，受け入れ政府はどのような状況下で，市場介入や産業規制を強めたり，国家企業を設立して多国籍企業の影響力を弱めようとしたりするか，という問題を石油危機以前と以後という2つの時期を比較することにより考察した。本章では，当初の目的とこれらの問題に関する研究成果を国際比較し，まとめて，本書の結論とする。また，そうした成果が今後の実証的研究および理論的研究上いかなる意味があるのかを論じる。

2. 国家の力の自律性をめぐる論争の原因

第2章においてはリベラル多元主義理論，マルクス主義理論，パワーエリート理論，ステイティズム理論という4つの主要な政治経済体制の理論を比較検討した。それらの批判的分析によると，国家と非国家アクターの相対的な力をめぐる論争が起こるのは，研究者が意識的ないし無意識的に用いるアプローチあるいは理論が原因である。本書で考察した4つの主要理論はそれぞれ，政治過程と，国家と社会ないし政治と経済の関係について特有な仮定を持っている。そうした本質的な違いが原因となって，公共政策の決定要因や，社会における国家の役割，そして何よりも国内・国際レベルの政治過程における国家の影響力と自律性について，見方が対立しているのである。

これら4つの理論はどれも，複雑な政治経済制度のある側面を明らかにする政治分析の戦略であり，そこで解明される側面が最も重要であると大胆に仮定している。しかしながら，これは実際には政治的現実の一部に焦点を当て他の重要な部分の解明を無視しているという点で，すべて部分的なモデルとも言える。

従来の政治分析では，社会や政体には資本主義的な社会経済秩序の維持に必要な自律性があると前提した理論を用いることが多かった。したがって第2章では，これまで見逃されていた国家の影響力と自律性の側面に光を当てるために，社会と国家，多国籍企業と国家，企業と政府の関係を研究する際にステイティズム理論を取り入れることを提言した。

3. 国家の影響力と自律性のモデル

　こうした提言に従って第3章では，政策過程における国家の影響力と自律性を研究するための新たな研究戦略を打ち出した。これに基づく分析枠組みにおいては，国家の影響力と自律性は独立変数として設定し，政治文化と国際・国内レベルの政策環境は独立変数として扱うことにした。さらには政策形成者が認識する政策問題の性質，国家指導者たちのイデオロギーと信条体系，国家内部の政治力学は，媒介変数として概念化している。この章ではまた，国家の影響力と自律性という従属変数の値の組み合わせに従って，虚弱国家から支配的国家まで，9つの理念型を創った。

　第4〜9章ではこの分析枠組みを，1960〜73年と1973〜80年の2つの時期について，石油政策過程におけるカナダと日本の国家と企業関係の分析に適用した。

4. 石油政策過程におけるカナダと日本の国家の影響力と自律性

　この研究枠組みの従属変数である国家の影響力と自律性が，実際にどの程度であるかを明らかにするのは非常に難しい。しかし本書の分析によれば，カナダの場合，対象とした20年間に，石油政策過程における国家の影響力と自律性はともに大きく拡大している。1960年代初めには，カナダの国家の影響力は比較的小さく，自律性もわずかであった。しかし70年代初めまでにこの2つの側面における国家権力は劇的に変化し，1973年10月に石油危機が到来した時には，石油市場においてカナダの連邦政府は比較的大きな影響力と自律性を発揮できるようになっていた。

　これと対照的に日本の場合，国家は本研究の対象の時期を通じて，石油政策過程において比較的大きな影響力と自律性を発揮している。しかし日本の国家は，政策過程において決して社会の圧力から完全に自由だったわけではなく，「国家利益」の判断には時に社会や官僚組織の利益やその他の配慮が影響した。

　本書の研究戦略に基づく国家の自律性と権力に着眼し，日本とカナダの政

治経済体制を比べてみると次のような大きな違いがあると言えよう。すなわち石油を中心とする政策過程や市場介入あるいは産業規制に関してみる限り，カナダにおいては政策転換や介入度が変化しやすいのに対して，日本においては国家権力の大きさも自律性もともに持続的に高めである。

　国家の影響力と自律性の大きさがカナダでは変化し，日本ではほとんど変化しなかったのは，なぜであろうか。第4～9章の分析によると，政治文化の特徴，国際・国内レベルにおける政策環境の変化，政策問題の性質およびその継続性と変化，国家指導者のイデオロギーと信条体系，そして国家内部の政治力学と密接に関連している。

5．政治文化と国家の影響力と自律性

　第4章では，カナダと日本の政治文化と，政治文化の規定する国家権力の大きさに関して比較分析を行った。この分析と第5～9章における考察から次のことが言えるだろう。2つの対象時期を通じて，石油政策過程における日本の国家の影響力と自律性が比較的大きいのは，ステイティズム的要素が日本の政治文化のなかで支配的であることと関係している。これとは対照的に，石油政策過程におけるカナダの国家の影響力と自律性が変化したのは，カナダの政治文化ではステイティズム的要素と反ステイティズム的要素が共存している事実と関連している。こうした理由からカナダにおける国家の影響力と自律性の大きさは，どちらの要素が優勢かによって，日本より変動が大きい。したがって政治文化は，対象とした20年間に石油政策におけるカナダと日本の政府の行動に長期にわたって多大な影響を与えており，政策過程と企業－政府関係における国家権力と自律性を決定する重要な要素の一つとして考慮しなければならない。

　またこれは逆に日本においては市場の自由化や規制緩和の実行が非常に難しいことを意味する。政治文化が急速に変わらないことを考慮するならば，現在の小泉首相や民主党の主張する「小さな政府」を提唱し，政策転換をするのは容易ではないことを意味するのである。

6．政策環境と国家の影響力と自律性

　第5章で分析した，国際レベルと国内レベルの両方における政策環境は，カナダと日本の国家の活動に影響している。両国ともアメリカ主導の安全保障システムに組み込まれていたため，アメリカと緊密な経済関係を結んだ。こうした外交枠組みのなか，カナダと日本の石油業界は，アメリカ系が大きな勢力を振るう多国籍石油企業から強い影響を受けながら発展した。

　第5章の分析では次の点が明らかになった。1960年代には適度な価格の石油が豊富で供給が安定していたために，カナダと日本の国家はともに，主要エネルギー源としてますます石油に依存するような政策体系を導入するようになった。この結果，カナダでは廉価な外国産石油の入手が可能となり，輸入石油より高価な国内産石油は脅威にさらされた。このため，カナダ市場をオタワ渓谷に沿って二分するNOPが策定され，この渓谷の東側は外国産石油，西側は国内産石油の市場と分割された。

　多国籍石油企業はさまざまな制約を受入国に与えることもある。たとえば1960年代のカナダの場合，政策の形成・実施に必要かつ重要な情報を多国籍企業が牛耳っていたため，国家がよりよい公共政策を検討できるかどうかはこれら企業が重要なデータを提供してくれるかどうかにかかっていた。同時期の日本では，国内石油企業は製油所を拡張するために必要な資本を多国籍石油会社から多額に借入をし，特にそれと引き替えに多国籍企業と固定価格での長期原油購入契約を結んでいた。その結果，原油価格が次第に低下するという国際石油市場の情勢下で日本企業はスポット市場で買うよりも多額の代金を支払うこととなった。同時に，日本企業による海外油田探鉱の試みはうまくいかなかったが，これは，そうした試みを日本が始めた頃にはすでに，大規模で生産性の高い油田のほとんどが多国籍石油企業の手中に収まっていたためである。手厚い支援をしたにもかかわらずこうした状況を変えるには日本の国家はほとんど無力だった。

　1973年に国際石油体制が劇的な変化を遂げると，カナダ産石油は外国産石油より遥かに競争力が強くなって保護が必要なくなった。このため，NOP体制は廃止された。同時に，外国産石油に依存していた東部地域を，劇的な

価格上昇と供給停止の影響から保護しなければならなくなった。高価格で供給が不安定という新たな市場状況の下，この新たな石油情勢の石油利用産業と消費者への影響を抑え，石油とガスの探鉱を促進し，代替エネルギー源を開発し，増加する国内産石油収入を関係者のあいだで公正に配分するために，国家が石油経済にさらに介入すべき状況が発生した。石油経済の管理における，拡大する国家の役割を効果的に果たすために，ペトロカナダと石油産業モニター庁（Petroleum Industry Monitoring Agency）が設立された。

この新たな石油市場状況が日本に与えた影響についても，同じことが言える。日本の場合，国家は石油業法によって支えられた市場規制体制を廃止しなかった。反対に，国家はさらに国民生活安定緊急措置法や石油需給適正化法を制定することにより規制力を強化している。後にはまた，石油公団の役割を拡大するとともに，新エネルギー総合開発機構を設立した。

日本とカナダの政府は石油政策環境の変化に同じように対処した。どちらも市場の変化から発生した新たな需給問題の解決を市場に任すことはしないで，逆に石油経済の規制をさらに強化するとともに，石油資源の配分・開発を行う国家の役割と権限を拡大した。どちらの政府も，石油業界の活動を規制する中心的アクターとなった。こうした政策環境が石油経済に対する国家の介入を促したことは明らかである。

しかし同時に，国家の介入が逆に環境に制約されてもいた。その代表例が，カナダと日本の国家による石油価格の設定に見られる。1973年の石油危機が発生すると両国とも国内石油価格を決定したが，それはＯＰＥＣが設定した枠のなかでのことだった。その結果，国家管理があったにもかかわらず，国際価格が上昇するに従って国内価格も上昇した。このように，政策環境は国家の活動と行動に大きく影響し，政府は環境的要素が定めた制約のなかでのみ対処できたのである。

7．政策問題の性格と国家の影響力と自律性

国家の活動を分析する際に，政策環境は重要な要素として考慮に入れる必要があった。しかし第4〜9章の事例研究から，政策環境そのものよりも，政策形成者が公共政策問題をどのように認識し，定義しているのかというこ

とのほうが，短期的にはカナダと日本の政府の市場介入の直接的要因となっていることが明らかである。1960年代にはカナダの国家指導者たちは，高価な国内産石油を販売することが最も重要な石油政策問題であると考え，ＮＯＰを支持するだけでなく，機会があればアメリカ政府と交渉してアメリカへの石油輸出量を拡大しようと努めた。石油が豊富で価格が適度であるという背景があったために，彼らは，石油の価格や輸送など石油産業活動の他の側面に重大な問題があるとは認識しなかった。彼らはむしろ，余剰の石油とガスをすべて輸出することがカナダの石油業界を強化すると信じていて，常にこれを奨励していた。その結果，カナダの政府は石油の輸出促進に専念し，他の基本問題の解決は市場の力に任せた。

　カナダの国家指導者たちは，1970年代の政策環境に，国際石油価格の大幅上昇，その供給の不安定あるいはカナダ連邦内の石油収入の配分といった重大問題があることを認識すると，石油経済のあらゆる重要側面に直接関与するようになった。たとえば，カナダの連邦政府はペトロカナダを作ることで，石油の探鉱，生産，流通，販売という石油市場のあらゆる領域に直接参入した。連邦政府はまた，州政府との交渉を通じて石油価格を決定するようになった。

　日本では，国家的指導者，特に通産官僚や国会議員が貿易自由化の問題をどう認識したかが，1961年の石油業法の制定において決定的な影響を与えた。当時の通産官僚は，民族系石油会社は多国籍企業系の会社よりも資本と資源の面で基礎が弱く，自由化によって脅威にさらされると極端に警戒した。国会の諸政党は，与党であれ野党であれ，大企業の消極的姿勢や財界の利害を無視してこの法律を全会一致で支持した。実際，国会では原案で提案されていた期限条項すら削除されることとなった。通産官僚は石油市場において企業間の過当競争問題を認知するや否や石油業法の規定を適用した。また彼らは市場の状況変化に応じて，製油能力の拡張規模を企業間で配分する条件を少しでも民族系に有利になるように変更した。

　1973年の石油危機以降，石油市場への国家介入が拡大したのも，日本の国家指導者たちがどのように石油政策環境を認識して政策問題を定義したかということと直接関係している。石油経済における国家の役割を拡大することで，石油価格の急上昇，供給の不安定，そして日本が主要エネルギー源とし

て石油に大きく依存していることと結び付いた問題を解決しようとしたのである。

こうした考察から，国家指導者とその下で働く人々がいかに政策問題を認識するかが，石油政策過程における国家介入の性格を決定する上で重要な役割を果たすと言えるだろう。と同時に政策決定のみならずさまざまな政治経済制度を理解するにはマクロレベルの分析だけではなく政策決定者をも含めたミクロレベルの分析も重要であると言えよう。

8．国家指導者のイデオロギー・信条と国家の影響力と自律性

この研究によれば政策過程での国家の影響力と自律性を決める要素としては，国家指導者の政策問題認識とともにイデオロギー的傾向と信条も同様に重要である。カナダの政策過程では1960年代後半に国家の影響力と自律性が拡大したが，国家指導者の支配的イデオロギーが変化しなければこれは起こらなかったであろう。1960年代の進歩保守党のディーフェンベーカー首相も自由党のピアソン首相もあるいはこの2人のリーダーとともに働いた側近も，市場の活力を強調するビジネス自由主義を信じ，可能な限り石油経済への国家介入を避けた。これとは対照的に，ピアソンと同じ自由党であるが1968年に首相となったトルドーとその支持者は，市場が公共の利益に奉仕せず，富と資源の配分で公正さを欠くなら，国家は市場に介入し経済システムの中で中心アクターとして大きな役割を果たすべきであるという考えを支持した。

国家指導者のイデオロギーと信条が政策過程に与える影響は，1979年と80年の政権交代時にも明確にあらわれた。トルドー首相とは対照的に，進歩保守党党首のジョー・クラークはビジネス自由主義を支持し，国民経済の運営における国家の役割を縮小しようとした。こうした理由から彼は，カナダ国民が一般にペトロカナダの更なる発展を支持していたにもかかわらず，この国営石油企業の民営化を真剣に検討した。これは次の総選挙でトルドー元首相が復活する大きな理由の一つとなった。トルドーが政権に返り咲くと，ペトロカナダの役割を強化しただけでなく，国家エネルギープログラム（NEP）を提案することで石油経済の運営における国家の役割も拡大した。このように，石油市場における国家の行動と介入の変化を説明すると，国家的指

導者のイデオロギーの違いが決定的要因となっていた。

　カナダの場合とは対照的に，（大平首相はおそらく例外であろうが）日本の国家指導者と通産省を中心とする高級官僚は，本書の2つの対象時期を通じて，イデオロギー的理由から積極的に介入した。こうした要素は，石油政策過程において国家の影響力と自律性が比較的高い状況を維持する役割を果たしている。

　日本の国家指導者たちのイデオロギーと信条は企業中心で，そのために日本の財界と官僚エリート・政治エリートは密接に協力していると考えられることが多い。また，市場に対する日本の国家の介入は非常に企業寄りで，そのため財界から歓迎されていると主張されることが多い。しかし本書では，干渉主義的な国家指導者のイデオロギーは必ずしも企業寄りではなく，国家の活動は財界の希望からそれる可能性もあるという，否定しがたい事実も示されている。特に注目すべきなのは，この2つの時期を通じて，通産省が石油業界を規制しようとした際に石油産業は国家介入に好意的ではなく，時には通産省のイニシアティブに対して反対を表明したことである。

　本書で検討した事例から，石油政策過程においてカナダの国家の影響力と自律性が大きく拡大し，日本では国家の影響力と自律性が比較的大きい状況で持続したのは，国家指導者のイデオロギーと信条とが関連していると結論できる。つまり，国家による市場介入が行われるには，干渉主義的な国家指導者の存在が前提となっており，このことは産業界や財界から歓迎されるとは限らない。

9．国家内の政治力学と国家の影響力と自律性

　第6～9章の分析では，国家は干渉主義的な役割を果たすべきであると国家指導者がいかに強く信じていても，干渉主義的な人々が国家機構のなかで政治的実権を握っていなければ，政府は石油政策過程で大きな影響力と自律性を発揮できないことが示されている。日本の国家が支配的国家に近いのは，こうした国家内の政治力学と関係している。この時期における通産省では，特に1960年代には国家は国民のために経済成長を効率的に行い，また市場秩序を保つために干渉主義的な役割を果たすべきであると信じる官僚が上層部

を占めていた。また同省は全能の機関ではないとしても，2つの対象時期を通じて石油政策の形成・実施において，中心アクターの地位を維持した。石油業法の制定と実施によって通産省は，重要な石油政策の決定へのアクセスを制限し，石油産業における業界活動を厳しく規制することが可能になった。通産相と首相は一般に，通産省の政策イニシアティブを支持し，石油政策問題の処理を同省に任せている。

それと対照的に，カナダでNOP体制が作られた時，石油行政担当者の主要な任務は，国際的に適度な価格の石油が豊富に供給されている状況のなかで高価なカナダ産石油を販売することであった。この任務は国家エネルギー機関（NEB）が果たし，同機関は石油とガスの供給量を決定し，できるだけ多くの石油輸出を希望する石油業界が提出したデータに従って輸出量を承認した。石油が余っている国際状況のなかで，NEBの活動が批判されることは全くなかった。NOPは多国籍的な石油政策へと変化し，NEBは実際には石油輸出機関になってしまった。内閣も議会の野党もエネルギー専門家としてのNEBの能力を信頼し，NEBの輸出志向を疑問視することはめったになかった。さらに，石油行政に専念する政府機関はほかにまったく存在しなかった。1966年にピアソン首相が設置したエネルギー鉱山資源省（EMR）は技術志向の地質専門家や測量技師が占めていた。何らかの理由から，カナダの国家指導者たちは自ら石油政策過程に幅広く参加することはなかった。その結果，カナダの国家内部には介入に積極的な中心アクターは存在せず，実際石油貿易を除くと，石油経済に国家が介入することはほとんどなかったのである。

石油危機の後に石油政策問題が非常に重要になり，EMRのオースティン大臣の下で働く者の多くが石油経済の管理における国家の役割は拡大されるべきであると信じるようになると，カナダの国家機構のなかで同省の政治力は増大した。そして輸出志向のNEBの活動が徐々に批判の対象となり，NEBは石油行政における国家利益の守護者であるという信頼が低下することで，この傾向はさらに強まった。このように，政策志向のEMRの地位がカナダの国家のなかで上昇したことが，石油政策環境の変化に対して政府がさまざまな手段を提案するようになった重要な要因なのである。こうした手段としては，NOPの放棄，石油パイプラインの西部からモントリオールまで

の延長,石油輸出税の賦課,ペトロカナダの設立といったものがあげられる。

トルドー首相とクラーク首相は,石油経済におけるペトロカナダの役割については意見が違っていたが,連邦政府の収入拡大など,他の多くの分野では似たような石油政策を実施している。こうした政策分野で継続性が見られたのは,エネルギー政策の形成において,EMRと(同省ほどではないが)財務省が目立った役割を果たしたためである。自由党と進歩保守党はともに国家官僚機構の支援と助言に頼った。この分析から,石油政策過程における国家の活動の方向と規模は,国家内部の政治力学に大きく左右されると結論できる。

10. カナダと日本の国家の理念型と比較政治経済体制

本書では,カナダの国家は弱くて虚弱であるという一般のイメージと異なり,石油政策過程における影響力と自律性については,カナダの国家は受動的で虚弱なわけではないことを明らかにした。しかしカナダの国家は少なくとも1960年代の初めには虚弱国家に近かったが,その後,トルドー政権の下で影響力と自律性の両方が劇的に拡大し,1970年代の初めには,国家権力と自律性から見ると支配的国家ではないとしても中間国家にはなった。そして70年代の中期には確かに支配的国家に近づいている。カナダ連邦政府は多くの革新的政策を一方的に開始し,石油部門の業界活動の重要分野に影響をおよぼした。つまり,カナダの政治経済システムは非常に自由主義的で,民主的で,分裂していると考えられているが,だからといって国家が大きな影響力と自律性を市場や社会で発揮できないわけではない。

本書はまた,日本の国家が支配的でも虚弱国家でもないことを立証した。リチャード・サミュエルが主張するように[1],国家と社会のアクターの間では多くの相互作用と取引が行われているが,日本の政府が総合的な国営石油会社を作り出すことはなかった。本書の対象時期を通じて,このような会社を作ることが重視されることもなかった。それにもかかわらず,石油業法やそれを実施するための行政指導や許認可権を使って,日本の国家は石油部門における業界活動の重要分野に介入し,石油輸入量,製油能力の拡張,新たな小売店の開設といった活動を細かく調査・チェックするとともにこれらの

進展に大きく影響を与えた。したがって日本の国家が石油市場に確固たる存在を築かなかったからというだけで、その影響力と自律性が小さかったと言うのは誤りである。本書の分析では、日本の国家が実際には、サミュエルズの研究が示すよりも大きな影響力と自律性を発揮したことが明らかになった。

　チャルマース・ジョンソンが示すように[2]、日本の国家の第1の特徴は、制度的に安定し、市場介入に積極的な通産省が支配し続けることができたことにあった。しかし本書では、日本の国家は決して全能ではないことを明らかにした。ある時点においてある特定の政策分野では日本の国家は非常に強いが、他の場面では中間的である。全体として、日本の国家はかなり支配的であるが、ジョンソンが主張するほど強くはない。逆に時にはある特定の政策分野では日本の国家はかなり虚弱で、社会から多くの影響を受けている。本書で検討した2つの時期においては、日本の国家は全体的には、理念型からみると支配国家に近い中間国家であった。サミュエルズの説明もジョンソンの説明も十分でなく、国家権力と自律性の観点から見てみると当時の日本の国家は、これは実際にはサミュエルズとジョンソンが主張する中間点にあったことは事実だが、どちらかというと支配国家に近い中間国家であったと結論できるだろう。

11. ステイティズム理論の長所・短所と市場への政府介入が拡大する一般条件

　1960年から1980年の間にカナダと日本の石油政策過程において国家の影響力と自律性が変化したり持続したりしたのは、本書の分析枠組みに含まれる独立変数と媒介変数の値が変化したり持続したりしたことと密接に関係している。双方の事例を合わせて比較検討すると、こうした変数の値から国家の影響力と自律性をある程度正確に説明できる。特にこうした変数からは、民主制の下でも政府には新たな政策の方向を開くだけの能力と自律性があるという事実が説明可能である。このことは多くの事例に示されているが、その典型的な一例として、トルドー政権が国民との協議や世論への配慮なしにペトロカナダを設立し、石油業界から反対があったものの、後に幅広い国民の支持を得たという事例があげられる。

さらに本書の事例研究から，次のような条件の下では政策過程における国家の影響力と自律性が（したがって市場に対する政府の介入も）拡大すると考えられる。(1)政治文化のなかでステイティズム的要素が優勢な場合，(2)政策環境のなかに重大な問題が存在するか，その可能性があると，国家指導者が認識している場合，(3)国家指導者が市場介入の役割を積極的に評価しているか，国家は社会のなかで支配的な役割を果たすべきであると信奉した場合，(4)国家機構のなかで，政策分析能力があって市場介入志向の高い政治指導者や官僚機関に権限が与えられているか，少なくともそうした機関を介入志向の指導者が監督している場合，である。国家がこうした条件の下にあるときは，その政治組織における国家の行動を説明するのにステイティズム理論が非常に有効だろう。

日本の事例ではこれらすべての条件がそろっていたため，国家は石油政策過程において比較的大きな影響力と自律性を発揮した。従来のアプローチや理論は，社会が「ほぼ自律的」であるとか，国家の自律性は資本主義経済秩序の維持に必要な範囲に限られるといった仮定をしているため，そのような状況は十分説明できていなかった。ステイティズム理論はそうしたアプローチに代わって新たな重要側面の分析と要因の説明を行うことができよう。

自由党政権と進歩保守党政権との間でペトロカナダに対する政策の相違の原因を説明する上で，ステイティズム理論は大きな威力を発揮した。この理論を用いることで，政治指導者と，そのイデオロギーと信条，そして国家内部の権力構造について変化をきちんと概念化できるのである。またこの理論を用いれば，こうした変数変化が国家の活動と政策にどのような影響を与え，したがって政策過程における国家の影響力と自律性にどう影響するかを明らかにできる。これがステイティズム理論の強みである。

しかし，国家の影響力と自律性を研究する際，この理論・アプローチにはいくつか大きな短所がある。その1つは，現在のこのアプローチでは，政策過程における国家の実際の影響力と自律性を数量的に測定できないことである。そして質的にであっても，こうした従属変数の値を測定するのは極めて難しい。

第2にステイティズム理論を基にここで開発した分析枠組みでは，独立変数と媒介変数のなかでどれが国家の影響力と自律性を決める重要な要素なの

か，その相対的な重要性や順位を確定することができない。この短所は本書で検討した事例の数が少ないことと関係していると思われるが，複雑な現実政治のなかでは，そうした変数の重要性が環境によって変化したり，複数の変数が集まって初めて政策過程における国家の実際の影響力と自律性を決定したりする可能性も大きい。

第3の短所はステイティズムのアプローチ一般に言えることだろう。長期的には，民主制の下にある国家の活動は選挙民によって全般的に監視され，国家の影響力も自律性も，完全であったり絶対的であったりするわけではない。このことは，クラーク首相が国民の意志に反してペトロカナダの民営化とガソリン税の引き上げを試みたが，彼がその後に総選挙時で大きな敗北を経験しそれが失敗に終わったことに表れている。

最後に，ステイティズム分析の視点から国家利益と公共利益の内容を正確に定義するのは非常に困難である。政策過程における国家の役割をステイティズムによって解釈する際，公共利益と国家利益の概念が不可欠である。しかしこうした概念の定義は，その時点で政権にある政治指導者のイデオロギーと信条に完全に左右されやすい。その代表例が，カナダの自由党政権と保守党政権の間でペトロカナダに対する政策が完全に異なっていたことである。さらには同じ自由党のジャン・クレティン政権下でポール・マーティン大蔵大臣らは自由主義市場の資源配分の効率を強く信奉し，結局は民営化させてしまった。日本でも石油危機の際，日本の通産省と公取委の間で石油価格を抑制する方法をめぐって大きな対立があったことからも，国家目標を達成するには様々な方法があり，目標そのものも様々な政府機関の事情と結び付いて多元的に競合する優先事項の影響を受けていることが明らかである。

12. 多国籍企業－国家/企業－政府関係，比較政治経済体制，公共政策の研究にとってのステイティズム理論・アプローチの有効性

このような短所があるにもかかわらず，このステイティズム理論は，企業－政府関係ないしトランスナショナルな関係，比較政治経済体制，そして公共政策の研究にとって有効な道具となると考えられる。第1に多国籍企業－国家/企業－政府関係の分析では，このアプローチは，国家とトランスナショ

ナルなアクターや企業の利益の間で微妙な力のバランスを決定する重要な要素を示すことができる。特に，国家はどのような状況の下でも多国籍企業や国内企業の活動に介入し，そうした企業の好みとは独立に大きな影響力を発揮するか，予測できるだろう。このようにこのアプローチは，国家と非国家アクターや国家と市場の間に見られる議論の多い政治過程を実証的に解明することができるだろう。逆に多国籍企業からみると，このアプローチは対外投資に伴うソブリン・リスクやカントリー・リスクの分析に有効だろう。

第2に，ステイティズム理論は，さまざまな時期や政治過程における国家システムの間の重要な違いや類似性を明らかにするために有効な視点を提供する。特にこのアプローチは，様々な政治経済体制における国家の影響力と自律性を左右する重要な要因に分析の焦点を当てている。比較政治経済の大きな目的は現代社会における国家の役割を検討・解明することにあり，また，政策過程における国家の影響力と自律性を理解することは現代社会と経済に関する知識の欠落を埋める際に重要な要素である。したがってこのアプローチに基づく実証研究は，政治経済体制のこうした重要側面に対する我々の認識と理解を深めることができる。

最後にステイティズム理論は，同一の政治システム内でも，時期やさまざまな政策過程における国家の特質を解明するために有効な道具となるだろう。本書で作り出した国家の理念型は，さらに洗練する必要があろうが，各時期，各国家の決定的特徴や，差異の根底にある原因を明らかにするのに，有効な目安となるだろう。

13. カナダと日本における将来の企業と政府関係と国家市場介入のあり方に対する本書の意義

本書の分析からカナダと日本における国家による市場介入について，特に石油業界の規制について，次のことが言えるだろう。第1に，政治文化が実際的に国家の権力と政府の活動を左右する重要な変数であるなら，カナダの場合，市場に対する国家介入の程度と，経済その他の政策過程における国家の影響力や自律性の大きさは，どのようなイデオロギーと信条を持っているものが国家的指導者になるかによって大きく変動することが予想できる。こ

れと対照的に日本の場合，根本的政治文化が大きく変容しない限り，国家の介入や国家による経済規制の程度は変化しにくいであろう。このため，現在日本での経済の規制緩和はカナダ以上に長期にわたるリードタイムを必要とする。また市場に対する統制や業界の規制の解除でなく再規制となる可能性もある。

　さらに長期的に，政策過程における国家の影響力と自律性の程度は，日本よりもカナダでの方が変動すると予想できる。その理由は，イデオロギーの点でカナダには市場介入指向の政治指導者と自由市場指向の政治指導者が混在し，彼らが国家の官僚機構と組織をしっかり把握していることにある。このことから，政治指導者のイデオロギー指向が，政策形成を担当する組織とともに政策の目標と内容にも大きく影響する。これとは対照的に，つい最近まで日本の政治指導者と官僚の指導者は，規制緩和の時代とはいえ国家が経済や社会において支配的な役割を担うことを支持し，市場の力学を信用しない傾向にあった。さらに，日本の官僚機構は政治指導者の交代の影響をあまり受けないため，市場指向の政治家が政権を率いることになっても，強力なリーダーシップを発揮する異例な指導者が現れない限り，介入主義的な政策から市場指向の政策への転換が容易にできるとは思われない。2005年に参議院で否決され，衆議院の解散・総選挙となった郵便局の民営化案はこの典型的な例ではなかろうか。

　カナダでは官僚機構の大規模な変化がしばしば起こるが，日本ではまれで，政策と担当機関の継続性と安定性が当たり前のこととなっている。こうした違いは，この2つの政治経済体制における政治力学の違いから生じている。つまり，カナダが分断的な連邦国家システムで，政治指導者が官僚機構を支配しているのに対し，日本は集権的な官僚的システムの典型例で，法律の制定・実施においては選挙で選ばれた政治家でなく政府官僚が重要な決定を下しているのである。以上まとめると，カナダでは日本よりも，特に政治指導者が交代したときに，業界の規制や市場への介入の程度が突然変化する可能性が高いと言えるだろう。

14. 今後の研究のための提言

　国家の官僚機構は管轄領域を拡大する傾向があるとしばしば批判されるが，本書では必ずしもそうでないことを裏付けている。日本では通産省が，政策環境の新たな動きに対処するために常に自分たちの権力を拡大しようとしたことは明らかである。しかしカナダのNEBは，自己の活動をNEB法に明記された当初の責務に限定してきた。EMRもまた，ナショナリズムと介入主義の傾向を持つ有能な幹部が任命されるまで，権力を拡大しようとしなかった。これが事実であれば，官僚機構が拡大するのは，政府機関の主要アクターが，国家は支配的な役割を担い，政府は積極的に市場に介入すべきと考えるときであると論じるのが適当と思われる。しかしこの仮説の妥当性を確認するにはさらに検証が必要である。

　同様に，政策過程における国家の影響力と自律性を決定する要因の相対的重要性を判断するには，さらに実証的研究が求められる。社会における国家の影響力と自律性を決定する要因として，政治文化はどれだけ重要なのだろうか。政治文化の影響が広範で国家の行動を定める最も重要な要素であるなら，各政治システムのどの時期でも，他の多くの重要な政治過程で，国家の影響力と自律性の程度がステイティズムと反ステイティズムの文化的要素の混ざり具合と対応していることが今後のさらなる研究により示されなければならない。そして，たとえば国家指導者のイデオロギーと信条が公共政策と企業－国家関係に与える全般的影響を確認するためにも同様の調査を行わなければならず，さらにこうした研究は複数国を対象に行う必要がある。

　本書は，実際の政治過程における国家の影響力と自律性は，ステイティズム理論で想定されるように多様であるという仮定から出発した。そして本書で行った事例研究から，この仮定が全体として正しいことを示している。しかし，本研究だけでは国家の行動のこうした側面について，ステイティズム理論を用いれば他の理論よりも満足な説明ができると結論することはできない。この点で正しい結論を得るには，他の対立理論を組み込んだ分析枠組みを開発し，さらに多くの事例研究に適応しなければならない。しかし本研究では少なくとも，ステイティズム理論が機能しうる最も有効な条件と，政府

による市場介入が拡大しがちな条件を明らかにした。

　既存の多くの研究は，国家の活動や行動に対する利益団体や大企業など非国家アクターあるいは支配階級やパワーエリートの影響を分析している。企業と社会に対する国家の影響を検討した比較政治経済体制の研究は少ない。したがってさまざまな政治経済体制において企業と政府との関係あるいは市場規制における国家の影響と自律性を検討することは非常に重要であるとともに，従来の理論的視野や研究枠組みに加えこのような観点からもさらなる研究を続ける必要がある。

注

[1] Richard J. Samuels, *The Business of the Japanese State*, 前掲書。
[2] Chalmers Johnson, *MITI and the Japanese Miracle*, 前掲書。

あとがき

　本研究は長年の私の知的興味から生まれた。それは現在200ヵ国近くにものぼる多くの国家がそれぞれの政治経済体制の中でどのような役割と機能を担っているのか，そしてさまざまな役割を担い多くの機能を発揮するためには国際政治経済体制や国内でどの程度の権力と自律性をもっているのかという素朴な疑問であった。これと関連して問題となるのは，国民国家と国内の企業や利益団体，あるいは政府と多国籍企業に代表される非国家行為体の相対的な権力と重要性である。

　今までトランスナショナル・リレーションズの研究や国家・社会との関係の研究においては，さまざまな非国家的行為体がいかに国家の活動と役割に影響を与えるかという方に主眼が置かれ，逆に政府がいかに多国籍企業や社会集団を規制するのか，あるいはどのような関係を造るのかという政府側に焦点を当てた研究は少なかった。従来の研究の弱点を補完する上で本研究では政策決定過程における政府の影響力や自律性に焦点を当てた。これは妥当ではなかったかと思う。この結果当研究は，進出先の国家が外国資本や民族系資本に対し，いかなる条件下で市場干渉や規制に乗り出すかという問題を考察する上で大きな指針を与えてくれる。つまり，国際関係あるいは国際経営投資戦略上いわゆるソブリン・リスク分析に有効であろう。また，石油危機も含め同じような国際政策環境に置かれながらさまざまな政府がなぜ異なった行動をとるのかといった，各政府の行政上・政策上のスタイルの相違や政治経済体制の特徴を理解するための鍵となる。異なった政治システムや政治経済体制の理解が比較政治学や比較経済体制論の重要な課題であるなら，今後さらにこのような研究を推進する必要があるのではなかろうか。

カナダと日本における政府による今後の規制や市場介入についてはこの研究から以下のことがいえる。まず，政治文化が国家の活動に多大な影響を与えるということであれば，カナダの政治文化は国家の市場介入の度合い，政策過程での影響力，あるいは自律性を拡大したり縮小したりするような対立する要素が混在しており，その結果，これらの変数は変動が有り得る。これに対し，日本においては大きな政治文化変動が起こらない限り，国家の介入を受け入れるような政治文化が勢力を持っている。このため規制緩和や自由化は難しい。規制範囲ややり方の再定義のほうがやり易い。

　石油産業の規制に関する担当省庁に関していうとカナダでは機構的変遷と急激な成長がみられるが，日本においては通産省が戦後一貫して石油政策を担当してきた。前者が機構的非連続性と膨張を特徴とするのに対して，後者は機構的持続性・連続性を特徴としているといえよう。また，連邦制という権力分散的な，脆弱に見える国家であっても，国家の役割を重視する政治文化があり，そのようなイデオロギーを持った強力な国家指導者がリーダーとして出現すれば，強い国家となることも有り得る。また一般的に1960年代から1970年代にかけてカナダは政治的指導者優位・官僚組織従属（政高官低）のシステムであった。これに対して日本は権力集中型の官高政低の典型的な例が見受けられる。

　日本においては，特に指導者層のイデオロギーの大きな変化や国家内部の官僚組織が廃止あるいは大きく編成変革されない限り，文字どおりの規制緩和は有り得ないのでなかろうか。この意味で郵政民営化は現在の日本の政治的地殻変動が本物であるかどうかを試す試金石であると私は考える。すなわち全国の郵便局組織やその行政担当をする旧郵政省，あるいは両者を支持する郵政族議員の反対を乗り越え，小泉純一郎という自由経済体制を強く信奉する強力なリーダーのもと郵政民営化政策が実現するということは，日本政治もカナダ型の政高官低の政治経済体制に変遷しつつあるということではなかろうか。現代日本においても，このような強力なリーダーの出現を契機に政治的変動が起きる可能性は十分あるといえよう。ただこの研究によれば，このような体制の長期的定着は政治的ダイナミクスのみならず政治文化も変容しない限り長続きはしないであろう。

　戦後日本・カナダ両国とも，政治・軍事・経済などあらゆる面でスーパー

パワーであったアメリカと軍事同盟を結び，同国を母国とする超大多国籍石油会社の強い影響力のもとで石油産業を育成してきた。特にカナダは戦後直後，主要国として台頭したにもかかわらず石油市場はアメリカを中心とするオイルメジャーの支配下となった。これに対し，敗戦国である日本はアメリカを中心とする連合国の占領下に置かれたが，外国資本による支配に対し強く抵抗し続け，国民経済における外資の影響を最小限に抑えようとしてきた。つまり日本ではナショナリスティックな政策がかなり以前から打ち出されたが，カナダにおいてそのような傾向が見られるようになったのは60年代後半になってからのことであったのだ。

　このような石油政策過程におけるカナダの変化や日本の連続性は，それぞれの政治文化や置かれた国際エネルギー環境，あるいは国家内の内部的要因とどのような関係をもつのであろうか。ここで開発された枠組みは，日本とカナダを例にするところの異なった政治経済体制における相違点・類似点を考察するうえでさまざまな指針を提供している。また，国家の権力と自律性を決定する要因を一般化しさらに理論化する上で役に立つであろう。

　同時に，政治と経済との関係あるいは国家と社会との関係を考察する上で，石油産業と国家との関係を分析することは非常に的を射ているといえる。なぜならば，どの国においてもそうであるように日本・カナダ両国において石油産業は基盤産業であり，重油やガソリンは運輸に欠かせないだけでなく灯油は生活の必需品である。それにもまして，石油業界は他の産業の生産活動に不可欠なエネルギーの一大供給者である。したがって，石油の値段と供給の諸問題は経済的問題であると同時に多くの国においては政治化しやすい問題であり，政府による石油市場への介入と規制の考察はその国における政治と経済あるいは国家と社会の関係を分析する上で妥当である。例えば，なぜ現在石油の最大消費国であり最大輸入国であるアメリカの大統領は石油税を大幅に増加させ石油の消費量を抑え，また環境への影響を極小化しようとしないのかという観点から興味深いアメリカの政治経済体制の特徴を捉えることができるのではないだろうか。

　ところでオイルメジャーつまり多国籍石油会社は，巨大なトランスナショナル・アクターであり，歴史的に中近東その他特に政治的に脆弱な発展途上国では，しばしば母国の外交的サポートを得ながら莫大な影響力を行使して

きた。つまり各進出先では，非国家的行動体として現地企業以上に経済・政治運営に影響を与えていたことが明らかになっている。しかし，カナダや日本のような先進国での多国籍企業から受ける影響に関してはまだあまり比較研究がなされていない。この意味で日本・カナダ比較研究は，先進国でも巨大な国際石油資本が政策決定過程で大きな影響を与えうるのか，あるいは時と場合によっては受け入れ政府が大きな範囲で規制することが可能なのかという問題を考察するためのすばらしい視野を提供してくれる。

さらに国内社会において国家と社会の関係を考察するにあたり，石油政策過程の研究は的を射ているといえよう。なぜならば巨大な石油市場への政府介入，また国際石油資本あるいは大石油会社を含む石油産業の規制は，各政治経済制度における政府の強さと弱さを測定するためのものさしになるからである。したがって，国家の市場介入や産業規制を決定・実行する政策過程での国家の影響力と自律性を分析することは，国家と社会との関係を解明するための鍵を与えてくれ，政治経済制度の比較研究のため効果的な視野を提供してくれる。

最後に本研究を行うにあたっては多くの方々と機関にお世話になった。このことを明記するとともに深い感謝の意を表したい。本書はもともと筑波大学大学院社会科学研究科に提出した英文の博士論文をもとに発展させたものである。当初の論文は進藤榮一筑波大学名誉教授が主査としてご指導してくださった。また辻中豊筑波大学教授，松岡完同教授，大山耕輔当時筑波大学在職・現慶應義塾大学教授および F. Quei Quo サイモン・フレイザー大学名誉教授がこれを審査してくださった。この英文論文は日本学術振興会より出版助成金を受け State Power and Multinational Oil Corporations: the Political Economy of Market Intervention in Canada and Japan として九州大学出版会から2001 年に出版された。英文の博士論文をもとに日本語におこしさらに発展させるにあたっては，カナダに関する章に関しては九州大学法学部の八谷まち子助教授また日本および理論的部分に関してはラジオプレスの村島雄一郎氏から全面的なご協力を頂いた。このお二人および同時通訳をしている大学時代からの親友鈴木律氏の多大なるご尽力なくしてはこの書は出版できなかった。ここに記して深く感謝を申し上げたい。

振り返ってみると進藤榮一先生をはじめ私は多くの良き恩師に恵まれた。

国際基督教大学の Joseph Frank 元客員教授と横田洋三元教授（現中央大学法学部教授）および英国のキール大学の Alan James 教授と菅波英美教授は私が学部時代に国際関係論の学問的面白さを丁寧に教えてくださった。特に国際基督教大学では Stewart Picken 教授や長清子教授・大塚久雄教授そして丸山正男教授など多くのすばらしい恩師に出会い様々な刺激を受けた。

また J. T. Saywell ヨーク大学大学院名誉教授や Henry Nelles ヨーク大学教授およびカナダ・ドナー財団元副会長 Gerald Wright 博士はカナダ連邦政府派遣の専門家として国際基督教大学と筑波大学にて同国研究の面白さと重要性を当時東京大学アメリカ研究センターの大原裕子先生とともに教えてくださった。また R. A. Manzer 教授と M. W. Donnelly 教授，そして J. J. Kirton 教授，および故 John Holmes 教授はカナダのトロント大学大学院政治経済学研究科留学時代に比較行政学および国際関係理論とカナダと日本の国際関係について親切にご指導をしてくださった。

ケンブリッジ大学の Richard Bowring 教授, Peter Kornicki 教授 Stephen S. Large 教授および David McMullen 教授は同大学創始以来はじめての現代日本研究の常勤教員として私を迎えてくださり，教育と研究の厳しさと喜びを教えてくださった。またその後もオックスフォード大学の Arthur Stockwin 教授やオーストラリア Monash 大学の Ross Mouer 教授ら多くの同僚と日本研究の大先輩たちの励ましがなかったならばこの研究は出来上がっていなかったに違いない。多くの恩師と同僚に深く感謝したい。

さらにカナダ連邦政府はカナダ政府奨学金およびカナダ研究助成金でもってカナダでの研究を支えてくれた。トロント大学ムンク国際研究センターは 2000 年にカナダ政府派遣客員研究員としてカナダでの研究の場を提供してくれた。

日本での研究はトロント大学国際研究センター，およびトロント大学ヨーク大学共同東アジア研究センターが当初の基礎研究の資金を提供してくれた。さらに香港中文大学は「直接資助計劃」(Direct Grant for Research Project Code 4450010) により，また香港政府は「角逐研究補助金」(Competitive Earmarked Research Grant Project Reference No.: CUHK 4395/04H supported by the Research Grants Council of Hong Kong) により日本での資料収集と研究を支援してくれた。特に内藤正次日本エネルギー経済研究所長は，同研究所資料室にある日

本での貴重な研究資料を自由に閲覧させてくださった。筑波大学大学院ビジネス科学研究科の John Benson 教授は客員研究者として私を受け入れ日本での研究の場を提供してくださった。また日本とカナダの両国で多くの方がインタビューに応じてくださった。ここに記して深く感謝したい。

　この本の最終的原稿をまとめるに際しては，香港中文大学日本研究科の卒業生鄭禮恒さんとともに西村由紀元助手や石山俊男助手および謝瑞麟同研究科コンピュータ技師また同志社大学法学部から香港中文大学に留学していた中村直子さんおよび早稲田大学国際教養学部からの留学生宮田照三さんに助けていただいた。

　最後に多忙にもかかわらず拙稿を査読しコメントくださった新川敏光京都大学法学部教授と櫻田大造関西学院大学法学部教授および渡辺守雄九州国際大学法学部教授に深く感謝したい。さらには日常日々の雑事に追われ出版計画が大幅に遅れてしまったにもかかわらず太平洋を越えて辛抱強く声援のエールを送ってくださった九州大学出版会編集部の永山俊二氏に心から感謝を申し上げたい。

　最後にこのような学究の道を長い間助けてくれた日本の両親と家族，完成するまで多々のわがままを許してくれた妻と子供たちに感謝したい。この本は妻のスザンナに捧げたい。

　　2005 年 11 月 22 日　吐露湾と馬鞍山の見える香港中文大学の研究室にて

著者略歴

水戸考道（みと　たかみち）

1954年福島県生まれ。国際基督教大学，英国国立キール大学，筑波大学大学院，トロント大学大学院，ロンドン大学大学院で学ぶ。筑波大学大学院社会科学研究科論文博士（法学）。

トロント大学大学院助手，ケンブリッジ大学セントジョンズカレッジ高等研究員および講師，ケンブリッジ大学大学院教官，ロンドン大学アジア・アフリカ研究大学院講師，オーストラリア・モナシュ大学日本研究科高等講師，九州大学教授を経て，2001年より香港中文大学日本研究学系教授，現在に至る。

専門は，国際関係論・国際比較政治経済学・国際比較公共政策学，日本事情／日本研究・アジア太平洋地域研究・北米研究。

（主要著書）

State Power and Multinational Oil Corporations: a Study of Market Intervention in Canada and Japan, 九州大学出版会，2001年；*Japan's Energy Strategy, Russian Economic Security and Opportunities for Natural Gas Development in Russian Far East*, 米国ライス大学ジェームズ・ベーカーⅢ公共政策研究所，2000年；「アジア経済と日本の中小企業の進出」進藤榮一編『アジア経済危機を読み解く――雁は飛んでいるか』日本経済評論社，1999年など多数。

石油市場の政治経済学
――日本とカナダにおける石油産業規制と市場介入――

2006年6月20日　初版発行

著　者　水　戸　考　道

発行者　谷　　隆　一　郎

発行所　（財）九州大学出版会
　　　　〒812-0053　福岡市東区箱崎7-1-146
　　　　　　　　　　九州大学構内
　　　　電話　092-641-0515(直通)
　　　　振替　01710-6-3677
　　　　印刷／城島印刷(有)　製本／篠原製本㈱

©2006 Printed in Japan　　　　ISBN4-87378-917-6